EUL VERLAG

SCHRIFTEN ZU KOOPERATIONS- UND MEDIENSYSTEMEN

Herausgegeben von Prof. Dr. Volker Wulf, Siegen, Prof. Dr. Jörg Haake, Hagen, Prof. Dr. Thomas Herrmann, Bochum, Prof. Dr. Helmut Krcmar, München, Prof. Dr. Johann Schlichter, München, Prof. Dr. Gerhard Schwabe, Zürich, und Prof. Dr.-Ing. Jürgen Ziegler, Duisburg

Band 22
Bettina Thurnher
Adoption and Impact of Mobile Applications in the IT Service Domain – Results from a Controlled Usability Experiment and a Family of Case Studies
Lohmar – Köln 2008 • 268 S. • € 57,- (D) • ISBN 978-3-89936-751-5

Band 23
Ralf Reichwald, Helmut Krcmar und Michael Nippa (Hrsg.)
Hybride Wertschöpfung – Konzepte, Methoden und Kompetenzen für die Preis- und Vertragsgestaltung
Lohmar – Köln 2009 • 420 S. • € 67,- (D) • ISBN 978-3-89936-855-0

Band 24
Jan Marco Leimeister, Helmut Krcmar, Martin Halle und Kathrin Möslein (Hrsg.)
Hybride Wertschöpfung in der Gesundheitsförderung – Ergebnisse des Verbundprojekts „Systematisches Design zur Integration von Produkt und Dienstleistung in der Gesundheitswirtschaft" (SPRINT)
Lohmar – Köln 2010 • 272 S. • € 58,- (D) • ISBN 978-3-89936-914-4

Band 25
Zoulfa El Jerroudi
Eine interaktive Vorgehensweise für den Vergleich und die Integration von Ontologien
Lohmar – Köln 2010 • 200 S. • € 49,- (D) • ISBN 978-3-89936-916-8

Band 26
Carsten Ritterskamp
Informationstechnische Unterstützung der Handhabung von Unterbrechungen in der Multiprojekt-Wissensarbeit
Lohmar – Köln 2010 • 296 S. • € 59,- (D) • ISBN 978-3-89936-941-0

JOSEF EUL VERLAG

Informationstechnische Unterstützung der Handhabung von Unterbrechungen in der Multiprojekt-Wissensarbeit

Dissertation zur Erlangung des Grades eines Doktor-Ingenieurs
der Fakultät für Elektrotechnik und Informationstechnik
an der Ruhr-Universität Bochum

Carsten Ritterskamp

Bochum
2010

Referenten: Prof. Dr.-Ing. Thomas Herrmann
Prof. Dr.-Ing. Helmut Balzert

Tag der mündlichen Prüfung: 23. Februar 2010

Schriften zu Kooperations- und Mediensystemen · Band 26

Herausgegeben von Prof. Dr. Volker Wulf, Siegen, Prof. Dr. Jörg Haake, Hagen, Prof. Dr. Thomas Herrmann, Bochum, Prof. Dr. Helmut Krcmar, München, Prof. Dr. Johann Schlichter, München, Prof. Dr. Gerhard Schwabe, Zürich, und Prof. Dr.-Ing. Jürgen Ziegler, Duisburg

Dr. Carsten Ritterskamp

Informationstechnische Unterstützung der Handhabung von Unterbrechungen in der Multiprojekt-Wissensarbeit

EUL VERLAG

Bibliografische Information der Deutschen Nationalbibliothek

Die Deutsche Nationalbibliothek verzeichnet diese Publikation in der Deutschen Nationalbibliografie; detaillierte bibliografische Daten sind im Internet über <http://dnb.d-nb.de> abrufbar.

Dissertation, Ruhr-Universität Bochum, 2010

ISBN 978-3-89936-941-0
1. Auflage Juli 2010

JOSEF EUL VERLAG GmbH
Brandsberg 6
53797 Lohmar
Tel.: 0 22 05 / 90 10 6-6
Fax: 0 22 05 / 90 10 6-88
E-Mail: info@eul-verlag.de
http://www.eul-verlag.de

Bei der Herstellung unserer Bücher möchten wir die Umwelt schonen. Dieses Buch ist daher auf säurefreiem, 100% chlorfrei gebleichtem, alterungsbeständigem Papier nach DIN 6738 gedruckt.

Geleitwort

Ausgangspunkt der vorliegenden Arbeit sind drei Beobachtungen, die für die Entwicklung auf dem Gebiet der CSCW-Forschung ausschlaggebend sind:

1. Viele Menschen – insbesondere Wissensarbeiter – müssen an mehreren unterschiedlichen Aufgaben arbeiten, die über einen längeren Zeitraum wechselseitig miteinander verschränkt sind und eine verteilte Aufmerksamkeit erfordern. Das führt immer wieder dazu, dass die Arbeit an einer Aufgabe – freiwillig, aufgrund von Sachzwängen oder wegen des Einflusses anderer – zu Gunsten einer anderen Anforderung unterbrochen wird.
2. Der Unterschied zwischen asynchroner und synchroner Kommunikation wird kaum noch durch die eingesetzten Kommunikationsmedien geprägt. Vielmehr hängt es von der Arbeitsorganisation und der Absicht der Kommunizierenden ab, ob sie sich ausschließlich über einen bestimmten Zeitraum auf ihre gemeinsame Interaktion konzentrieren oder diese durch andere Arbeiten kürzer oder länger unterbrechen.
3. Mit Hinblick auf die Zusammenarbeit von Projektteams wirkt sich eine Unterbrechung in der Regel nicht auf eine Person alleine aus, sondern auch auf andere und führt zu besonderen Handlungsanforderungen beim Umgang mit Unterbrechungen. Diese Anforderungen werden von Groupware-Systemen nicht ausreichend unterstützt. Es ist offensichtlich, dass es kein in sich geschlossenes Groupware-System geben kann, das den Umgang mit Unterbrechungen erleichtern kann, sondern dass hierfür Features in verschiedenste Anwendungen der Wissensarbeit integriert werden müssen.

Die vorliegende Untersuchung zielt darauf ab, solche Features prototypisch zu entwickeln. Zu diesem Zweck wird auf der Basis der Konzepte und Untersuchungen in dem Bereich der Wissensarbeit und der Forschung zu Unterbrechungen in der Arbeit eine Systematisierung der für Unterbrechungsprozesse relevanten Faktoren erarbeitet. Es wird deutlich, dass die Rolle derjenigen bisher vernachlässigt wurde, die im Team einen Arbeitsvorgang fortsetzen, während andere ihre Mitwirkung an dem begleitenden Kommunikationsgeschehen unterbrechen müssen. Diesen sogenannten Proceedern fällt dann u.a. die Aufgabe zu, die Rückkehr in einen Arbeitsvorgang nach einer Unterbrechung zu unterstützen bzw. diese Unterstützung vorzubereiten. Damit wird deutlich, dass die vorliegende Arbeit Neuland betritt: zwar werden auch Awareness-Mechanismen behandelt, mit denen im Vorfeld unnötige oder unpassende Unterbrechungen vermieden werden können – die Arbeit fügt dem Stand der Wissenschaft aber insbesondere die Perspektive hinzu, dass die Bewältigung von Unterbrechung und die Rückkehr in den unterbrochenen

Arbeitsfluss zu den Aufgaben von Teammitgliedern gehört. Diese kooperative Unterstützung des Wiedereinstiegs wird bisher kaum von technischen Konzepten, wie sie auf dem Gebiet der CSCW-Forschung ausgearbeitet wurden, adressiert. Die in der Arbeit dokumentierte Entwicklung prototypischer Unterstützungsfunktionen schließt diese Lücke. So wird beispielsweise die Möglichkeit angeboten, direkt in Dokumenten, die im Arbeitsprozess genutzt werden, Hinweise an diejenigen zu adressieren, denen der Wiedereinstieg in eine unterbrochene Arbeit erleichtert werden soll. Auch das Dokumentieren von Veränderungen an bearbeitetem Material kann so konfiguriert werden, dass erkennbar wird, welche Änderungen innerhalb eines bestimmten Zeitraums vorgenommen wurden.

Allerdings wird auch deutlich, dass die gängigen Software-Systeme insbesondere im Bereich der typischen Office-Unterstützung nicht darauf vorbereitet sind, Features dieser Art einfach zu integrieren. In diesem Sinne geht von der vorliegenden Untersuchung auch eine Signalwirkung aus. Oftmals werden Unterbrechungen als eine Ausnahme ähnlich der Stornierung eines Vorgangs angesehen. Die Analyse macht demgegenüber deutlich, dass Unterbrechungen für Wissensarbeiter eher die Regel als die Ausnahme darstellen und dass ihre Bewältigung systematisch unterstützt werden muss. Es wird in den Grundlagenkapiteln herausgearbeitet, dass sich die CSCW-Forschung grundsätzlich der Herausforderung stellen muss, auch den Bedingungen polychroner Arbeit zu entsprechen und Menschen zu unterstützen, die entlang mehrerer Aufgabenstränge mit anderen kooperieren.

Gerade durch den Druck, den die Möglichkeiten grenzenloser Erreichbarkeit mit Hinblick auf Zeit und Ort bewirken, wird es künftig bei der Software-Entwicklung für verschiedenste Anwendungsdomänen sinnfällig sein, die Optionen der Bewältigung von Unterbrechungen im Requirements-Engineering systematisch zu bedenken. Dabei darf und kann die Unterbrechungsbewältigung – so mein Fazit aus der vorliegenden Studie – keineswegs nur die Aufgabe des unterbrochenen Individuums sein. Vielmehr muss sie als systemische Herausforderung begriffen werden, an der mehrere Mitarbeiter im Team beteiligt werden müssen und der nur durch die Integration von technischen und organisatorischen Maßnahmen im Sinne einer sozio-technischen Lösung begegnet werden kann.

Bochum, im Mai 2010 Thomas Herrmann

Danksagung

Vom Heranreifen der ersten Idee bishin zur Veröffentlichung beschritt die Arbeit an dieser Dissertation einen Weg, dessen unterschiedliche Herausforderungen und Stationen eine Vielzahl persönlich bedeutsamer Begegnungen und bereichernder Phasen der Zusammenarbeit bereit hielten. Ich hatte das Glück, auf jeder einzelnen Etappe dieses Weges auf Menschen zu treffen, die mich auf vielfältige Weise unterstützt haben – ihnen allen gilt mein herzlicher Dank.

Allen voran möchte ich Prof. Thomas Herrmann sehr herzlich dafür danken, dass er meine Arbeit in all ihren Phasen wohlwollend betreut, gefördert und in einem stets konstruktiven Diskurs um wesentliche Aspekte bereichert hat. Prof. Helmut Balzert danke ich herzlich für seine Bereitschaft zur Begutachtung der Dissertation.

Die vorliegende Arbeit ist während meiner Tätigkeit am Lehrstuhl für Informations- und Technikmanagement des Instituts für Arbeitswissenschaft der Ruhr-Universität Bochum entstanden: den dortigen Kolleginnen und Kollegen danke ich für ihre stete Bereitschaft zum wissenschaftlichen Austausch und für ihren Beitrag zur praktischen Fundierung und empirischen Absicherung der Dissertation. Mein besonderer Dank gilt Michael Prilla für gleichermaßen kritische wie zielführende Diskussionen und die gemeinsame Arbeit im Feld des CSCW. Angela Carell danke ich für hilfreiche Gespräche zu methodischen Fragestellungen der Evaluation.

Von Herzen danke ich meinen Eltern Dieter und Gertrud Ritterskamp für ihre Unterstützung und den Rückhalt in allen Phasen des Promotionsgeschehens. Nicht zuletzt gilt meiner Frau Manuela Ritterskamp mein herzlichster Dank dafür, dass sie in den zurückliegenden Jahren stets an den erfolgreichen Abschluss dieser Arbeit geglaubt und mich auch auf dem manchmal schwierigen Weg dorthin beständig begleitet hat.

Dortmund, im Mai 2010 Carsten Ritterskamp

Inhalt

3 Unterbrechungen 45

4 Handlungsfelder unterbrechungsbezogener Multiprojektkoordination als Grundlage der Anforderungsanalyse 85

Tabellenverzeichnis

Abbildungsverzeichnis

KAPITEL 1 Einleitung

1.1 Problemstellung

Zunahme der Multiprojektarbeit

Zeit- und ortsunabhängige Kooperationsmöglichkeiten führen dazu, dass Menschen häufiger in mehrere Projektgruppen gleichzeitig eingebunden sind und sich an kooperativen Aufgaben beteiligen, die sich gegenseitig unterbrechen (Persing 1999). Davon ist gerade die Zusammenarbeit von Wissensarbeitern betroffen, deren Arbeitsumfeld darüber hinaus oftmals durch flache Hierarchien und die Zusammenarbeit in Kleingruppen[1] gekennzeichnet ist. Typische Beispiele für diese Form der Wissensarbeit sind durch die Zusammenarbeit wissenschaftlicher Arbeitsgruppen und das Feld der (agilen) Softwareentwicklung[2] gegeben.

Auswirkungen zunehmend unterbrochener Arbeit

González & Mark (2004, S. 117) berichten von durchschnittlich zehn unterschiedlichen Arbeitsbereichen (im engl. Original: *working spheres*), in denen Wissensarbeiter am Tag aktiv sind. Es liegt nahe, dass eine solche unterbrechungsbedingte Fragmentierung anspruchsvoller Wissensarbeit sowohl auf organisatorischer als auch auf individueller Ebene nicht ohne Konsequenzen bleiben kann. So stellt eine durchaus zu Popularität gelangte Studie der US-amerikanischen Unternehmensberatung Basex fest, dass Wissensarbeiter durchschnittlich 2,1 Stunden ihrer täglichen Arbeitszeit für den Umgang mit Unterbrechungen und den übrigen Rahmenbedingungen fragmentierter Multiprojektarbeit aufwenden – allein für die US-amerikanische Wirtschaft entstünden durch diese nicht im Rahmen von

1. Gemäß Hertweck & Krcmar (2001) besteht eine Kleingruppe aus maximal 20 Personen.
2. Für die Belange der Softwareentwicklung wird häufig die Zusammenarbeit in kleinen Teams empfohlen: Balzert (1998, S. 169) rät zu einer Teamgröße von 3 bis 4 Personen, in agilen Methoden der Softwareentwicklung werden typischerweise Gruppengrößen zwischen 5 und 9 Personen betrachtet und Sommerville (2007, S. 644) merkt an, dass eine Gruppe von Softwareentwicklern im Normalfall „aus nicht mehr als acht bis zehn Mitgliedern bestehen“ sollte. Eine Vielzahl von Fallstudien liefert Belege für die Verbreitung dieser Teamgrößen in der Praxis, so z. B. MacKenzie & Monk (2004).

Projekten produktiv eingesetzte Arbeitszeit jährliche Kosten in Höhe von 588 Mrd. Dollar (Spira & Feintuch 2005). Ein Ende dieser Entwicklung ist indes nicht abzusehen, sie wird durch veränderte organisatorische Rahmenbedingungen wie z. B. den Wegfall von Hierarchien oder den Abbau von Arbeitsplätzen sogar noch weiter vorangetrieben.

Relevanz für die CSCW-Forschung

Für die kooperative Wissensarbeit stellt der Umgang mit Unterbrechungen vor diesem Hintergrund also eine nicht zu vernachlässigende Größe dar. Die Frage, wie kooperierende Gruppen bei der Handhabung von Unterbrechungen unterstützt werden können, ist damit auch im Feld der computerunterstützten kooperativen Arbeit (engl.: *Computer Supported Cooperative Work – CSCW*) zu beantworten.

Stand bisheriger Arbeiten: Analyse aus individueller Perspektive

Für die CSCW-Forschung erweist es sich dabei allerdings als konzeptionelles Defizit, dass der überwiegende Teil der einschlägigen Fachpublikationen dem Phänomen der Unterbrechung vom Standpunkt des potenziell unterbrochenen Individuums aus begegnet (Harr & Kaptelinin 2007). Angefangen mit den frühen Arbeiten Zeigarniks und Ovisankinas (Zeigarnik 1927, Ovsiankina 1928) fokussieren diese Arbeiten ihre Analyse i. d. R. auf Unterbrechungen individuell verfolgter Handlungen. Dies gilt auch für die Arbeiten von McFarlane und Latorella: Diese haben zwar mit einer Unterbrechungstaxonomie und Betrachtungen zum Ablauf einer Unterbrechung zur Theoriebildung beigetragen, bleiben in ihren Analysen und den daraus abgeleiteten (allgemeinen) Empfehlungen zur Gestaltung informationstechnischer Systeme aber dennoch auf der Ebene individueller Arbeitstätigkeiten verhaftet (z. B. McFarlane 1998, 2002, 2003; McFarlane & Latorella 2002). Auch die in der aktuellen CSCW-Forschung prominenten Arbeiten von Mark und González nehmen einen ähnlich gelagerten Standpunkt ein (z. B. González & Mark 2004, 2005; Mark et al. 2005, 2008). Zwar nehmen diese Studien auf unterbrochene kooperative Arbeitsprozesse Bezug und stellen mit dem Konstrukt des Arbeitsbereichs (vgl. Kapitel 2) ein wichtiges Instrument zur Analyse und Beschreibung solcher Vorgänge zur Verfügung – in ihren Ergebnissen und Schlussfolgerungen beziehen sie sich aber allein auf das von Unterbrechungen betroffene Individuum; Gestaltungsempfehlungen an die informationstechnische Unterstützung der Handhabung von Unterbrechungen sind darüber hinaus recht knapp gehalten. Doch auch dort, wo der Entwurf entsprechender Werkzeuge und Prototypen im

Mittelpunkt steht (z. B. Adamczyk & Bailey 2004, 2005; Bailey et al. 2006; Begole et al. 2004; Fogarty et al. 2004; Horvitz et al. 2005, Muller et al. 2007), geht es oftmals allein um das Vermeiden oder Aufschieben einer Unterbrechung bzw. um die Identifikation eines aus Sicht des betroffenen Individuums günstigen Unterbrechungszeitpunkts. Dabei ist nicht selten eine Tendenz zur pauschal negativen Bewertung von Unterbrechungen festzustellen.

Notwendigkeit zur Erweiterung der Perspektive

Angesichts dieser Literaturlage haben Harr & Kaptelinin (2007) auf die Notwendigkeit zur Erweiterung der bisherigen Perspektive auf Unterbrechungen hingewiesen. Sie fordern, die Effekte von Unterbrechungen in sozialen Systemen (wie z. B. einer kooperierenden Gruppe oder einer Organisation) zu analysieren. Dabei weisen sie insbesondere darauf hin, dass die Auswirkungen einer Unterbrechung nicht notwendigerweise auf das unterbrochene Individuum beschränkt bleiben und dass der Umgang mit Unterbrechungen selbst eine kooperative Aktivität darstellen kann. Allerdings leiten Harr & Kaptelinin (2007) aus diesen Beobachtungen vor allem den Bedarf nach weiterer Forschung ab und gelangen nicht zu einer Konzeption unterstützender informationstechnischer Werkzeuge.

Beitrag der vorliegenden Arbeit

Die vorliegende Arbeit schließt diese Lücke, indem sie die Unterbrechung kooperativer Arbeit am Beispiel der Multiprojekt-Wissensarbeit aus Sicht der beteiligten Gruppe analysiert und daraus Anforderungen an die informationstechnische Unterstützung der (gemeinschaftlichen) Handhabung von Unterbrechungen ableitet. Diese Anforderungen werden in einer Reihe prototypischer Funktionen der unterbrechungsbezogenen Kooperationsunterstützung umgesetzt. Gestützt auf die Ergebnisse einer Evaluation der Prototypen gelangt die Arbeit des Weiteren zu Empfehlungen an die unterbrechungstolerante Gestaltung kooperationsunterstützender Systeme.

1.1.1 Hintergrund der Problemstellung

Der Hintergrund der Problemstellung dieser Dissertation ergibt sich aus der Verbindung fünf aufeinander aufbauender Beobachtungen zum Gegenstand und zur Organisation heutiger Arbeit:

Wissensarbeit

1. Im Rahmen ihrer Berufstätigkeit gehen immer mehr Menschen Arbeiten nach, in deren Mittelpunkt nicht länger die Produktion materieller Güter sondern der Erwerb, die Verteilung und die Schaffung neuen Wissens stehen. Diese Form der Arbeit wird mit

dem Begriff der *Wissensarbeit* bezeichnet (s. z. B. Davenport 2005). Wissensarbeit wird in einem umfänglichen Maße durch informationstechnische Systeme unterstützt, u. a. deshalb ist ihre Erbringung oftmals nicht an einen bestimmten Ort gebunden (vgl. z. B. Lee & Perry 2001).

Multiprojektarbeit

2. Ihrer Tätigkeit nachzugehen bedeutet für einen zunehmenden Teil der Wissensarbeiter, zugleich in mehrere Projekte[1] eingebunden zu sein (s. z. B. Persing 1999). Die Arbeit in jedem einzelnen dieser Projekte schließt die Zusammenarbeit mit anderen Personen ein. Sie kann sowohl zeitgleich[2] als auch sequenziell[3] erfolgen. In jedes Projekt können dabei unterschiedliche Personen eingebunden sein, wobei Überschneidungen zwischen den Gruppen möglich sind. Verschiedene Projekte können deshalb parallel zueinander voranschreiten. Diese Form der Arbeit wird als *Multiprojekt-Wissensarbeit* bezeichnet. Die Zusammenarbeit im Rahmen der Multiprojekt-Wissensarbeit erfolgt oftmals in Kleingruppen – diese stellen den Bezugsrahmen für die weiteren Betrachtungen der vorliegenden Arbeit dar.

Unterbrechungen

3. In mehrere Projekte zugleich eingebunden zu sein bedeutet, dass Wissensarbeiter zwischen diesen Projekten wechseln müssen. Gerade dann, wenn Wissensarbeiter mit komplexen Problemen umgehen, erfolgen Wechsel zwischen Projekten oft unvorhergesehen (vgl. z. B. Jett & George 2003) – zum Beispiel, weil die weitere Arbeit in einem Projekt von Eingaben anderer Personen abhängt oder weil Gelegenheiten zur Zusammenarbeit spontan genutzt werden. Deshalb kommen Unterbrechungen[4] in der Multiprojekt-Wissensarbeit oft vor und tragen zu deren Fragmentierung bei. Diese Form der Arbeit wird als *fragmentierte Multiprojekt-Wissensarbeit* bezeichnet.

1. Bzw.: *Arbeitsbereiche* – zur Unterscheidung siehe Kapitel 2.1.3 auf Seite 22.
2. Hier: Die beteiligten Personen interagieren während eines Arbeitsschritts miteinander.
3. Hier: Mehrere Arbeitsschritte folgen aufeinander ab, wobei sich der Kreis der beteiligten Personen von Schritt zu Schritt verändern kann.
4. Sofern nicht anders vermerkt ist hier und im Folgenden die Unterbrechung von *Arbeit* gemeint. Definitionsgemäß stellt Arbeit eine *menschliche* Tätigkeit dar – damit bezieht sich auch der Begriff der Unterbrechung auf *menschliches* Verhalten und nicht etwa auf zeitliche Abläufe in technischen Systemen.

4. Die Fragmentierung der Multiprojekt-Wissensarbeit macht es erforderlich, dass Wissensarbeiter Unterbrechungen planvoll handhaben. Dazu gehört es, Entwicklungen und Tätigkeiten aus mehreren Projekten im Blick zu behalten, auf Unterbrechungen vorbereitet zu sein und den Wiedereinstieg in ein unterbrochenes Projekt möglichst reibungslos zu vollziehen (s. z. B. González & Mark 2005). Jede dieser Tätigkeiten beinhaltet spezifische Aufgaben, die dem Bereich der Koordination[1] zuzuordnen sind. Dieser Teilbereich koordinativer Aufgaben wird als (unterbrechungsbezogene) *Multiprojektkoordination* bezeichnet. Wissensarbeiter verfügen u. a. aufgrund flacher Hierarchien und kleiner Gruppengrößen (s. o.) häufig nicht über die Möglichkeit, elementare Aufgaben der Multiprojektkoordination wie z. B. den Umgang mit Unterbrechungen an andere Personen (z. B. ein Sekretariat) zu delegieren (vgl. Kapitel 3.3.3 auf Seite 64). Für die Belange dieser Arbeit wird deshalb davon ausgegangen, dass die Handhabung von Unterbrechungen den betroffenen Wissensarbeitern selbst obliegt.

Multiprojekt-Koordination

5. Der überwiegende Teil wissenschaftlicher Arbeiten zum Thema der Unterbrechung menschlichen Handelns untersucht das Phänomen aus der Perspektive des unterbrochenen Individuums. Dabei bleibt häufig unberücksichtigt, dass der Wirkungsbereich von Unterbrechungen weiter zu fassen ist: Unterbrechungen beeinflussen das organisatorische (bzw.: soziale) Umfeld, in das sie eingebettet sind (vgl. Harr & Kaptelinin 2007). Auch bei der informationstechnischen Unterstützung des Umgangs mit Unterbrechungen stehen häufig individuelle Tätigkeiten im Mittelpunkt. Unterbrechungen werden nicht im Kontext einer beständig voranschreitenden Zusammenarbeit (s. Punkt 2 dieser Aufzählung) gesehen, in der Aufgaben der unterbrechungsbezogenen Multiprojektkoordination zu unterstützen sind.

Wirkungsbereich von Unterbrechungen

1.1.2 Veranschaulichung des Problems

Szenario fragmentierter Multiprojekt-Wissensarbeit

Probleme, die sich beim Umgang mit Unterbrechungen kooperativer Arbeit ergeben, werden im Folgenden anhand eines Szenarios[2] illustriert. Die Szenen des Szenarios greifen verschiedene Eigenschaf-

1. Der Begriff der Koordination bezeichnet die „Handhabung von Abhängigkeiten zwischen zielgerichtet ausgeführten Aktivitäten“ (Malone & Crowston 1990, S. 361; *eigene Übers.*)

ten der fragmentierten Multiprojekt-Wissensarbeit auf. Ihre Verortung im Umfeld der Softwareentwicklung erlaubt es, die Problemstellungen unterbrochener Wissensarbeit praxisnah zu veranschaulichen. Die Plausibilität des Szenarios wurde von mehreren Wissensarbeitern (n=6) einer wissenschaftlichen Arbeitsgruppe bestätigt. Die Mitglieder dieser Arbeitsgruppe sind mit fragmentierter Multiprojekt-Wissensarbeit vertraut[1] und verfügen durch diverse Forschungsprojekte sowie durch eigene Entwicklungstätigkeiten über einen fundierten Erfahrungshintergrund zur kooperativen Softwareentwicklung.

Marie ist Entwicklerin eines kleinen Softwarehauses mit ca. 40 Mitarbeiterinnen und Mitarbeitern. Sie ist in verschiedenen Kundenprojekten mit jeweils unterschiedlichen Aufgaben betraut. In Projekt A ist Marie als Entwicklerin tätig, in Projekt B hat sie die Anforderungsanalyse begleitet und in Projekt C übernimmt sie die Rolle der Projektleiterin.

Szene 1

Marie beginnt ihren Arbeitstag mit dem Durchsehen von E-Mails: Die darin enthaltenen Informationen aus ihren Projekten helfen ihr, den Faden wieder aufzunehmen und ihre Tagesplanung an aktuelle Erfordernisse anzupassen. In ihrem Terminkalender hält Marie grob fest, welche Aufgaben sie heute zu welcher Zeit bearbeiten will.

Szene 2

Im Mittelpunkt von Maries heutigem Arbeitstag steht eine Besprechung zu Projekt C, in dem das weitere Vorgehen der Produktentwicklung abgestimmt werden soll. Zu diesem Anlass kommt das Projektteam in einem Besprechungsraum zusammen. Der Besprechungsraum ist mit einem Sitzungsunterstützungssystem[2] incl. großflächiger Gruppenanzeige ausgestattet, das vor allem zur Dokumentation von Besprechungsergebnissen in einem elektronischen Notizbuch eingesetzt wird.

2. Im weiteren Verlauf der Arbeit werden anhand von Szenen eines Szenarios wiederholt Problemkonstellationen und zugehörige Lösungsansätze illustriert. Szenarien werden hingegen nicht genutzt, um daraus unmittelbar Anforderungen an die Gestaltung informationstechnischer Systeme abzuleiten (vgl. z. B. Rosson & Carroll 2003).

1. Kapitel 6.2.2 auf Seite 143 geht auf den Hintergrund dieser Einschätzung ein.

2. s. Kapitel 5.1.2 auf Seite 117

Nach einer halben Stunde der Zusammenarbeit in der Besprechung wird Marie von der Projektleiterin in Projekt A – Anna – angerufen. Marie geht von einem kurzen Telefonat aus und verlässt die Besprechung, ohne mit ihren Kollegen das Vorgehen während ihrer Abwesenheit abzustimmen. Die Anderen setzen ihre Zusammenarbeit fort. Szene 3

Anna beauftragt Marie, am nächsten Tag einen erkrankten Mitarbeiter bei einem Kundentermin zu vertreten. Für den Termin ist noch eine Präsentation vorzubereiten: dazu muss Marie Rücksprache mit Claus und Vera, den übrigen Mitarbeitern des Projekts, halten. Das Telefonat hat nun doch mehr Zeit beansprucht als ursprünglich erwartet. Szene 4

Zurück im Besprechungsraum stellt Marie fest, dass die übrigen Teilnehmer gerade Pause machen: Um sinnvoll weiterarbeiten zu können, hätten sie von Marie eine Entscheidung zur Personalplanung gebraucht. Marie anzurufen oder ihr eine E-Mail zu schreiben erschien ihnen nicht sinnvoll, da Marie ohnehin gerade telefonierte und sie ihren Laptop im Besprechungsraum zurückgelassen hatte. Marie kann ihre Kollegen nicht erreichen, ist aber auf deren Mithilfe angewiesen, um die Arbeit in Projekt C sinnvoll fortzusetzen: die unübersichtliche Sitzungsdokumentation gibt keine Hinweise auf die benötigte Entscheidung. Szene 5

Während sie auf die Rückkehr ihrer Kollegen wartet, ruft Marie nacheinander Vera und Claus an, um einen Gesprächstermin zu vereinbaren. Vera ist nicht sofort zu sprechen, die Terminvereinbarung gelingt deshalb erst nach einer Reihe von Versuchen. Marie aktualisiert ihre Tagesplanung und verschiebt einige Aufgaben auf folgende Tage. Szene 6

Die anderen kehren zurück und die Gruppe setzt ihre Arbeit fort, nachdem Marie über den aktuellen Stand der Besprechung informiert wurde. Die erforderliche Entscheidung muss Marie allerdings mit ihrem Vorgesetzten Sören, abstimmen – während sie vergeblich versucht, die- Szene 7 sen telefonisch zu erreichen und ihm anschließend eine knappe E-Mail schreibt, pausiert die übrige Gruppe.

Szene 8

Im weiteren Verlauf der Sitzung stellt sich heraus, dass zwei Mitarbeiter – Tim und Lea – eine Stunde früher gehen müssen als ursprünglich vereinbart. Die Diskussion wird zehn Minuten nachdem Tim und Lea gegangen sind abgebrochen, ohne dass ein Folgetermin oder das weitere Vorgehen en détail vereinbart werden kann.

Kernproblem: Ausbreitung von Unterbrechungen

Das Szenario veranschaulicht durchgängig ein Kernproblem unterbrochener kooperativer Arbeit: Die Unterbrechung einer Person hat oftmals Auswirkungen auf die Zusammenarbeit ihrer Kooperationspartner, die Effekte einer Unterbrechung breiten sich innerhalb der kooperierenden Gruppe aus. Von der ursprünglichen Unterbrechung nicht betroffene Personen können in ihrer Zusammenarbeit (mittelbar) beeinträchtigt werden, beispielsweise, indem ihre Weiterarbeit vorübergehend blockiert wird. Die Szenen 5, 7 und 8 veranschaulichen dies: Marie ist zur Fortsetzung ihrer Arbeit in Projekt C auf die Unterstützung ihrer Kollegen angewiesen; die zurückkehrende Gruppe kann ihre Arbeit erst fortführen, nachdem Marie über den aktuellen Stand der Besprechung informiert wurde; während Maries Versuch der telefonischen Kontaktaufnahme zu Sören muss die übrige Gruppe pausieren; nach Tims und Leas Ausscheiden kann die Zusammenarbeit weder sinnvoll fortgesetzt noch weiter geplant werden.

Koordinationsaufgaben beim Umgang mit Unterbrechungen

Die Szenen des Szenarios deuten auch darauf hin, dass die Handhabung von Unterbrechungen in der fragmentierten Multiprojekt-Wissensarbeit bestimmte Aufgaben der Koordination umfasst. Zu diesen zählen:

- Entwicklungen aus verschiedenen Projekten im Blick behalten und die eigene Arbeitsplanung danach ausrichten (Szene 1, 4, 6).
- Unterbrechungen veranlassen und bezüglich ihrer Relevanz bewerten (Szene 3, 7).
- Den aktuellen Bearbeitungsstand eines unterbrochenen Projekts nachvollziehen und die Wiederaufnahme der Zusammenarbeit unterstützen (Szene 5, 7).
- Unterbrechungen so zu handhaben, dass die Zusammenarbeit in den betroffenen Projekten möglichst wenig in Mitleidenschaft gezogen wird (Szene 5, 8).

Im Verlauf der Arbeit werden entsprechende Aufgaben der Handhabung von Unterbrechungen genauer untersucht. Besondere Aufmerksamkeit erfährt dabei der kooperative Umgang mit Unterbrechungen in solchen Situationen der fragmentierten Multiprojekt-Wissensarbeit, in denen eine Tätigkeit während der unterbrechungsbedingten Abwesenheit einer Person von einem Teil der zusammenarbeitenden Gruppe (zunächst) fortgesetzt wurde. Das vorausgehend vorgestellte Szenario deutet bereits darauf hin, dass u. a. die Wiederaufnahme solcher Tätigkeiten besondere Anforderungen an das Nachvollziehen des gegenwärtigen Entwicklungsstandes stellen kann. Vor diesem Hintergrund kann die von dieser Arbeit behandelte Problemstellung wie folgt formuliert werden:

Problemstellung

Wie sind informationstechnische Systeme, die von Wissensarbeitern im Rahmen ihrer Zusammenarbeit eingesetzt werden, zu gestalten, damit sie in der fragmentierten Multiprojekt-Wissensarbeit die kooperative Handhabung von Unterbrechungen derart unterstützen, dass

- die Ausbreitung negativer Unterbrechungseffekte möglichst verhindert wird und ihr Wirkungsbereich lokal begrenzt bleibt und
- das Fortführen der Zusammenarbeit von den zur Handhabung der Unterbrechung notwendigen Maßnahmen nicht in Mitleidenschaft gezogen wird.

1.1.3 Relevanz der Problemstellung

Fragmentierte Multiprojekt-Wissensarbeit als etabliertes Phänomen

Die Ursachen für die Verbreitung fragmentierter Multiprojekt-Wissensarbeit sind im Spannungsfeld eines intensivierten Wettbewerbsdrucks, kürzerer Produkteinführungszeiten und daraus resultierendem Zeitdruck sowie einer erhöhten Wertschätzung von Geschwindigkeit[1] (vgl. Persing 1999) zu suchen. Es ist davon auszugehen, dass diese Faktoren auch in Zukunft relevant für das unternehmerische Handeln sind: In den vernetzt operierenden Unternehmen einer „informationellen Ökonomie“ (Castells 2001, S. 493), „wird [Zeit] als Ressource behandelt, und zwar nicht nach der linearen, chronologischen Methode der Massenproduktion, sondern als Unternehmensfaktor im Verhältnis zur Zeitlichkeit anderer Unternehmen, Netzwerke, Prozesse oder Produkte“ (ebd., S. 494). Damit stellt die effiziente und flexible Nutzung von Zeit in Abgren-

1. Bluedorn (2002) weist auf die positive Korrelation zwischen polychronem Handeln (die Präferenz, mehreren Aufgaben simultan nachzugehen) und der Wertschätzung einer raschen Aufgabenbearbeitung hin (Bluedorn 2002, S. 61).

zung zu anderen Akteuren selbst einen entscheidenden Wettbewerbsvorteil dar. Die simultane Bearbeitung mehrerer Projekte im Rahmen der fragmentierten Multiprojekt-Wissensarbeit kann somit als Strategie verstanden werden, diesen Wettbewerbsvorteil zu erschließen. Fragmentierte Multiprojekt-Wissensarbeit, deren Bestandteil Unterbrechungen sind, ist also nicht als vorübergehendes Phänomen zu bewerten. Die Problemstellung, die Handhabung von Unterbrechungen in der fragmentierten Multiprojekt-Wissensarbeit informationstechnisch zu unterstützen, ist deshalb relevant.

1.2 Ziel der Arbeit

Zielsetzung

Die vorliegende Arbeit beantwortet die Frage, wie informationstechnische Systeme, die von Wissensarbeitern im Rahmen ihrer Zusammenarbeit eingesetzt werden, zu gestalten sind, damit sie eine der fragmentierten Multiprojekt-Wissensarbeit angemessene Handhabung von Unterbrechungen unterstützen.

Leitfragen

Dieses Ziel wird erreicht, indem vier aufeinander bezogene Leitfragen beantwortet werden:

1. Welchen besonderen *Bedingungen* unterliegt die Handhabung von Unterbrechungen angesichts der Zusammenarbeit im Rahmen der fragmentierten Multiprojekt-Wissensarbeit?
2. Welche *Aufgaben* der unterbrechungsbezogenen Multiprojektkoordination resultieren aus den Eigenschaften der fragmentierten Multiprojekt-Wissensarbeit?
3. Welche *Anforderungen* sind an informationstechnische Systeme zu stellen, die Wissensarbeiter bei diesen Aufgaben unterstützen und die den Bedingungen der fragmentierten Multiprojekt-Wissensarbeit gerecht werden? Wie müssen vorhandene informationstechnische Infrastrukturen, die zur Unterstützung der Wissensarbeit eingesetzt werden, aufgebaut sein, damit sie um Funktionen zur Unterstützung der Handhabung von Unterbrechungen erweitert werden können?
4. Welche *Bewertung* erfahren gemäß dieser Anforderungen gestaltete Systeme durch Wissensarbeiter und welche *Gestaltungsempfehlungen* lassen sich daraus ableiten?

Bei der Beantwortung dieser Fragen nimmt die Arbeit einen soziotechnischen Standpunkt ein: Die Gestaltung und der Einsatz einer Technologie (z. B. eines Softwaresystems) sind stets vom Verhalten sozialer Akteure (z. B. Personen, Gruppen) geprägt; umgekehrt wirkt sich die Gestalt technischer Systeme auf die Beschaffenheit der Interaktionen dieser Akteure aus, die soziale Interaktion menschlicher Akteure wird durch technische Systeme unterstützt bzw. vermittelt. Technische und soziale (Sub-)Systeme stehen in wechselseitiger Abhängigkeit zueinander und prägen sich gegenseitig. Die informationstechnisch unterstützte Zusammenarbeit von Wissensarbeitern wird vor diesem Hintergrund als soziotechnisches System betrachtet. In der Analyse unterbrochener Multiprojekt-Wissensarbeit werden somit sowohl das Verhalten menschlicher Akteure beim Umgang mit einer Unterbrechung, die Beschaffenheit (gegebener) technologischer Unterstützungsmöglichkeiten und die Wechselwirkungen zwischen diesen Bereichen in den Blick genommen.

Leistungen der Arbeit

Entsprechend der soziotechnischen Perspektive werden Antworten auf die oben genannten Leitfragen in verschiedener Form gegeben:

- Die Arbeit identifiziert Aufgaben der unterbrechungsbezogenen Multiprojektkoordination und fasst sie in *Handlungsfeldern* zusammen (Kapitel 4 auf Seite 85). Zu diesen werden *soziotechnische Modelle* entwickelt, in denen relevante Abläufe der Handhabung von Unterbrechungen dargestellt werden.
- Die Arbeit nennt *Anforderungen* und *Randbedingungen* der Gestaltung informationstechnischer Systeme, deren Ziel die Unterstützung von Aufgaben der unterbrechungsbezogenen Multiprojektkoordination ist (Kapitel 6 auf Seite 141).
- Die Arbeit dokumentiert anhand von *Prototypen*, wie in Nutzung befindliche Werkzeuge zur Unterstützung der Wissensarbeit um Funktionen der unterbrechungsbezogenen Multiprojektkoordination erweitert werden können (Kapitel 7 auf Seite 163).
- Die Arbeit entwickelt auf informationstechnische Systeme und deren Einsatz bezogene *Gestaltungsempfehlungen*, die auf eine vereinfachte Handhabung von Unterbrechungen in der fragmentierten Multiprojekt-Wissensarbeit hinwirken (Kapitel 9 auf Seite 161).

Beitrag zur CSCW-Forschung

Mit diesen Leistungen erweitert die Arbeit das Verständnis der CSCW-Forschung vom Phänomen der Unterbrechung kooperativer Arbeit. Mit der Modellierung der soziotechnischen Einbettung von

Unterbrechungen in den Kontext der Multiprojekt-Wissensarbeit leistet sie dabei einen Beitrag zur Theoriebildung; die Dokumentation von Anforderungen und Gestaltungsempfehlungen sowie die Prototypentwicklung sind aus einer anwendungsorientierten Perspektive für die Gestaltung künftiger kooperationsunterstützender Systeme relevant.

1.3 Lösungsweg

Vorgehensweise

Zu Beginn wird die fragmentierte Multiprojekt-Wissensarbeit aus verschiedenen Perspektiven analysiert. Ergebnisse dieser Analyse sind auf die Handhabung von Unterbrechungen bezogene Aufgaben und spezifische Randbedingungen, die bei der Gestaltung informationstechnischer Systeme für die fragmentierte Multiprojekt-Wissensarbeit zu berücksichtigen sind. Entlang der identifizierten Aufgaben werden in der Folge Anforderungen bestimmt. Dabei werden in der Literatur dokumentierte Anforderungen um solche ergänzt, die im Feld der fragmentierten Multiprojekt-Wissensarbeit erhoben wurden. Die ermittelten Anforderungen werden in einer Reihe von Prototypen umgesetzt und daran anschließend einer Bewertung durch Praktiker der fragmentierten Multiprojekt-Wissensarbeit unterzogen. Die Evaluationsergebnisse und die im Rahmen der Prototypkonzeption und -entwicklung gesammelten Erfahrungen münden in Gestaltungsempfehlungen an die informationstechnisch unterstütze Handhabung von Unterbrechungen in der fragmentierten Multiprojekt-Wissensarbeit.

1.3.1 Methodik

Die soziotechnische Betrachtung des Problembereichs der unterbrochenen Multiprojekt-Wissensarbeit hat zur Folge, dass sich die Arbeit verschiedener methodischer Vorgehensweisen zur Bearbeitung ihrer Themenstellung bedient:

- Grundlegende Erkenntnisse zur Multiprojekt-Wissensarbeit, zu Unterbrechungen und zu vorhandenen Möglichkeiten der informationstechnischen Unterstützung dieser beiden Bereiche werden aus einer *Literaturanalyse* gewonnen.

- Die *Modellierung* relevanter Abläufe unterbrochener Multiprojekt-Wissensarbeit schafft einen Bezugsrahmen für weitere Analysen und stellt damit das Fundament für die Konzeption (informationstechnischer) Lösungen zur Unterstützung der Handhabung von Unterbrechungen dar.
- *Gruppendiskussionen* und szenariobasierte *Brainstorming-Techniken* werden im Rahmen der Anforderungsanalyse dazu genutzt, neuartige Unterstützungsmöglichkeiten zu identifizieren.
- Neuartige Möglichkeiten zur Handhabung von Unterbrechungen werden im Zuge des *Prototypings* informationstechnischer Unterstützungsfunktionen demonstriert. *Arbeitsplatzbeobachtungen* in einer Referenzgruppe geben im Vorfeld Aufschluss über genutzte Werkzeuge und ermöglichen den Entwurf von Prototypen, die sich in die im Einsatz befindliche informationstechnische Infrastruktur eingliedern.
- Im Zuge der Evaluation werden *gruppenbezogene Kreativitätstechniken* und *quantitative Testverfahren* im Rahmen eines *Walkthroughs* miteinander kombiniert, um zu einer umfassenden Bewertung der Prototypen zu gelangen.
- In den Phasen der Anforderungsanalyse und der Evaluation wird mithilfe *psychologischer Testverfahren* eingeschätzt, inwiefern der Erfahrungshintergrunds der beteiligten Gruppe zum Problembereich der fragmentierten Multiprojekt-Wissensarbeit passt.

1.3.2 Beteiligte Themengebiete und Einordnung der Arbeit

Einordnung: angewandte Informatik

Die Arbeit hat ihren Schwerpunkt in der angewandten Informatik und stellt einen anschlussfähigen Beitrag zu Fragestellungen der CSCW-Forschung dar, die sich auf die informationstechnische Unterstützung unterbrochener Multiprojekt-Wissensarbeit beziehen.

Beteiligte Disziplinen

Die Verortung der Arbeit in der angewandten Informatik stellt eine Schwerpunktsetzung dar. Zur Beantwortung ihrer Fragestellung tragen angesichts des zugrunde liegenden soziotechnischen Systemverständnisses verschiedene Disziplinen bei:

- Hintergründe zur Wissensarbeit, zur Multiprojektarbeit und zu Unterbrechungen stammen aus dem Umfeld der *Arbeitswissenschaft* und der *Organisationspsychologie* sowie aus Publikationen aus der Schnittmenge dieser Disziplinen mit der *angewandten Informatik*.

- Die *angewandte Informatik* liefert den benötigten Hintergrund zu Kommunikations-, Koordinations- und Kooperationswerkzeugen. Sie bietet darüber hinaus Methoden für die Anforderungsbestimmung, die Konzeption und Entwicklung von Prototypen und deren Bewertung an.
- Die CSCW-Forschung steuert Erkenntnisse zur informationstechnischen Unterstützung der Zusammenarbeit im Rahmen der Multiprojekt-Wissensarbeit bei und stellt einen Rahmen zur Beschreibung und Gestaltung informationstechnisch unterstützter Kooperation bereit.

1.4 Aufbau der Dissertation

Struktur

Die Arbeit untergliedert sich in die drei übergeordneten Abschnitte *Grundlagen* (Kapitel 1-3), *Analyse* (Kapitel 4-6) sowie *Umsetzung, Evaluation und Gestaltungsempfehlungen* (Kapitel 7-9). Abbildung auf Seite 16 gibt die Struktur der Arbeit überblicksartig wieder.

ABBILDUNG 1. Aufbau der Arbeit

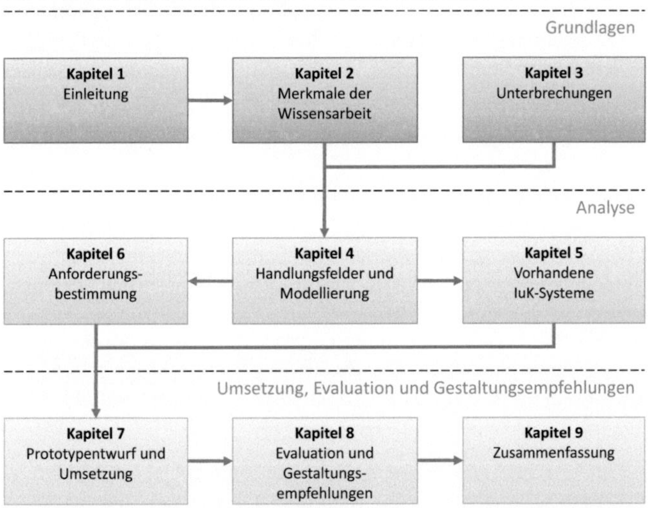

Kapitel 2: Wissensarbeit

Kapitel 2 auf Seite 17 stellt grundlegende Merkmale der fragmentierten Multiprojekt-Wissensarbeit vor. Angesichts der nebenläufigen Fortentwicklung unterschiedlicher Projekte gilt der zeitlichen

Organisation dieser Form der Wissensarbeit besonderes Augenmerk. Das Kapitel identifiziert eine Reihe von Bedingungen, die bei der informationstechnischen Unterstützung der Handhabung von Unterbrechungen zu berücksichtigen sind.

Dem Wesen von Unterbrechungen und unterschiedlichen Strategien ihrer informationstechnisch unterstützten Handhabung ist Kapitel 3 auf Seite 45 gewidmet. Verschiedene Akteure, Phasen und Strategien des Unterbrechungsgeschehens werden in den Kontext der Multiprojekt-Wissensarbeit gesetzt. Das Kapitel zeigt die Bedeutung von Unterbrechungen für diese Form der Wissensarbeit auf und identifiziert Aufgaben, die bei der Handhabung von Unterbrechungen zu unterstützen sind.

Kapitel 3: Unterbrechungen

Kapitel 4 auf Seite 85 fasst thematisch zusammengehörige Aufgaben in vier übergreifenden Handlungsfeldern der unterbrechungsbezogenen Multiprojektkoordination zusammen. Dabei werden relevante Abläufe des (kooperativen) Umgangs mit Unterbrechungen in Modellen dargestellt.

Kapitel 4: Handlungsfelder

Kapitel 5 auf Seite 115 ist informationstechnischen Systemen gewidmet, die bei der Zusammenarbeit im Rahmen der Multiprojekt-Wissensarbeit und zur Unterstützung des Umgangs mit Unterbrechungen eingesetzt werden. Das Kapitel identifiziert vielversprechende Entwicklungslinien dieser Unterstützung und setzt damit den Ausgangspunkt für die Prototypentwicklung.

Kapitel 5: vorhandene informationstechnische Systeme

Entlang der Handlungsfelder werden in Kapitel 6 auf Seite 141 Anforderungen an die informationstechnische Unterstützung der unterbrechungsbezogenen Multiprojektkoordination formuliert. Randbedingungen der Gestaltung dieser Unterstützungsfunktionen werden in nichtfunktionalen Anforderungen dokumentiert.

Kapitel 6: Anforderungen

In Kapitel 7 auf Seite 163 werden Prototypen vorgestellt, die auf unterschiedliche Art und Weise dazu beitragen, die Handhabung von Unterbrechungen in der fragmentierten Multiprojekt-Wissensarbeit zu unterstützen. Das Kapitel nennt übergeordnete Entwurfsziele, denen der Prototypenentwurf zugrunde liegt und diskutiert Merkmale eines zur Problemstellung passenden Architekturkonzepts. Dabei werden auch grundlegende Forderungen an den Aufbau künftiger informationstechnischer Infrastrukturen der Kooperationsunterstützung gestellt.

Kapitel 7: Entwurf und Umsetzung von Prototypen

Kapitel 8: Evaluation und Gestaltungsempfehlungen

Die Ergebnisse einer Bewertung der Prototypen werden in Kapitel 8 auf Seite 205 zusammengetragen. Die Evaluation der Prototypen ermöglicht Rückschlüsse auf die Prozessangemessenheit des umgesetzten Unterstützungskonzepts und deckt Entwicklungspotenziale für künftige Arbeiten auf. Auf Grundlage der Evaluationsergebnisse werden Gestaltungsempfehlungen an die informationstechnisch unterstützte Handhabung von Unterbrechungen in der fragmentierten Multiprojekt-Wissensarbeit formuliert.

Kapitel 9: Zusammenfassung

Die Arbeit schließt in Kapitel 9 auf Seite 231 mit einer Zusammenfassung und Kommentaren zur Anschlussfähigkeit für nachfolgende Vorhaben.

KAPITEL 2

Merkmale der Wissensarbeit

Wissensarbeit ist die maßgebliche Arbeitsform der Informationsgesellschaft. Das Kapitel identifiziert wichtige Merkmale der Wissensarbeit und leitet daraus Bedingungen ab, die bei der Gestaltung unterstützender informationstechnischer Systeme zu berücksichtigen sind. Dabei wird die fragmentierte Multiprojekt-Wissensarbeit als komplexeste und am schwierigsten zu unterstützende Ausprägung der Wissensarbeit identifiziert. Besondere Aufmerksamkeit kommt der Kommunikation und ihrer Bedeutung für die Wissensarbeit zu. Das Kapitel schließt mit einer zusammenfassenden Darstellung von Bestimmungsmerkmalen der Wissensarbeit.

2.1 Eigenschaften der Wissensarbeit

Ziel: Merkmale erkennen und Bedingungen ableiten

Was ist unter dem Begriff der Wissensarbeit zu verstehen, welche Merkmale sind typisch für die Wissensarbeit und grenzen sie von anderen Formen der Arbeit ab? Das Ziel dieses Kapitels ist es, grundlegende Aussagen über Wissensarbeit und Wissensarbeiter zusammenzutragen und zur Differenzierung geeignete Kriterien zu identifizieren. Es werden grundlegende Merkmale herausgearbeitet, die den Problemraum der fragmentierten Multiprojekt-Wissensarbeit verdichtend darstellen. Dabei werden Bedingungen festgehalten, die bei der Gestaltung von informationstechnischen Systemen zur Unterstützung der Handhabung von Unterbrechungen in der fragmentierten Multiprojekt-Wissensarbeit zu berücksichtigen sind. Für die Prototypgestaltung stellen diese Bedingungen nichtfunktionale Anforderungen dar: Sie beschreiben Randbedingungen, denen der Prototypentwurf zu genügen hat (vgl. Kapitel 6.3.5 auf Seite 152).

2.1.1 Grundlegende Merkmale der Wissensarbeit

Hauptaufgaben und grundlegende Merkmale

Für Wissensarbeiter bilden der Erwerb, die Verteilung, das Schaffen neuen Wissens sowie das in Beziehung setzen von Wissensbeständen den Mittelpunkt ihrer Tätigkeit (vgl. Davenport 2005, S. 10;

Kidd 1994, S. 187, 190). In der Wissensarbeit ist Wissen steten Veränderungen ausgesetzt: Es wird „(1) kontinuierlich revidiert, (2) permanent als verbesserungsfähig angesehen, (3) prinzipiell nicht als Wahrheit sondern als Ressource betrachtet [...]" (Willke 1998, S. 161). Mit diesen Merkmalen unterscheidet Willke (1998) die Wissensarbeit von anderen wissensbasierten Tätigkeiten. Den Kern der Differenzierung bildet die Idee einer ständigen Weiterentwicklung des Wissens: „Tätigkeiten (Kommunikationen, Transaktionen, Interaktionen), [...] die dadurch gekennzeichnet sind, dass das erforderliche Wissen [...] einmal im Leben durch Erfahrung, Initiation, Lehre, Fachausbildung oder Professionalisierung erworben und dann [ohne weitere Modifikation] angewendet wird" (ebd., S. 161, *eigene Ergänzung*) zählen für Willke nicht zur Wissensarbeit.

Unterscheidung nach Komplexität und Interdependenz

Für jede Form der Wissensarbeit kann danach gefragt werden, wie komplex die erbrachte Tätigkeit ist und in welchem Ausmaß sie von der Zusammenarbeit mit anderen Personen abhängt. Davenport (2005) nutzt die Kriterien der Komplexität und Interdependenz, um mit der transaktionsorientierten Wissensarbeit, der integrativen Wissensarbeit, der Expertenarbeit und der kollaborativen Wissensarbeit vier Varianten der Wissensarbeit voneinander zu unterscheiden (s. Davenport 2005, S. 26-28).

Kollaborative Wissensarbeit

Von den vorgenannten Typen stellt die kollaborative Wissensarbeit den komplexesten Fall dar. Diese Erscheinungsform der Wissensarbeit zeichnet sich durch ein hohes Maß an Komplexität und Interdependenz aus und bedarf zugleich einer ausgeprägten Fachkompetenz als auch der Fähigkeit zur fachgruppenübergreifenden Zusammenarbeit. Kollaborative Wissensarbeit verlangt oftmals nach über bekannte Strategien hinausgehenden kreativen Lösungen für einzigartige Problemstellungen. Interdisziplinäre Projektarbeit in der wissenschaftlichen Forschung kann als Beispiel für diese Form der Wissensarbeit dienen, die typisch für die Bearbeitung sog. *wicked problems* (Rittel & Webber 1973; Euteneuer et al. 2007) ist.

Vor dem Hintergrund der vorausgehenden Betrachtungen soll der Begriff der Wissensarbeit wie folgt definiert werden:

Definition: Wissensarbeit

Definition 1: **Wissensarbeit.**
Unter dem Begriff der Wissensarbeit werden Arbeitstätigkeiten verstanden, in deren Mittelpunkt der Erwerb, die Verteilung und die Schaffung neuen Wissens sowie die beständige Revision und Verbesserung bestehenden

Wissens stehen. Bestimmende Merkmale der kollaborativen Wissensarbeit[1] sind ein hohes Maß an Komplexität, die Zusammenarbeit mit anderen Personen sowie die begrenzten Möglichkeiten zur Formalisierung des Arbeitsablaufs.

Sitzungen

Ein fester Bestandteil der Zusammenarbeit im Rahmen der kollaborativen Wissensarbeit sind Sitzungen (entsprechende Evidenz bieten z.B. Czerwinski et al. 2004, Hudson et al. 2002, Perlow 1999). Diese finden sowohl geplant (d. h.: mit vorheriger Terminvereinbarung) als auch spontan statt und werden häufig durch informationstechnische Werkzeuge unterstützt (vgl. Hudson et al. 2002, Krcmar et al. 2001).

Organisatorischer Rahmen: kontinuierliche Koordination

Nicht nur in Bezug auf die zeitgleiche Zusammenarbeit am gleichen Ort (z.B. im Rahmen von Sitzungen) erfolgt kollaborative Wissensarbeit oftmals kontingent, d. h. in dem Sinne unbestimmt und offen, als dass eine starre Systematisierung des Arbeitsablaufs nicht möglich ist und die Möglichkeiten zur formalisierten Koordination des Arbeitsgeschehens entsprechend begrenzt sind. Koordination wird im Kontext kollaborativer Wissensarbeit zu einer kontinuierlich betriebenen Aufgabe (vgl. Bardram & Bossen 2005, S. 169): Wissensarbeiter müssen auf nicht vorhersehbare Ereignisse und Wendungen flexibel reagieren und entstehende Gelegenheiten zur Zusammenarbeit spontan ergreifen können; Phasen der Individualarbeit und der Zusammenarbeit wechseln sich ab. Der Umgang mit komplexen Problemstellungen erfordert eine situative Anpassung des Vorgehens, die auch im flexiblen Zusammenstellen aufgabenbezogener Teams zum Ausdruck kommen kann.

Merkmale kollaborativer Wissensarbeit

Kollaborative Wissensarbeit erfordert kontinuierliche Koordination sowie individuelle Handlungsfreiheit. Sie ist nur bedingt zu formalisieren und zu steuern: Management und informationstechnische Unterstützung nehmen deshalb die Optimierung der Rahmenbedingungen der Wissensarbeit und nicht etwa einen etwaigen Prozess der Wissensarbeit selbst in den Blick.

1. Sofern nicht explizit anders vermerkt, ist im weiteren Verlauf dieser Arbeit mit Wissensarbeit stets kollaborative Wissensarbeit gemeint. Insbesondere fließen die Merkmale der kollaborativen Wissensarbeit in die fragmentierte Multiprojekt-Wissensarbeit ein.

2.1.2 Arbeitsorganisation erfolgreicher Wissensarbeiter

PIM-Strategien

In der Praxis werden bei besonders effizient vorgehenden Wissensarbeitern übereinstimmende Strategien des persönlichen Informationsmanagements (PIM – engl.: *Personal Information Management*, s. Erickson 2006) sichtbar. So stellt Davenport (2005) u. a. fest, dass diese Gruppe der Wissensarbeiter wenig Interesse an stets neuen Technologien zur Unterstützung des persönlichen Informationsmanagements hat, sondern statt dessen in der Auswahl der eingesetzten Werkzeuge eher konservativ vorgeht und sich auf die (intensive) Nutzung einer überschaubaren Menge bekannter, häufig auch weitverbreiteter Werkzeuge (z. B. Microsoft Outlook[1]) beschränkt (Davenport 2005, S. 133). Gleichwohl entscheiden Wissensarbeiter autonom anhand der gegebenen Arbeitssituation, welche Werkzeuge zum Einsatz kommen sollen (ebd., S. 135-136), die Nutzung erfolgt planvoll und nicht um ihrer selbst willen.

Bedingung 1: **Der Systementwurf beruht auf der in Nutzung befindlichen Infrastruktur.**
Die vollständige Ablösung etablierter informationstechnischer Infrastrukturen ist angesichts bestehender Nutzungsgewohnheiten kaum Erfolg versprechend und deshalb nicht das Ziel des Systementwurfs. Informationstechnische Systeme zur Unterstützung der Wissensarbeit streben die Erweiterung und Verbesserung bestehender Systeme durch die Integration fehlender Funktionen an.

Zu einem effizienten persönlichen Informationsmanagement trägt auch das regelmäßige Organisieren und Priorisieren von Informationen unter Verwendung von Listen bei. Auflistungen koordinationsrelevanter Informationen – wie z. B. von Terminen, Aufgaben und Kontaktinformationen – stellen sowohl in elektronischer Form als auch auf Papier ein weithin akzeptiertes und als sinnvoll erachtetes Werkzeug des effizienten persönlichen Informationsmanagements dar (vgl. Davenport 2005, S. 134-135; González & Mark 2005, S. 154). PIM-Systeme unterstützen die Verwaltung dieser koordinationsrelevanten Informationen, z.B. durch elektronische Kalender (s. Kapitel 5.1.1 auf Seite 116).

1. http://office.microsoft.com/de-de/outlook/

Bedingung 2: **Vorhandene Quellen koordinationsrelevanter Informationen werden beim Systementwurf berücksichtigt und übergreifend genutzt.**
In der bestehenden informationstechnischen Systemlandschaft sind bereits Informationen repräsentiert, die für die Koordination der Wissensarbeit relevant sind. Neue, koordinationsunterstützende Systeme und Funktionen müssen diese Informationen einbeziehen, sofern ihre möglichst nahtlose Integration in die bestehende Infrastruktur ein Ziel des Systementwurfs ist.

Bedeutung von Dokumenten

Arbeitsgegenstand der Wissensarbeit sind in der Regel (elektronisch repräsentierte) Dokumente. Dies wird u. a. durch eine von Czerwinski et al. (2004) durchgeführte Tagebuchstudie mit 11 aus verschiedenen Branchen stammenden Wissensarbeitern[1] verdeutlicht: In jeder Arbeitsaktivität wurde hier im Durchschnitt auf 1,75 Dokumente zugegriffen. Dokumente werden von Wissensarbeitern oftmals kooperativ genutzt, neu erstellt und bearbeitet und dienen – vereinfacht dargestellt – dem Austausch von Information. Die gemeinsame Arbeit mit Dokumenten wird dabei i. d. R. durch kooperationsunterstützende informationstechnische Systeme bzw. Systeme des gruppenbezogenen Informationsmanagements (GIM – engl.: *Group Information Management*) unterstützt (s. Kapitel 5.1.2 auf Seite 117).

Koordinative Funktion von Dokumenten

Rouncefield et al. (1994) verweisen auf die koordinative Funktion von Dokumenten: Die Verwendung eines Dokuments durch einen Wissensarbeiter gibt Aufschluss über gegenwärtig verfolgte und zurückgestellte Aktivitäten (bzw. Projekte) und deren Bearbeitungsstand. Dokumente erinnern darüber hinaus an unterbrochene Aktivitäten und bieten benötigte Informationen für deren Wiederaufnahme (Kidd 1994, S. 188; Rouncefield et al. 1994, MacKenzie & Monk 2004, S. 97-100, Olson et al. 2002, S. 122-126, Patterson et al. 2004).

Wie auf wahrgenommene Veränderungen innerhalb einer informationstechnischen Infrastruktur reagiert wird, ist durch Konventionen

1. Im engl. Original wird der Begriff *information worker* zur Charakterisierung der betrachteten Personen verwendet. Auf Grundlage der beschriebenen Arbeitstätigkeiten kann jedoch eine Gleichsetzung mit dem Begriff des *knowledge worker* (und damit auch: dem des Wissensarbeiters) vorgenommen werden. Im weiteren Verlauf dieser Arbeit werden – wo immer möglich – die Begriffe des *information worker* und des *knowledge worker* gleich behandelt, ohne dass jeweils explizit auf diese Gleichsetzung hingewiesen wird.

und situative Erfordernisse geprägt: Beispielsweise kann das Einstellen eines neuen Dokuments im gemeinschaftlich genutzten Arbeitsbereich eines zeitkritisch zu bearbeitenden Projekts einen Akteur zur sofortigen Unterbrechung seiner bisherigen Tätigkeit veranlassen, wohingegen der gleiche Vorgang im Kontext eines niedrig priorisierten Projekts keine sofortige Reaktion bewirkt hätte.

Bedingung 3: **Dokumente stehen im Mittelpunkt des Systementwurfs.**
Elektronisch repräsentierte Dokumente nehmen in der Wissensarbeit eine zentrale Position ein; aus ihrer Nutzung lassen sich u. a. Rückschlüsse über aktuelle Aktivitäten ziehen. Informationstechnische Systeme, die zur Verbesserung der Koordination im Rahmen der Wissensarbeit beitragen wollen, können sich solche Informationen zunutze machen.

Merkmale

Dokumente stehen als Arbeitsgegenstand und koordinationsunterstützende Artefakte im Mittelpunkt einer flexiblen informationstechnischen Unterstützung der Wissensarbeit. Anhand von Metadaten zu Dokumenten können Rückschlüsse auf den zugehörigen Arbeitsbereich gezogen werden. Zur Kommunikation und Koordination werden in der Wissensarbeit oftmals Standardapplikationen eingesetzt.

2.1.3 Fragmentierte Multiprojektarbeit

Von Wissensarbeitern wird vielfach erwartet, zugleich in mehreren Arbeitsbereichen aktiv zu sein und dabei u. a. Aufgaben aus verschiedenen Projekten quasi gleichzeitig zu bearbeiten (vgl. Persing 1999, S. 358; González & Mark 2005, S 143-144).

Arbeitsbereiche

Ein Arbeitsbereich stellt aus der Perspektive eines Individuums eine Kette thematisch verbundener Aktivitäten dar, die ein bestimmtes Ziel verfolgen. Jedem Arbeitsbereich sind ein klar identifizierbarer Zeitrahmen und eine bestimmte Kooperationsstruktur[1] zuzuordnen (González & Mark 2005, S. 145; González & Mark 2004, S. 117, Mark et al. 2005, S. 323). Mit dem Begriff der Kooperationsstruktur werden dabei sowohl die an der Zusammenarbeit beteiligten Personen als auch die eingesetzten (informationstechnischen) Werkzeuge angesprochen. In Bezug auf den betrachteten Zeitrahmen kann ein Arbeitsbereich auf Zeitspannen von einigen Minuten bis zu mehreren Monaten Dauer bezogen sein (Mark et al. 2005, S. 323). Kurzfri-

1. Im Original: *collaborative structure*, siehe (González & Mark 2005, S. 145)

stige Aufgabenstellungen wie das Beheben eines Softwarefehlers, wiederkehrende Routinetätigkeiten wie das Erstellen eines Tätigkeitsnachweises, Veranstaltungen von mehreren Tagen Dauer wie eine Konferenz und i. d. R. längerfristig angelegte Projekte wie die Entwicklung kundenspezifischer Softwarelösungen können somit allesamt als Arbeitsbereiche angesehen werden (vgl. González & Mark 2005, S. 145).

Für die Belange der vorliegenden Arbeit wird der Begriff des Arbeitsbereichs in Anlehnung an González & Mark (2005, S. 145) wie folgt definiert:

Definition 2: **Arbeitsbereich.**
Der Begriff des Arbeitsbereichs bezeichnet eine Abfolge sinnhaft aufeinander bezogener Arbeitstätigkeiten, die aus Sicht eines Individuums in einem spezifischen Zeitrahmen erfolgen, die Zusammenarbeit mit einem bestimmten Personenkreis einschließen und den Einsatz spezifischer informationstechnischer Werkzeuge und Dokumente bedingen.

Arbeitsbereiche als Mittel der Analyse

Für die Analyse von Unterbrechungen in der Multiprojekt-Wissensarbeit ist der Begriff des Arbeitsbereichs von grundlegender Bedeutung. Er erlaubt es, die Multiprojekt-Wissensarbeit in verschiedene, inhaltlich zusammengehörige Tätigkeitsabfolgen zu untergliedern. Erst mit dem Konzept des Arbeitsbereichs wird es möglich, die Wirkung von Unterbrechungen in der Multiprojekt-Wissensarbeit zu beschreiben: Eine Unterbrechung ist stets auf die Tätigkeit in einem Arbeitsbereich bezogen, sie kann den Wechsel einer Person (bzw. einer Gruppe) zwischen verschiedenen Arbeitsbereichen bewirken (vgl. Definition 8 auf Seite 48).

Projekte

Für die weiteren Betrachtungen zur fragmentierten Multiprojektarbeit ist eine Klärung des Projektbegriffs relevant. In Absatz 3.4.3 definiert die verbreitet zur Anwendung gelangende DIN EN ISO 9000 den Begriff des Projekts als „einmalige[n] Prozess, der aus einem Satz von abgestimmten und gelenkten Tätigkeiten mit Anfangs- und Endterminen besteht und durchgeführt wird, um unter Berücksichtigung von Zwängen bezüglich Zeit, Kosten und Ressourcen ein Ziel zu erreichen, das spezifische Anforderungen erfüllt“ (DIN EN ISO 9000:2005-12).

Beziehung zwischen Arbeitsbereich und Projekt

Sofern die Projekte, zwischen denen Wissensarbeiter im Rahmen der Multiprojektarbeit wechseln, in Zusammenarbeit und unter Zuhilfenahme informationstechnischer Werkzeuge und Dokumente durchgeführt werden, stellen sie Arbeitsbereiche dar.[1] Im weiteren Verlauf der Arbeit wird davon ausgegangen, dass diese Bedingungen erfüllt sind, wenn von Projekten die Rede ist.

Wechsel zwischen Projekten durch Unterbrechungen

Werden mehrere Projekte in Zusammenarbeit mit anderen Personen zugleich bearbeitet, dann ist davon auszugehen, dass Wissensarbeiter noch vor Abschluss eines Projekts zwischen verschiedenen Arbeitsbereichen wechseln. Da sich die durchschnittliche Verweildauer eines Individuums in einem Arbeitsbereich gerade einmal über eine Zeitspanne von etwas mehr als zwölf Minuten Dauer erstreckt (González & Mark 2004, S. 119), stellen diese Wechsel aus Sicht eines Projekts häufig wiederkehrende Ereignisse dar, mit denen umgegangen werden muss.

Fragmentierung der Wissensarbeit

Die Übergänge zwischen einzelnen Arbeitsbereichen erfolgen nicht immer geplant: Häufig werden Wechsel zwischen Arbeitsbereichen durch nicht vorhersehbare Ereignisse und Unterbrechungen erzwungen, die zum Alltag der Wissensarbeit gehören (vgl. Jett & George 2003, Mark et al. 2005, Harr & Kaptelinin 2007, S. 400) und für deren immens zunehmende Verbreitung moderne Informations- und Kommunikationstechnologien der Wegbereiter sind (Eppler & Mengis 2002, Jett & George 2003, González & Mark 2004, Spira & Feintuch 2005, Harr & Kaptelinin 2007). Wissensarbeit kann vor diesem Hintergrund als fragmentiert bezeichnet werden: Multiprojektarbeit tritt an die Stelle „klassischer" Arbeitstätigkeiten, in deren Mittelpunkt eine einzelne Hauptaufgabe stand.

Prozesse der Multiprojektkoordination

Die Nebenläufigkeit verschiedener Arbeitsbereiche (Projekte) und das Wechseln zwischen ihnen erfordern übergreifende Managementaktivitäten. González & Mark (2005) nennen drei grundlegende Prozesse, die das (individuelle) Management des *Multitaskings* im Kontext der Multiprojektarbeit begleiten (s. González & Mark 2005, S. 152-159):

1. Die Umkehrung gilt hingegen nicht: Beispielsweise muss die Tätigkeitsabfolge eines Arbeitsbereichs weder einen einmaligen Prozess darstellen, noch Zwängen bzgl. genutzter Ressourcen unterliegen.

- **Regelmäßiges Erneuern eines Überblicks.** Multiprojektarbeit macht es erforderlich, dass sich Wissensarbeiter beständig einen Überblick über den Zustand ihrer Arbeitsbereiche verschaffen. Ein solcher Überblick lässt akute Erfordernisse und günstige Gelegenheiten für einen Wechsel zwischen Arbeitsbereichen zutage treten, er beinhaltet Hintergrundwissen über den inhaltlichen und organisatorischen Rahmen eines Arbeitsbereichs sowie Kenntnisse ihrer Zielsetzungen, ihres gegenwärtigen Entwicklungsstandes sowie der (aktuellen) Aufgaben.
- **Aufrechterhalten eines flexiblen Blickfelds.** In der Multiprojektarbeit ist die Aufmerksamkeit eines Wissensarbeiters nicht ausschließlich auf den aktuell im Vordergrund stehenden Arbeitsbereich gerichtet. Sie schließt auch Informationen ein, die für gegenwärtig zurückgestellte Arbeitsbereiche relevant sind. Dazu zählen u. a. Informationen zu den aktuellen Tätigkeiten von Arbeitskollegen bzw. Kooperationspartnern.
- **Handhabung von Übergängen.** Der Wechsel zwischen verschiedenen Arbeitsbereichen wird von spezifischen Vorgehensweisen begleitet, die sich u. a. auf die Wiederaufnahme unterbrochener Handlungen, die Orientierung über den aktuellen Zustand des Arbeitsbereichs sowie das Zurückstellen aktuell verfolgter Tätigkeiten beziehen. In Kapitel 3 auf Seite 45 wird eine Reihe solcher Vorgehensweisen vor dem Hintergrund unterbrechungsbedingter Übergänge diskutiert.

Die o. g. Prozesse sind wesentliche Bestandteile der Multiprojektkoordination und definieren Felder, in denen informationstechnische Werkzeuge den Umgang mit Unterbrechungen unterstützen können. Dabei sind unterschiedliche Informationsbedarfe zu bedienen, die unterschiedliche Anforderungen an die eingesetzten Werkzeuge stellen. Mit Blick auf den Systementwurf ist es deshalb erforderlich, strukturelle Unterschiede zwischen den Prozessen der Multiprojektkoordination herauszuarbeiten.

Divergenz und Konvergenz

Einen Rahmen für eine entsprechende Differenzierung bietet die *Media Synchronicity Theory* (Dennis & Valacich 1999), die zwischen divergenten Prozessen der Informationsverteilung in einer Gruppe und konvergenten Prozessen, deren Ziel in der Informationsverdichtung und der Konstruktion eines gemeinschaftlichen Verständnisses liegt, unterscheidet (vgl. Schwabe 2004, S. 264).

Synchronität

Ob ein Medium zur Unterstützung eines divergenten oder konvergenten Kommunikationsprozesses geeignet ist, hängt vom Ausmaß seiner Synchronität ab. Dennis und Valacich definieren dieses Konstrukt wie folgt:

> *„Media synchronicity is the extent to which individuals work together on the same activity at the same time; i.e., have a shared focus."*
>
> (Dennis & Valacich 1999, S. 5)

Konvergenz, Divergenz und Synchronität

Wie auch Schwabe (2004, S. 264) anmerkt, stellt Synchronität in der Media Synchronicity Theory ein Kontinuum und keine Dichotomie zwischen synchron und asynchron dar. Konvergente Prozesse profitieren von Medien hoher Synchronität, divergente Prozesse hingegen werden durch Medien geringer Synchronität besser unterstützt (Dennis & Valacich 1999, S. 7).

Synchronität, Geschwindigkeit des Feedbacks und Parallelität

Welches Ausmaß an Synchronität ein Medium unterstützt, hängt von der Geschwindigkeit des Feedbacks und dem Ausmaß an Parallelität ab, die es ermöglicht. Die Geschwindigkeit des Feedbacks gibt an, wie schnell der Empfänger einer Nachricht auf diese antworten kann. Das Kriterium der Parallelität beschreibt, „auf wie vielen Kanälen [...] wie viele Personen gleichzeitig in unterschiedlichen Kommunikationsvorgängen kooperieren oder kommunizieren" können (Schwabe 2004, S. 264 – *Hervorhebung im Original*). Medien mit geringer Parallelität und schnellem Feedback ermöglichen hohe Synchronität; Medien mit ausgeprägter Parallelität und langsamen Feedback sind hingegen durch geringe Synchronität gekennzeichnet.

Überblick über Arbeitsbereiche als divergenter Prozess

Den Überblick über verschiedene Arbeitsbereiche zu behalten stellt einen divergenten Prozess dar, der durch Medien geringer Synchronität unterstützt werden kann. Im Mittelpunkt der informationstechnischen Unterstützung steht dabei das Verteilen von Informationen über mehrere Arbeitsbereiche an die beteiligten Wissensarbeiter.

Bedingung 4: **Die Unterstützung der Orientierung über Arbeitsbereiche erfolgt durch Werkzeuge geringer Synchronität.**
Als divergenter Prozess der Informationsverteilung kann die Orientierung über zurückgestellte Projekte durch Medien mit geringer Synchronität erfolgen.

Die Zusammenarbeit in einer Besprechung oder die Handhabung von Übergängen zwischen Arbeitsbereichen sind hingegen Beispiele für konvergente Prozesse der Multiprojektkoordination, die gemäß der Media Synchronicity Theory durch Medien mit geringer Parallelität und schnellem Feedback zu unterstützen sind.

Zusammenarbeit in Besprechungen als konvergenter Prozess

Bedingung 5: **Die Unterstützung der Wiederaufnahme (andauernder) kooperativer Aktivitäten erfolgt mit Werkzeugen hoher Synchronität.**
Die Orientierung über den aktuellen Stand eines Arbeitsbereichs stellt einen konvergenten Prozess dar und kann als solcher durch Medien hoher Synchronität unterstützt werden. In Situationen der zeitlich synchronen Zusammenarbeit am gleichen Ort richtet sich das Gestaltungsinteresse vor allem auf das Reduzieren von Parallelität: Die Möglichkeit eines schnellen Feedbacks ist in der Regel bereits durch die Form der Zusammenarbeit gegeben.

Fragmentierung und Wissensprozesse. In der Wissensarbeit sind alle Arten von Wissensprozessen von Fragmentierung (s. o.) betroffen. Wissensprozesse beinhalten „[...] Aktivitäten der Bearbeitung von Geschäftsprozessen, aus kontinuierlichen Unterstützungsaktivitäten und aus Aktivitäten zur Koordinierung und Kommunikation" (Hoffmann et al. 2001). Prozesse des unterbrechungsbedingten Wechsels zwischen Projekten – wie z.B. die Handhabung von Übergängen – verhalten sich orthogonal zu diesen Wissensprozessen. Damit stellen sie kreuzende Belange dar. Der Begriff des kreuzenden Belangs ist der aspektorientierten Softwareentwicklung entliehen. Dort bezieht er sich auf das Verhältnis zwischen systemweit relevanten Anforderungen und den Kernfunktionalitäten eines Systems (vgl. Sommerville 2007, 822-824).

Projektwechsel kreuzen Wissensprozesse

In klassischen objektorientierten Softwarearchitekturen lassen sich kreuzende Belange nicht einfach modularisieren, da sie einen Großteil der Komponenten eines Systems durchziehen. Analog dazu ist es auch nicht möglich, koordinative Prozesse der Multiprojektarbeit wie z.B. die Handhabung von Unterbrechungen einem einzelnen Projekt oder gar einem einzelnen Wissensprozess zuzuordnen. Für die informationstechnische Unterstützung solcher Vorgänge bedeutet dies, dass sie auf solchen Bestandteilen einer Infrastruktur aufbaut, die allen Projekten bzw. Prozessen gemein sind. Oftmals handelt es sich dabei um Koordinations- und Kommunikationswerkzeuge (s. Kapitel 5 auf Seite 115).

Bedingung 6: **Die Unterstützung der Multiprojektkoordination erfolgt projektübergreifend.**
Systeme zur Unterstützung der Multiprojektarbeit müssen projektübergreifend anzuwenden sein. Bezüglich der von einem Wissensarbeiter verfolgten Projekte stellt die Multiprojektkoordination einen kreuzenden Belang dar: Ihre Unterstützung durch informationstechnische Systeme ist deshalb an Querschnittsprozessen der Multiprojektarbeit auszurichten.

Notwendigkeit zur Unterstützung fragmentierter Wissensarbeit

Die vorausgehend umrissenen Auswirkungen fragmentierter Wissensarbeit verdeutlichen die Notwendigkeit, nach Möglichkeiten zur Abmilderung der Effekte zu suchen. Dies gilt auch für den Umgang mit Unterbrechungen, die eine häufige Ursache für Wechsel zwischen Arbeitsbereichen und damit eine Quelle von Fragmentierung im Rahmen der Multiprojekt-Wissensarbeit darstellen.

Bedingung 7: **Der Systementwurf hat die Unterstützung von Übergängen zwischen einzelnen Arbeitsbereichen zum Ziel.**
Multiprojekt-Wissensarbeit ist von Fragmentierung geprägt, die in geplanten wie ungeplanten, oft unterbrechungsbedingten Wechseln zwischen Projekten zum Ausdruck kommt. Informationstechnische Systeme zur Unterstützung der Multiprojekt-Wissensarbeit sind so zu gestalten, dass sie die Handhabung solcher Übergänge durch die betroffenen Wissensarbeiter erleichtern.

Gerade die Tatsache, dass Unterbrechungen ein alltäglicher Bestandteil der Wissensarbeit sind, lässt eine genauere Analyse ihrer Bedingungen und Begleiterscheinungen sowie eine darauf aufbauende Konzeption der Unterstützung umso notwendiger erscheinen. Neben Kenntnissen über die Rahmenbedingungen der Multiprojektwissensarbeit (die in diesem Kapitel vermittelt werden) ist für die Konzeption jedweder Strategie oder informationstechnischer Unterstützung somit auch ein vertrieftes Verständnis des Phänomens der Unterbrechung im organisatorischen Kontext vonnöten (vgl. Jett & George 2003): Kapitel 3 auf Seite 45 ist diesem Thema gewidmet.

Merkmale

Wissensarbeit ist oftmals zugleich fragmentierte Multiprojektarbeit, für die eine Nebenläufigkeit inhaltlich voneinander unabhängiger Arbeitstätigkeiten typisch ist. Unterbrechungsbedingte Wechsel zwischen Arbeitsbereichen sind dabei ein alltäglicher Bestandteil der Multiprojekt-

Wissensarbeit, dessen negative Effekte es abzumildern gilt. Diese Wechsel erfordern projektübergreifende Koordinationsprozesse, die bestehende Wissensprozesse kreuzen.

2.1.4 Die Zeitlichkeit der Wissensarbeit

Nebenläufigkeit

Bezeichnend für die Multiprojekt-Wissensarbeit ist es, dass die Arbeitsbereiche eines Wissensarbeiters nicht zwingend inhaltlich oder organisatorisch miteinander verbunden sind. Ein Mitarbeiter eines Softwarehauses kann z.B. zugleich in mehrere Projekte mit unterschiedlichen Themen und Kooperationspartnern eingebunden sein. Ereignisse aus je zwei verschiedenen Arbeitsbereichen können daher nebenläufig zueinander auftreten.

Definition 3: **Nebenläufigkeit.**
Zwei Ereignisse oder Vorgänge verhalten sich nebenläufig zueinander, wenn sie in keiner kausalen Beziehung zueinander stehen.

Nebenläufige Vorgänge können prinzipiell unabhängig voneinander bearbeitet werden. Die Definition von Nebenläufigkeit trifft aber keine Annahmen darüber, ob einer der Vorgänge vollständig abgeschlossen wird, bevor mit der Bearbeitung des anderen begonnen wird, ob die Bearbeitung verzahnt (während ein Vorgang bearbeitet wird, ruht die Arbeit am jeweils anderen) oder gar echt parallel erfolgt (beide Vorgänge schreiten gleichzeitig voran).[1]

Parallelität

Treten bei der Bearbeitung zweier nebenläufiger Vorgänge keine Ressourcenkonflikte auf (z.B., weil die Vorgänge keine Ressourcen miteinander teilen), dann kann ihre Bearbeitung parallel erfolgen. Parallelität ist somit eine spezifische Ausprägung der Nebenläufigkeit:

Definition 4: **Parallelität.**
Zwei Ereignisse oder Vorgänge verhalten sich parallel zueinander, wenn ihre Bearbeitung unabhängig und tatsächlich gleichzeitig erfolgen kann.

Den Hintergrund der weiteren Überlegungen bilden nebenläufige Prozesse, da sie eine größere Zahl möglicher Konstellationen der

1. Zur Definition der Nebenläufigkeit in der Informatik vgl. z.B. Herrtwich & Hommel (1994, S. 13 ff.). Die dort vorgenommene Begriffsbestimmung ist kompatibel zur Sichtweise dieser Arbeit, die auf die Belange von Arbeitsprozessen zugeschnitten ist.

Multiprojektarbeit abdecken. Nebenläufige Prozesse sind in der Multiprojektarbeit schwierig zu handhaben, da aus Informationen über einen gegenwärtig aktiv verfolgten Prozess nicht auf den Status anderer Prozesse geschlossen werden kann.

Polychronität

Der Begriff der Nebenläufigkeit sagt nichts über das Verhältnis von Prozessen zu den mit ihnen befassten Akteuren aus. Auf welche Art und Weise nebenläufige Prozesse der Multiprojektarbeit von Wissensarbeitern wahrgenommen, bewertet und gehandhabt werden, wird vom Konstrukt der Polychronität erfasst (vgl. Bluedorn 2002, S. 49, 51; Walther 2002, S. 247; Benabou 1999, S. 259).

Definition 5: **Polychronität.**
Polychronität bezeichnet das Ausmaß, in dem Personen simultan mit voneinander unabhängigen, kontinuierlichen Veränderungen ausgesetzten Aktivitäten umgehen, diese Simultanität der sequenziellen Organisation der persönlichen Arbeit gegenüber bevorzugen und sie als bestgeeignetste Strategie der Multiprojekt-Wissensarbeit ansehen.

Polychronität ist damit einerseits auf den tatsächlichen Umgang mit Arbeitsaufgaben und deren zeitlicher Anordnung bezogen (situative Polychronität), andererseits bringt sie persönliche Präferenzen und Sichtweisen[1] bezüglich der zeitlichen Organisation von Arbeit zum Ausdruck (individuelle Polychronität, vgl. Lee 1999, S. 22; Madjar & Oldham 2006, Persing 1999). Mit Bezug auf die Arbeitsorganisation stellt Polychronität ein Kontinuum zwischen sog. polychronen und monochronen Strategien der Organisation von Tätigkeiten aus potenziell unterschiedlichen Arbeitsbereichen dar.

Polychrone Strategien

Polychrone Strategien berücksichtigen die mögliche Nebenläufigkeit von Ereignissen, die aus Sicht eines Individuums unvorhergesehen eintreten und andere Aktivitäten unterbrechen können. Dies beinhaltet den simultanen Umgang mit verschiedenen, voneinander unabhängigen Aktivitäten bzw. Projekten – im Extremfall werden ungeplante Unterbrechungen wie im Voraus geplante Aktivitäten behandelt (Cotte & Ratneshwar 1999, S. 186). Polychrone Strate-

1. Diese Präferenzen und Sichtweisen sind stets (unternehmens-) kulturell geprägt (Hall 1959, Cotte & Ratneshwar 1999, Benabou 1999). Sie werden durch das Konstrukt der individuellen Polychronität beschrieben und müssen von polychronem oder monochronem Verhalten unterschieden werden (Persing 1999, S.360).

gien erlauben es, über Entwicklungen in verschiedenen Projekten informiert zu bleiben (Bluedorn 2002, S. 75) und unterstützen damit grundlegende koordinative Prozesse der Multiprojektarbeit (vgl. González & Mark 2005, S. 153-155).

Monochrone Strategien

Monochrone Strategien markieren das andere Ende des Kontinuums der Polychronität: Hier wird zu einem Zeitpunkt immer nur eine Aktivität ausgeführt (Walther 2002, S. 247; Cotte & Ratneshwar 1999, S. 186, Bluedorn 2002, S. 52), eine Aufgabe wird abgeschlossen, bevor die Nächste begonnen wird und mögliche Unterbrechungen durch andere Ereignisse werden als zu vermeidende, unwillkommene Störungen angesehen (vgl. Bluedorn 2002, S. 52). Zwar ermöglichen monochrone Strategien oftmals eine bessere Konzentration auf eine Arbeitsaufgabe als polychrone Strategien (ebd., S. 75), sie bieten aber keinen Überblick über andere Projekte und erlauben es somit beispielsweise nicht, im Rahmen der Multiprojektarbeit auf wichtige Ereignisse aus anderen Projekten zeitnah zu reagieren.

Monochrone und polychrone Strategien in der Praxis

In der Praxis treten polychrone und monochrone Formen der Arbeitsorganisation gemischt auf: Sie werden von Wissensarbeitern nach individuellen Präferenzen und Erfordernissen u. a. an die Möglichkeit zur Konzentration auf eine Aufgabe gewählt. Dabei kann es durchaus zu Konflikten kommen, wenn aufgrund der monochronen Arbeit in einem Projekt Aktivitäten in anderen Projekten in Verzug geraten oder wenn wichtige Entwicklungen in diesen hintangestellten Projekten nicht wahrgenommen werden. Auch in Bezug auf diese Facette der Arbeitsorganisation (vgl. Kapitel 2.1.2 auf Seite 20) ist es nicht angeraten, eine Strategie zuungunsten der anderen allgemein verbindlich durchzusetzen, da sich ein Missverhältnis zwischen individueller und situativer Polychronität negativ auf Kreativität[1] und Arbeitszufriedenheit auswirkt (Madjar & Oldham 2006, S. 120; Lee 1999, S. 22).

Für die Multiprojekt-Wissensarbeit ist es wünschenswert, die Vorteile polychroner und monochroner Strategien miteinander zu vereinen. Dabei soll dem Individuum das Fokussieren auf ein Projekt und damit eine weitgehend monochrone Arbeitsorganisation ermöglicht

1. Persing (1999, S. 367) postuliert eine positive Korrelation zwischen individueller Polychronität und Kreativität.

werden, ohne dass wesentliche Informationen aus dem polychronen Hintergrund der übrigen Projekte verloren gingen.

Merkmale

Wissensarbeit ist aus Sicht der sie ausführenden Wissensarbeiter häufig polychron organisiert: Nebenläufige Projekte müssen simultan bearbeitet werden; für den Erfolg der Multiprojektarbeit ist es erforderlich, beständig über Entwicklungen in verschiedenen Projekten informiert zu bleiben. In der Praxis der Multiprojekt-Wissensarbeit haben sowohl monochrone als auch polychrone Strategien ihren Sinn: Keine der beiden Strategien sollte zuungunsten der anderen allgemein verbindlich durchgesetzt werden – gesucht sind statt dessen Möglichkeiten, die Vorteile beider Strategien miteinander zu vereinen.

2.1.5 Orts- und Zeitbezug der Wissensarbeit

Wissensarbeit als räumlich und zeitlich verteilte Arbeit

Die Verteilung von Arbeit über räumliche, zeitliche und organisatorische Grenzen hinweg stellt für die Gestaltung und Interpretation von Arbeitsbedingungen eine Quelle teils radikaler Umbrüche dar (vgl. Ware 2002). So erfolgt Wissensarbeit häufig in Netzwerken, die klassische Organisationsstrukturen ausweiten und unterschiedliche Akteure in zeitlich begrenzten Verbünden organisieren – etwa durch die Vergabe zeitlich befristeter Unteraufträge an selbstständige Wissensarbeiter, durch Outsourcing und Offshoring sowie durch die Nutzung von Open Source Projekten als Grundlage eigener Entwicklungen (vgl. Davenport 2005, S. 191, 200-202).

Mit dem Aufkommen organisationsübergreifender Netzwerke geht in der Regel eine Verteilung der Wissensarbeit in Raum und Zeit einher, die zusammen mit der daraus resultierenden Flexibilisierung[1] der Organisation von Arbeit als charakteristisches Merkmal der Wissensarbeit betrachtet werden kann.

IuK-Technologien als Ermöglicher der Verteilung

Die Entkopplung der Wissensarbeit von Ort, Zeit und organisatorischen Grenzen wird erst durch den Einsatz von Informations- und Kommunikationstechnologien[2] in einem umfänglichen Maße ermöglicht[3]. IuK-Technologien treten als treibender Faktor einer beständig voranschreitenden Virtualisierung (Ware 2002, Lee & Perry 2001, Chen & Nath 2005) bzw. Entgrenzung von Arbeitsplätzen in Erscheinung und begünstigen somit auch die vorausgehend

1. Klassische Organisationsformen, in denen Arbeit zu allgemein verbindlichen Kernarbeitszeiten vor Ort erbracht wurde, weichen Modellen, die im Englischen mit dem Begriff des *working anytime, anywhere* bezeichnet werden.

2. Im Folgenden: IuK-Technologien

beschriebene Fragmentierung von Arbeitsprozessen (vgl. Kapitel 2.1.3 auf Seite 22).

Raum-Zeit-Taxonomie

Die Beschreibung verteilter Arbeitsprozesse bezüglich Ort und Zeit und die Klassifikation der sie unterstützenden informationstechnischen Systeme erfolgt im Feld des CSCW üblicherweise anhand einer auf DeSanctis & Gallupe (1987) sowie Johansen (1988) zurückgehenden zweidimensionalen Raum-Zeit-Taxonomie. Diese Taxonomie geht davon aus, „dass die Gruppenmitglieder, die durch das jeweilige kooperative System unterstützt werden sollen, sich räumlich entweder am gleichen Ort oder an verschiedenen Orten aufhalten können und zeitlich entweder gleichzeitig oder zeitlich versetzt interagieren möchten“ (Gross & Koch 2007, S. 49).

Kritik der Raum-Zeit-Taxonomien

Der CSCW Raum-Zeit-Taxonomie wird unterstellt, die Realität der „im Feld“ vorhandenen Arbeitsprozesse nur bedingt einzufangen: diese umfassen in der Regel mehrere der vorgeschlagenen Kategorien und benötigen deshalb Werkzeuge, die den Übergang zwischen verschiedenen Modi räumlicher und zeitlicher Verteilung unterstützen, zumindest aber nicht behindern (Grudin 1994, S. 24-25). Des Weiteren wird kritisch angemerkt, dass sich das Kategorienschema der Raum-Zeit-Taxonomie eher aus der Beschaffenheit der zur Kooperationsunterstützung eingesetzten Werkzeuge als denn aus den Eigenschaften und Erfordernissen der Kooperation selbst ableitet (Schmidt & Rodden 1996, S. 159; gem. Gross & Koch 2007, S. 50).

Berücksichtigung nebenläufiger Projekte

Aus Sicht der Multiprojektarbeit ist anzumerken, dass die in der klassischen Raum-Zeit-Taxonomie mit dem Kriterium der Synchronität vorgenommene Differenzierung zwischen synchroner (gleichzeitiger) und asynchroner (zeitlich versetzter) Interaktion in der Regel dazu genutzt wird, die zeitliche Organisation der Zusammenarbeit innerhalb eines einzelnen Arbeitsbereichs zu beschreiben: In diesem Fall bezieht sich die Unterscheidung zwischen gleicher und verschiedener Zeit auf zueinander in sinnhafter Beziehung stehende Ereignisse (vgl. Definition 2 auf Seite 23). Für sich genommen sagt

3. Chen und Nath (2005) weisen aus sozio-technischer Perspektive darauf hin, dass für diese Flexibilisierung Technologien wie die des *ubiquitous computing* zwar erforderlich, für sich genommen aber noch nicht hinreichend sind: Die Verschiebung arbeitsorganisatorischer Grenzen muss in der Unternehmenskultur einer Organisation ihre Entsprechung finden: Chen & Nath (2005) sprechen in diesem Zusammenhang von einer nomadischen Kultur.

die Kategorie der Synchronität also noch nichts darüber aus, inwiefern ein informationstechnisches Werkzeug dazu geeignet ist, seine Nutzer bei der Handhabung nebenläufiger Arbeitsbereiche zu unterstützen.

Erweiterung der Raum-Zeit-Taxonomie um Polychronität

Um die Eignung eines Werkzeugs zur Unterstützung der Handhabung nebenläufiger Prozesse in der Multiprojektarbeit zu beschreiben, ist neben der Kategorie der Synchronität eine zusätzliche Kategorie der Zeitlichkeit erforderlich. Hier kann auf das in Kapitel 2.1.4 auf Seite 29 eingeführte Konstrukt der Polychronität zurückgegriffen werden. Polychronität beschreibt das Ausmaß, in dem Personen mit unterschiedlichen Ereignissen und Aktivitäten simultan beschäftigt sind (vgl. Bluedorn 2002, S. 49, 51) oder in dem Ereignisse und Aktivitäten simultan, unvorhersehbar und unabhängig von ggf. vorhandenen Terminplänen auftreten (Lee 1999, S. 22).

Polychronität informationstechnischer Systeme

Um den bisher nur für menschliches Verhalten und das Auftreten von Ereignissen definierten Begriff der Polychronität auch zur Beschreibung von Eigenschaften informationstechnischer Systeme anwenden zu können, ist also eine Erweiterung seiner Bedeutung vorzunehmen:

Definition 6: **Polychronität informationstechnischer Systeme.**
In Bezug auf informationstechnische Systeme bezeichnet der Begriff der Polychronität das Ausmaß, in dem solche Systeme dazu geeignet sind, Individuen bei der Handhabung nebenläufiger Projekte zu unterstützen. Polychrone informationstechnische Systeme unterstützen ihre Nutzer dabei, über verschiedene Arbeitsbereiche zugleich informiert zu bleiben und Übergänge zwischen diesen zu vollziehen.

An die informationstechnische Unterstützung der Multiprojekt-Wissensarbeit ist angesichts der Zusammenarbeit in nebenläufigen Arbeitsbereichen folgende Bedingung zu stellen:

Bedingung 8: Die informationstechnische Unterstützung der Handhabung von Unterbrechungen wird in polychrone Abläufe der Multiprojekt-Wissensarbeit eingebettet.
Multiprojekt-Wissensarbeit beinhaltet vielfältige Phasen der Zusammenarbeit in nebenläufigen Arbeitsbereichen. Unterstützende informationstechnische Systeme sind deshalb polychron zu gestalten: Sie sollen es ihren Nutzern erleichtern, über verschiedene Arbeitsbereiche

zugleich informiert zu bleiben und Übergänge zwischen diesen zu vollziehen.

TABELLE 1. Raum-Zeit-Taxonomie der Multiprojektarbeit

Ort	Zeitlichkeit		Funktionen und Werkzeuge
	Synchronität	Polychronität	
Gleich	Synchron	Monochron	Moderationsunterstützungssysteme
		polychron	Ambient Displays gruppenbezogene Awarenss-Widgets[a] auf gemeinsam genutzten Displays *War Rooms* (Mark 2002)
	Asynchron	Monochron	Gruppenarbeitsraum[b], Schwarzes Brett
		polychron	IuK-unterstützter Gruppenarbeitsraum[c] mit Funktionen zur Kontextrekonstruktion
Verschieden	Synchron	Monochron	Standleitung, Videokonferenz
		polychron	Activity Awareness zu Projekten Desktop Widgets
	Asynchron	Monochron	Projektbezogene Document Repositories
		polychron	Notification- und Reportdienste Funktionen zur Unterstützung der Wiederaufnahme unterbrochener Tätigkeiten

a. Hier: in einer spezifischen Laufzeitumgebung (z. B. Windows Sidebar, Mac OS X Dashboard) betriebene Werkzeuge, die oftmals zur Anpassung einer grafischen Benutzeroberfläche an individuelle Informationsbedarfe genutzt werden (z.B.: Uhr, Terminübersicht)

b. Der Raum wird exklusiv von den Mitgliedern einer Gruppe genutzt, gemeinsame Artefakte verbleiben i. d. R. physikalisch im Arbeitsraum und ermöglichen Kooperation, Koordination und Kommunikation.

c. Der Raum kann von verschiedenen Gruppen genutzt werden. Die zur Unterstützung der Gruppenarbeit erforderlichen Artefakte werden auf interaktiven Großbildschirmen bearbeitet und dargestellt und in einem Sitzungsunterstützungssystem abgelegt – verschiedene Konfigurationen des Raumes können so mit geringem Aufwand gesichert und rekonstruiert werden.

Raum-Zeit-Taxonomie der Multiprojektarbeit

Tabelle 1 auf Seite 35 zeigt eine um den Aspekt der Polychronität erweiterte Raum-Zeit-Taxonomie. Wie in der klassischen Taxonomie wird unterschieden, ob die zu unterstützende Kooperation am gleichen Ort oder an verschiedenen Orten stattfindet. Die Zeitlichkeit der Zusammenarbeit wird anhand zweier Merkmale beschrieben. Synchronität (Gleichzeitigkeit) dient der Unterscheidung verschiedener Modi der Abfolge aufeinander bezogener Ereignisse. Im Sinne Grudins (1994, S. 24) erfolgen Aktivitäten synchron, wenn sie innerhalb eines ununterbrochenen Intervalls der Kooperation stattfinden. Verteilen sich Aktivitäten auf mehrere, nicht unmittelbar aufeinanderfolgende[1] Intervalle, so ist von Asynchronität die Rede. Unter Polychronität ist das Ausmaß zu verstehen, in dem die Handhabung nebenläufiger Arbeitsbereiche unterstützt wird (vgl. Definition 6 auf Seite 34). Für die aus der Kombination der drei Dimensionen resultierenden acht verschiedenen Ausprägungen der räumlichen und zeitlichen Organisation von Kooperationsprozessen sind in Tabelle 1 auf Seite 35 exemplarisch informationstechnische Werkzeuge und Funktionen aufgeführt, die zur Unterstützung der entsprechenden Situation geeignet sind.

Merkmale

Wissensarbeit ist oftmals über Ort, Zeit und Projekte hinweg verteilt. Synchrone und asynchrone Phasen der Zusammenarbeit sowie räumlich verteilte und am gleichen Ort stattfindende Phasen der Arbeit sind miteinander verwoben; nebenläufige Projekte werden simultan bearbeitet. Die Unterstützung der Multiprojekt-Wissensarbeit durch IuK-Werkzeuge muss all diese Dimensionen und Übergänge zwischen verschiedenen Modi der Zusammenarbeit berücksichtigen. Um geeignete Funktionen für die Unterstützung simultaner Arbeit in nebenläufigen Projekten identifizieren und beschreiben zu können, ist es angebracht, die bekannte Raum-Zeit-Taxonomie um den Aspekt der Polychronität zu erweitern.

2.2 Kommunikation in der Multiprojekt-Wissensarbeit

Bedeutung der Kommunikation

Kommunikation ist ein – wenn nicht gar *der* – bestimmende Faktor der Multiprojekt-Wissensarbeit. In Bezug auf die Unterbrechung von Prozessen der Multiprojekt-Wissensarbeit tritt sie einerseits als Gegenstand von Unterbrechungen in Erscheinung (d. h., sie ist von diesen betroffen), andererseits stellt sie auch häufig deren Ursache

1. Unmittelbar aufeinanderfolgende, benachbarte Intervalle könnten zu einem einzigen ununterbrochenen Intervall kontrahiert werden. Es sei darauf hingewiesen, dass die Annahme von Intervallen eine Konzeption von Zeit voraussetzt, dass diese zumindest als linear und segmentierbar begreift: Eine solche Sichtweise ist typisch für monochrone Kulturkreise (vgl. Cotte & Ratneshwar 1999, S. 186).

dar (d. h., Unterbrechungen werden durch Kommunikation veranlasst). Im Folgenden wird das Verhältnis von Kommunikation zur Multiprojekt-Wissensarbeit und zu Unterbrechungen vertiefend betrachtet.

2.2.1 Einordnung des Kommunikationsbegriffs

Der Begriff der Kommunikation ist aus verschiedensten Perspektiven mit teils sehr unterschiedlichen Zielsetzungen definiert[1] worden. So erfolgt die Begriffsbestimmung wahlweise mit einer Schwerpunktsetzung auf Transmission (von Nachrichten), Reiz-Reaktion, Austausch, Interaktion, Interpretation, Verhalten, Teilhabe, Beziehung und Verständigung (Merten 1999, S. 79).

Kommunikation als durch Zeichen vermittelte Interaktion

Eine recht allgemeine Bestimmung des Kommunikationsbegriffs betrachtet Kommunikation als symbolisch vermittelte Interaktion. Kienle (2003) versteht vor diesem Hintergrund unter dem Begriff der Kommunikation eine durch „Zeichen vermittelte Interaktion, wobei auf gemeinsamen Kontext Bezug genommen wird" (ebd., S. 20). Für die Belange dieser Arbeit wird eine ähnliche Definition gewählt, in der die Aspekte der Zweckhaftigkeit[2] und Kontextkonstruktion stärker betont werden:

Definition 7: **Kommunikation.**
Unter dem Begriff der Kommunikation wird eine durch Zeichen vermittelte Interaktion verstanden, deren Akteure auf einen gemeinsamen Kontext Bezug nehmen, diesen gemeinschaftlich konstruieren und deren Zweck darin besteht, die Ausführung einer zielgerichteten, gemeinschaftlichen Aktivität zu ermöglichen.

Im Folgenden sollen die Beziehungen zwischen Kommunikation und gemeinschaftlicher Aktivität sowie Kommunikation und Kontext genauer betrachtet und in Bezug zur Multiprojekt-Wissensarbeit gesetzt werden.

1. Ein Überblick findet sich z. B. bei McCarthy & Monk (1994) sowie Merten (1999, S. 77-78); auch Kienle (2003, S. 16-20) geht auf eine Reihe unterschiedlicher Sichtweisen des Kommunikationsbegriffs ein.
2. Es sei darauf hingewiesen, dass eine Kennzeichnung der Kommunikation als Interaktion bereits deren Zweckhaftigkeit impliziert: Interaktionen können als Abfolgen wechselseitig aufeinander bezogener Handlungen verstanden werden; der Begriff der Handlung meint aus sozialwissenschaftlicher und psychologischer Perspektive ein bewusstes Agieren, Dulden oder Unterlassen, dem Sinn (und damit auch: Zweck) zugeschrieben wird.

2.2.2 Kommunikation als konstituierendes Element gemeinschaftlicher Aktivitäten

Sprache und gemeinschaftliche Aktivität

Für Clark (1996, S. 29) sind gemeinschaftliche Aktivitäten und der Gebrauch von Sprache (und damit: Kommunikation) untrennbar miteinander verbunden. Gemeinschaftliche Aktivitäten rufen den Gebrauch von Sprache hervor, zugleich sind sie ohne den Gebrauch von Sprache nicht möglich:

> *„[...] just as language use arises in joint activities, these are impossible without using language. Two or more people cannot carry out a joint activity without communicating, and that requires language use in its broadest sense. [...] Language use and joint activity are inseperable"*
>
> (Clark 1996, S. 29)

Begriffsklärung gemeinschaftliche Aktivität

Unter dem Begriff der gemeinschaftlichen Aktivität versteht Clark einen (kontinuierlich fortlaufenden oder zeitlich begrenzten) Prozess mit mehr als einem Beteiligten (Clark 1996, S. 30). Als solcher ist eine gemeinschaftliche Aktivität ein durch Ziele definiertes, sozial konstituiertes und begrenztes[1] Ereignis, dessen Umfeld, Teilnehmerkreis und zulässige Formen der Mitwirkung spezifischen Restriktionen unterliegen (ebd.). Die Zusammenarbeit mehrerer Wissensarbeiter in einem Arbeitsbereich (s. Definition 2 auf Seite 23) stellt somit eine gemeinschaftliche Aktivität im Sinne Clarks dar.

Kommunikation zur (kontinuierlichen) Koordination der Kooperation

Die Zielerreichung einer jeden gemeinschaftlichen Aktivität ist vom koordinierten Handeln der beteiligten Akteure abhängig (vgl. Clark 1996, S. 62): Sofern eine gemeinschaftliche Aktivität nicht durch Verfahrensweisen zu koordinieren ist, die allen Beteiligten per Konvention bekannt sind (ebd., S. 35-36), ist Kommunikation zur Koordination der Kooperation erforderlich (vgl. Ref.).[2] Koordination ist dabei kein punktuelles, einmaliges Ereignis: Sie erfolgt kontinuier-

1. Begrenzung meint hier nicht ausschließlich zeitliche Schranken sondern ein beliebiges Kriterium, das Ereignis und Umwelt voneinander separiert.
2. Awareness- und Workflowmechanismen zur Unterstützung der Koordination gemeinschaftlicher Aktivitäten stehen in Groupware-Anwendungen und CSCW-Systemen zur Verfügung. Der erfolgreiche Einsatz solcher Mechanismen setzt Konventionen bezüglich der gewünschten, notwendigen und erwarteten Reaktionen eines Individuums auf diejenigen Ereignisse voraus, die ihm durch die Mechanismen signalisiert werden.

lich (dennoch häufig aperiodisch, also ohne vorgegebene Rhythmik) und oftmals mit unsymmetrischer Rollenverteilung der beteiligten Akteure, d. h., die Akteure haben unterschiedliche Möglichkeiten, über den Fortgang einer gemeinschaftlichen Aktivität zu entscheiden (vgl. Clark 1996, S. 82-83).

Kommunikation und Problemlösen

Gerade aufgrund ihrer Beziehung zur Koordination ist Kommunikation für das kooperative Problemlösen unverzichtbar. Der Zweck der Kommunikation ist dabei die Lösung des Problems, wegen dessen kommuniziert wird – die Herstellung von Verständigung hingegen ist ein untergeordnetes Ziel (vgl. Mead 1968). Zusammenfassend kann Kommunikation als konstituierender Bestandteil gemeinschaftlicher Aktivitäten beschrieben werden, der deren notwendige Koordination erst ermöglicht.

In der Multiprojekt-Wissensarbeit ist Kommunikation somit der konstituierende Faktor der Zusammenarbeit in Arbeitsbereichen. Bei der Bearbeitung komplexer Problemstellungen (vgl. Kapitel 2.1.1 auf Seite 17) ist Kommunikation zum Zwecke der Koordination unverzichtbar; im Kontext fragmentierter Arbeit dient Kommunikation dazu, den Wechsel zwischen Arbeitsbereichen zu koordinieren. Um zu verstehen, wie ein solcher Wechsel durch Kommunikation koordiniert werden kann, ist eine vertiefende Betrachtung der Beziehung zwischen Kommunikation und Kontext erforderlich.

2.2.3 Zur Beziehung von Kommunikation und Kontext

Äußerer und innerer Kontext

Menschliche Kommunikation ist stets in einen Kontext eingebettet. Aus kommunikationstheoretischer Perspektive versteht Kienle (2003, S. 22) unter dem Begriff des Kontexts einen *„Ausschnitt der Umwelt, der menschliche Individuen während der Interaktion in ihren Handlungen beeinflusst und zur Verständigungserleichterung und -sicherung herangezogen werden kann"*. Aus Sicht eines Individuums kann zwischen äußerem und innerem Kontext unterschieden werden. Ausschnitte der Umwelt und das Verhalten der kommunizierenden Akteure bilden den äußeren Kontext. Der innere Kontext besteht aus den Annahmen, Erfahrungen, Verhaltensgrundsätzen, Wesenszügen und dem Wissen eines Individuums, er wird durch Prozesse der individuellen Wahrnehmung und Interpretation des äußeren Kontexts geprägt.

Common Ground

In einer Kommunikation ist jede Äußerung durch den Kontext geprägt, zugleich trägt sie zu dessen Erneuerung bei (McCarthy & Monk 1994, S. 47; Goodwin & Heritage 1990, S. 287-289). Kommunikation führt zur Konstruktion eines gemeinschaftlichen Kontexts (engl.: *common ground*, Clark & Brennan 1991, Herrmann & Kienle 2008), der als diejenige Menge von Wissen, Ansichten und Annahmen beschrieben werden kann, welche den Teilnehmern einer Kommunikation gemeinschaftlich zueigen ist (vgl. McCarthy & Monk 1994, S. 39). Der gemeinsame Kontext (common ground) stellt die Basis gemeinschaftlicher Aktivität und damit auch der Zusammenarbeit in einem Arbeitsbereich dar. Dabei ist zu beachten, dass die Sichtweisen zusammenarbeitender Wissensarbeiter auf den gemeinsamen Kontext divergieren können, z.B. dann, wenn sie unter den Bedingungen der Multiprojektarbeit nur phasenweise in einem Arbeitsbereich aktiv sind.

Grounding

Unterschiedlichen Perspektiven auf einen Arbeitsbereich können die Zusammenarbeit beeinträchtigen und sind deshalb in einem Prozess des *(Re-)Groundings* anzugleichen, der seinerseits Kommunikation erforderlich macht. Dieser Perspektivabgleich kann es erforderlich machen, den gemeinsamen Kontext um neue Informationen zu ergänzen, die nicht aus bereits Vorhandenem hätten abgeleitet werden können. Gleichwohl kann dabei eine Beziehung zwischen neuen und bereits vorhandenen (dokumentierten) Informationen hergestellt werden. Für den Entwurf informationstechnischer Werkzeuge zur Unterstützung der Multiprojektarbeit folgt daraus:

Bedingung 9: **Funktionen zur Unterstützung der Kommunikation sind so zu gestalten, dass ihren Nutzern die Bezugnahme auf gemeinsame Informationsbestände erleichtert wird.**

Die Zusammenarbeit in einem Arbeitsbereich erfordert einen gemeinsamen Kontext, der kommunikativ konstruiert wird. Dabei kann es erforderlich sein, auf bereits bekannte Informationsbestände (die z.B. in gemeinsam genutzten Dokumenten niedergeschrieben sind) Bezug zu nehmen. Entsprechende Verbindungen sollten in informationstechnischen Systemen zur Unterstützung der Multiprojekt-Wissensarbeit abgebildet werden können, um die Kontextexplikation und -konstruktion zu erleichtern.

2.3 Bestimmungsmerkmale fragmentierter Multiprojekt-Wissensarbeit

Im vorausgehenden Teil dieses Kapitels wurden typische Eigenschaften der fragmentierten Multiprojekt-Wissensarbeit betrachtet. Diese Merkmale können genutzt werden, um diese Erscheinungsform der Wissensarbeit von anderen zu unterscheiden. Gemeinsam mit den festgehaltenen nichtfunktionalen Anforderungen an den Prototypentwurf (Bedingungen) zeichnen sie ein detailliertes Bild des Problembereichs.

Merkmale der Multiprojekt-Wissensarbeit

Tabelle 2 auf Seite 41 fasst die in diesem Kapitel herausgearbeiteten Merkmale kollaborativer Multiprojekt-Wissensarbeit in sechs übergeordneten Kategorien zusammen.

TABELLE 2. Merkmale der fragmentierten Multiprojekt-Wissensarbeit

Kategorie	Merkmale
Ablauf	kooperations- und kommunikationsintensive Arbeit
	Kommunikation und Kooperation werden durch IuK-Technologien unterstützt, finden aber auch in pers. Treffen statt.
	Interaktion mit Kollegen und Kooperationspartnern erfolgt spontan und gelegenheitsorientiert.
	Phasen der Individualarbeit und interaktiven Zusammenarbeit wechseln sich ab.
	Sitzungen sind fester Bestandteil des Arbeitsgeschehens.
	Unterbrechungen prägen den Ablauf der Arbeit.
	Wechsel zwischen Projekten erfolgen sowohl an natürlichen Übergangspunkten (z.B.: Abschluss einer Aufgabe) als auch erzwungen
	Wechsel zwischen Projekten erfolgen sowohl geplant als auch spontan.
Prozessgestaltung	Agile und adaptive Vorgehensweisen
	Iterative Problemlösung
	Keine strikten Prozessdefinitionen, geringer Formalisierungsgrad
	Teams werden nach Erfordernissen der Situation flexibel zusammengestellt.

TABELLE 2. Merkmale der fragmentierten Multiprojekt-Wissensarbeit

Kategorie	**Merkmale**
Organisatorischer Rahmen	Nebenläufige Projekte und Kooperationsbeziehungen Geringe Ortsgebundenheit der Arbeit polychrone Sicht der Zeit Projektarbeit ist durch Fragmentierung geprägt.
Multiprojektkoordination	Handhabung von Übergängen zwischen Projekten Individuelle Meta-Arbeit zur kontinuierlichen Koordination der eigenen Projekte erforderlich Nachvollziehen aktueller Entwicklungen in aktiven und zurückgestellten Projekten (flexibler Fokus) Regelmäßiges Erneuern eines projektübergreifenden Überblicks
IuK-Infrastruktur	Dokumente stehen im Zentrum der Wissensarbeit. Nutzung projektspezifischer und projektübergreifender Werkzeuge Nutzung von Systemen des persönlichen und des gruppenbezogenen Informationsmanagements, Tendenz zum Festhalten an etablierten IuK-Systemen
Individuelle Einflussfaktoren	Arbeitsweise mit geringem Formalisierungsgrad Autonomie in Bezug auf die Arbeitsorganisation oft unverzichtbar Hohe Abhängigkeit des Arbeitsergebnisses von individueller Expertise Kein schematisches Vorgehen, Notwendigkeit zur Improvisation angesichts stets neuer, komplexer Problemstellungen (wicked problems)

Für informationstechnische Systeme, die Wissensarbeiter bei der Multiprojektarbeit unterstützen sollen, ergeben sich aus den in Tabelle 2 auf Seite 41 zusammengefassten Eigenschaften des Problembereichs eine Reihe übergeordneter, nichtfunktionaler Anforderungen. Tabelle 3 führt diese Anforderungen als Bedingungen des Systementwurfs überblicksartig auf.

TABELLE 3. Nichtfunktionale Anforderungen – Multiprojekt-Wissensarbeit

Nr.	Bedingung	S.
1	Der Systementwurf beruht auf der in Nutzung befindlichen Infrastruktur.	20
2	Vorhandene Quellen koordinationsrelevanter Informationen werden beim Systementwurf berücksichtigt und übergreifend genutzt.	21
3	Dokumente stehen im Mittelpunkt des Systementwurfs.	22
4	Die Unterstützung der Orientierung über Arbeitsbereiche erfolgt durch Werkzeuge geringer Synchronität.	26
5	Die Unterstützung der Wiederaufnahme (andauernder) kooperativer Aktivitäten erfolgt mit Werkzeugen hoher Synchronität.	27
6	Die Unterstützung der Multiprojektkoordination erfolgt projektübergreifend.	28
7	Der Systementwurf hat die Unterstützung von Übergängen zwischen einzelnen Arbeitsbereichen zum Ziel.	28
8	Die informationstechnische Unterstützung der Handhabung von Unterbrechungen wird in polychrone Abläufe der Multiprojekt-Wissensarbeit eingebettet.	34
9	Funktionen zur Unterstützung der Kommunikation sind so zu gestalten, dass ihren Nutzern die Bezugnahme auf gemeinsame Informationsbestände erleichtert wird.	40

Analyse von Unterbrechungen

Zielsetzung der Arbeit ist es, Möglichkeiten der informationstechnischen Unterstützung der Handhabung von Unterbrechungen im Kontext der kollaborativen Multiprojekt-Wissensarbeit auszuloten und prototypisch umzusetzen. Vor dem Hintergrund der vorausgehend genannten Merkmale der fragmentierten Multiprojekt-Wissensarbeit und den daraus abgeleiteten Anforderungen ist die Bedeutung von Unterbrechungen im Arbeitsgeschehen deshalb noch genauer zu untersuchen: Zwar wurde in Unterbrechungen ein wesentlicher Bestandteil kollaborativer Multiprojekt-Wissensarbeit erkannt (siehe Kapitel 2.1.3 auf Seite 22), damit ist aber noch recht wenig über ihre Funktion gesagt. Kapitel 3 auf Seite 45 geht deshalb dem Sinn und Zweck von Unterbrechungen im Kontext der Multiprojektarbeit nach, betrachtet ihre möglichen Effekte und stellt verschiedene Strategien des Umgangs mit Unterbrechungen vor. Ziel der Analyse ist es, spezifische Aufgaben und Randbedingungen der Handhabung von Unterbrechungen aufzudecken.

KAPITEL 3 Unterbrechungen

Unterbrechungen sind ein wesentlicher Bestandteil der Multiprojekt-Wissensarbeit. In diesem Kapitel werden anhand einer Betrachtung unterschiedlicher Begriffsdefinitionen zunächst grundlegende Merkmale von Unterbrechungen herausgearbeitet. Den Schwerpunkt des Kapitels bildet die Unterbrechung kooperativer Arbeitsprozesse. Für diese Form von Unterbrechungen werden geeignete Differenzierungsparameter, Phasen und Strategien der Handhabung betrachtet. Unterbrechungen erscheinen als Vorgang, der im Rahmen der Multiprojektarbeit koordinative Funktionen übernehmen kann und dessen Reichweite dabei nicht ausschließlich auf direkt unterbrochene und unterbrechende Personen beschränkt ist. In Situationen kooperativer Arbeit können Aktivitäten, die aus der Sicht eines Individuums unterbrochen wurden, von anderen Akteuren fortgeführt werden. Die Wiederaufnahme solcher Aktivitäten erfordert daher eine Phase der Orientierung, die ihrerseits einen kooperativen Prozess darstellen kann. Das Kapitel identifiziert für die Multiprojekt-Wissensarbeit typische Aufgaben der Handhabung von Unterbrechungen. Diese Aufgaben setzen den Rahmen für eine spätere Bestimmung von Anforderungen an informationstechnische Systeme der Unterbrechungsunterstützung.

3.1 Unterbrechungen aus individueller Perspektive

Individualunterbrechungen

Die bestehende Literatur bietet eine Reihe teils aufeinander aufbauender Definitionen des Unterbrechungsbegriffs an. Dem Großteil dieser Definitionen ist dabei gemein, dass Unterbrechungen aus der Perspektive eines handelnden Individuums betrachtet werden: Insbesondere die möglichen Auswirkungen einer Unterbrechung werden auf individueller und nicht auf Gruppenebene betrachtet. Dennoch sind die aus den vorhandenen Definitionen abzuleitenden Eigenschaften für die Gestaltung informationstechnischer Systeme zur Unterstützung der Handhabung von Unterbrechungen in der Multiprojekt-Wissensarbeit relevant; die in den nachfolgenden Abschnitten vorgenommene Analyse von Individualunterbrechungen stellt den Ausgangspunkt für spätere Betrachtungen zur Unterbrechung kooperativer Arbeit dar (s. Kapitel 3.4 auf Seite 66).

3.1.1 Definitionen

Wechsel des kognitiven Fokus

Coraggio (1990) versteht unter einer Unterbrechung ein extern hervorgerufenes, willkürlich auftretendes, diskretes Ereignis, das die Kontinuität der Konzentration auf eine primäre Aufgabe zerstört:

> *„An interruption is an externally-generated, randomly occurring, discrete event that breaks continuity of cognitive focus on a primary task“*
>
> (Coraggio 1990, S. 19)

Gemäß dieser Definition richten sich Unterbrechungen als zeitlich begrenzter Vorgang an das Verhalten eines Individuums (und nicht etwa an Prozesse oder technische Systeme). Sie betreffen kognitive Vorgänge und bewirken eine Veränderung des Fokus der Aufmerksamkeit, indem sie diesen von einer ursprünglich verfolgten Primäraufgabe auf eine andere Aktivität lenken.

In eine ähnliche Richtung weist die Definition nach O'Conaill & Frohlich (1995)[1], für die eine Unterbrechung eine nicht vom Adressaten initiierte, außerplanmäßige, synchrone Interaktion darstellt, die zum Abbruch der gegenwärtigen Aktivität des Adressaten führt:

> *„We defined an interruption to be a synchronous interaction which was not initiated by the subject, was unscheduled and resulted in the recipient discontinuing their current activity.“*
>
> (O'Conaill & Frohlich 1995, S. 262)

Unterbrechungen als Prozesse der Koordination

Gegenüber Coraggios Definition ist vor allem der Aspekt der synchronen Interaktion neu und hervorzuheben: Die Effekte einer Unterbrechung sind nicht einseitig auf den Adressaten begrenzt; Verursacher und Adressat der Unterbrechung beeinflussen sich in ihrem Verhalten wechselseitig. Die Betonung der Interaktion legt es zugleich nahe, in Unterbrechungen einen Prozess anstelle eines nicht weiter aufgeschlüsselten Ereignisses zu sehen. Diesen Standpunkt

1. Siehe auch Rennecker & Godwin (2005), Garrett & Danziger (2008)

nimmt auch McFarlane (1998) ein, der in Unterbrechungen einen Prozess zur Koordination abrupter Aktivitätswechsel sieht:

> *„Human interruption is the process of coordinating abrupt change in people's activities."*
>
> (McFarlane 1998, S. 119)

Unterbrechungen haben somit folgende weitere Merkmale:

- Ursprung einer Unterbrechung kann das Verhalten einer Person sein.
- Unterbrechungen sind synchrone Prozesse, in deren Verlauf sich Verursacher und Adressat der Unterbrechung wechselseitig beeinflussen.
- Eine als Prozess aufgefasste Unterbrechung kann in verschiedene Phasen unterteilt werden, in denen verschiedene Akteure mit jeweils unterschiedlichen Zielstellungen aktiv sind (vgl. McFarlane 1998, S. 120).
- Unterbrechungen stellen Koordinationsprozesse dar, die eine Person zum Wechsel ihres Arbeitsbereichs veranlassen können. Ein solcher Wechsel kann außerplanmäßig und unvermittelt erfolgen (vgl. van Solingen et al. 1998, S. 98).

Kommunikation als Ursache und Gegenstand von Unterbrechungen

Mit Blick auf die fragmentierte Multiprojekt-Wissensarbeit, die in den Kapiteln 2.1.3 auf Seite 22 und 2.2 auf Seite 36 als von häufigen Wechseln zwischen Arbeitsbereichen geprägt und kommunikationsintensiv beschrieben wurde, ist festzuhalten, dass Kommunikation als Verhalten einer Person Ursache einer Unterbrechung sein kann und dass Unterbrechungen dazu dienen können, den Wechsel zwischen verschiedenen Arbeitsbereichen zu koordinieren.

González & Mark lassen neben extern verursachten Unterbrechungen auch selbst-initiierte (interne) Unterbrechungen als Ursachen für den Wechsel zwischen Arbeitsbereichen zu:

> *„An Internal interruption refers to self-initiated switching among working spheres. An External interruption is a condition in the environment that motivates switching"*
>
> (González & Mark 2004, S. 118)

Internale Faktoren und aktive Rolle des Adressaten

Diese Sichtweise ist insofern bedeutsam, als dass sie in Bezug auf mögliche Ursachen und Auswirkungen einer Unterbrechung in zweierlei Hinsicht weniger strikt und deterministisch ist als die vorausgehenden Definitionen. Erstens werden mit der Kategorie interner Unterbrechungen auch Faktoren als Ursache von Unterbrechungen zugelassen, die nicht in der Umwelt sondern im kognitiven System des unterbrochenen Individuums selbst liegen.[1] Zweitens werden externe Unterbrechungen nicht mehr als Ereignisse oder Interaktionen aufgefasst, die beim Adressaten der Unterbrechung auf jeden Fall zu einem Wechsel bzw. zum Abbruch der bis dahin verfolgten Aktivität führen. Eine externe Unterbrechung beschreibt statt dessen einen Zustand der Umwelt, der einen Wechsel des Arbeitsbereichs anregt bzw. den Adressaten der Unterbrechung zu einem solchen veranlasst. In beiden Lesarten fällt dem Adressaten einer Unterbrechung also eine aktive Rolle zu: Sofern er zwischen verschiedenen Arbeitsbereichen wechselt, geschieht dies intentional; er ist der Unterbrechung und ihren Effekten nicht bloß passiv[2] ausgesetzt.

Für die Belange dieser Arbeit wird eine prozessuale Sichtweise auf die Unterbrechung eines Individuums gewählt, die den Schwerpunkt auf den Wechsel zwischen Aktivitäten legt und den potenziell beteiligten Personen eine aktive Rolle zugesteht. Diese Perspektive kommt im Begriff der Individualunterbrechung zum Ausdruck, der wie folgt definiert wird:

Unterbrechungen aus individueller Perspektive

Definition 8: **Individualunterbrechung**

Eine Individualunterbrechung stellt einen zeitlich von der Tätigkeit in einem Arbeitsbereich abgegrenzten Prozess dar. Dieser wird durch eine Person, ein punktuelles Ereignis aus der Umwelt oder die spezifische Wahrnehmung eines Zustands der Umwelt initiiert. Die potenzielle Wirkung des Prozesses besteht darin, den Adressaten zu einem Wechsel seines Arbeitsbereichs zu veranlassen. Der Wechsel wird dabei durch die Individualunterbrechung nahegelegt und erfolgt vonseiten des unterbrochenen Individuums intentional; er ergibt sich nicht als zwingende Notwendigkeit aus dem weiteren Verlauf der bis dahin verfolgten Tätigkeit (z. B., wenn diese auf natürliche Weise zum Erliegen kommt oder phasenweise keine Beteiligung der Person zulässt).

1. Eine Unterscheidung interner und externer Unterbrechungen findet sich auch in Miyata & Norman (1986).
2. Rennecker & Godwin (2005, S. 248) merken kritisch an, dass die Möglichkeiten sozialer Akteure zur Einflussnahme auf ihre Umgebung (und damit auch auf die Handhabung von Unterbrechungen) von einem großen Teil der existenten Studien nicht berücksichtigt wird.

Besonderheiten der Definition

Definition 8 begreift Unterbrechungen als Prozess, der von menschlichen Akteuren auch für koordinative Zwecke eingesetzt werden kann. Sie können auf verschiedene, internale wie externale Quellen zurückgeführt werden: Nicht immer muss dabei eine Person[1] als Verursacher auftreten. Die Definition trifft mit Absicht keinerlei Annahmen darüber, ob sich eine anstehende Unterbrechung für ihren Adressaten im Voraus abzeichnet oder nicht: Wie Kapitel 3.3.2 zeigt, können dem Adressaten unter bestimmten Umständen Informationen über anstehende Unterbrechungen zur Verfügung stehen. Hervorzuheben ist des Weiteren, dass gemäß der obigen Definition nur dann von einer Unterbrechung die Rede sein kann, wenn für die handelnde Person zumindest prinzipiell die Möglichkeit bestanden hätte, sich weiterhin aktiv in ihren ursprünglichen Arbeitsbereich einzubringen. Gelangt ein Vorgang auf natürliche Weise zum Erliegen (z. B., weil er abgeschlossen wurde) oder lässt er definitionsgemäß für eine anstehende Phase keine aktive Beteiligung einer Person zu, dann stellt dies keine Unterbrechung dar: Statt dessen kommt der Vorgang (dauerhaft) zum Erliegen oder er pausiert.

Gemäß Definition 8 stellen die folgenden Ereignisse Beispiele für Individualunterbrechungen[2] dar:

- Eine Person wird während der Arbeit an einem Artikel durch einen Telefonanruf unterbrochen. Der Anrufer erinnert an eine am nächsten Tag fällige Arbeitsaufgabe. Die angerufene Person unterbricht daraufhin das Schreiben des Artikels und wendet sich dieser Arbeitsaufgabe zu.
- Während einer über Instant Messaging[3] vermittelten Diskussion mit mehreren Arbeitskollegen bemerkt eine Person eine auf ihrem Schreibtisch liegende Notiz über den dringend erbetenen Rückruf

1. Die Definition lässt es zu, dass es sich bei der unterbrechungsverursachenden Person zugleich um den Adressaten der Unterbrechung handelt – damit werden auch selbst verursachte, internale Unterbrechungen berücksichtigt.
2. In den genannten Beispielen gelangen die Unterbrechungen jeweils zur Wirkung. Die Unterbrechung hätte in jedem der Fälle aber auch abgelehnt bzw. ignoriert werden können – wenn auch mir unterschiedlich weitreichenden Konsequenzen.
3. Der Begriff des *Instant Messaging* bezieht sich auf eine bestimmte Klasse informationstechnischer Kommunikationswerkzeuge. Instant Messaging Anwendungen erlauben es zwei oder mehr Teilnehmern, mittels unverzüglich zugestellter Textnachrichten zu kommunizieren.

eines weiteren Kooperationspartners. Die Person setzt ihre Teilnahme an der Diskussion vorübergehend aus und führt das Telefonat.

Nicht als Unterbrechung zu bezeichnen sind hingegen die folgenden Ereignisse:

- Eine Person veranlasst den Ausdruck eines Dokuments. Während das Dokument auf dem Drucker ausgegeben wird, nimmt die Person einen Telefonanruf entgegen.
- Mit dem Ziel, eine Genehmigung für die Veröffentlichung zu erhalten, leitet eine Person im Zuge der gemeinsamen Arbeit an einem Artikel die zur Publikation vorgesehene Fassung des Dokuments zur Überprüfung an die Kooperationspartner weiter. Während die Person auf Rückmeldungen wartet, bearbeitet sie eingehende E-Mail-Anfragen aus anderen Projekten.

3.1.2 Auswirkungen von Unterbrechungen

Effekte auf individuelle Arbeitstätigkeiten

Auf welche Art und Weise mit Unterbrechungen zu verfahren ist, hängt vor allem von den Auswirkungen ab, die sie auf die von ihnen betroffenen Akteure und Prozesse haben.

Zur Beschaffenheit der Auswirkungen von Unterbrechungen existiert eine Vielzahl von Studien[1], die vor allem die Effekte einer Unterbrechung auf das Erfüllen individuell verfolgter Arbeitsaufgaben und die dazu benötigte Zeit in den Blick nehmen (vgl. Harr & Kaptelinin 2007, S. 399-400; Rennecker & Godwin 2005, S. 250-251). Die Auswirkungen einer Unterbrechung auf die momentane Tätigkeit ihres Adressaten werden von einem Großteil der Studien als alleinige Kriterien zur Beurteilung des Phänomens der Unterbrechung an sich herangezogen.[2] Da eine Unterbrechung oftmals einen Wechsel des Arbeitsbereichs (oder Kontexts) zur Folge hat (vgl. Kapitel 3.1.1) und somit aus Sicht ihres Adressaten zu einer Beeinträchtigung oder Verzögerung in der Bearbeitung der bis dahin verfolgten Aufgabe führt, werden Unterbrechungen häufig als Störungen angesehen und entsprechend negativ bewertet. Zu diesem Schluss gelangen Jett & George (2003) anhand einer vergleichenden Betrachtung verschiedener Unterbrechungsdefinitionen:

1. Einen Überblick bieten Jett & George (2003) sowie Harr & Kaptelinin (2007).
2. Siehe z. B. Fussell et al. (2004), Hudson et al. (2002), Mark et al. (2008), McFarlane & Latorella (2002)

> *„Interruptions are generally defined as incidents or occurrences that obstruct or delay organizational members as they attempt to make progress on work tasks and, thus, are typically thought of as disruptive for organizational members.“*
>
> (Jett & George 2003)

Einfluss sozialer Faktoren

Die verbreitete, von Jett & George (2003) zusammenfassend wiedergegebene negative Sichtweise des Phänomens der Unterbrechung ist auch als Ausdruck einer monochronen Idealvorstellung der Arbeitsorganisation zu werten. Sie kann als kulturell geprägt angesehen werden. In monochron organisierten Arbeitsprozessen bedingen Unterbrechungen eine Diskontinuität der Aufgabenbearbeitung und greifen damit das grundlegende Prinzip monochroner Strategien – die sequenzielle und jeweils vollständige Bearbeitung einzelner Aufgaben – an (vgl. Kapitel 2.1.4 auf Seite 29). Diese Interpretation deutet auch darauf hin, dass die Akzeptierbarkeit von Unterbrechungen sozial konstruiert ist (Hudson et al. 2002, S. 103). Zusammenarbeitende Gruppen und Organisationen können sich darin unterscheiden, welches Ausmaß von Unterbrechungen für sie akzeptabel ist.

Positive Effekte von Unterbrechungen

Als fester Bestandteil der Wissensarbeit (siehe Kapitel 2.1.3 auf Seite 22) gehen Unterbrechungen nicht ausschließlich mit negativen Effekten sondern auch mit positiven Auswirkungen einher (Oulasvirta & Saariluoma 2006): sie erlauben es beispielsweise, frühzeitig auf Problemstellungen zu reagieren, eröffnen Möglichkeiten zur Koordination kooperativer Arbeit, können für die Bearbeitung der gegenwärtigen Aufgabe nützliche Informationen beinhalten und sich somit positiv auf die Produktivität auswirken (Garrett & Danziger 2008, Hudson et al. 2002, Jett & George 2003, Walji et al. 2004). Manche Studien gelangen zu dem Schluss, dass der Adressat in vielen Fällen selbst einen Nutzen aus der Unterbrechung ziehen kann (Hudson et al. 2002, O'Conaill & Frohlich 1995, S. 263).

Einordnung vorhandener Studien

Welche Auswirkungen Unterbrechungen auf Arbeitsprozesse haben, ist somit nicht eindeutig festgelegt:

- Aussagen zu den Auswirkungen von Unterbrechungen beziehen sich überwiegend auf individuell bearbeitete Aufgaben, die unmittelbar von einer Unterbrechung betroffen sind.
- Die Bewertung von Unterbrechungen berücksichtigt oftmals ausschließlich die Perspektive des unterbrochenen Individuums.

- Welche Auswirkungen Unterbrechungen auf die (individuelle) Aufgabenbearbeitung haben, ist nicht einvernehmlich geklärt: Differenzierte Betrachtungen zur Unterbrechung individueller Arbeit (z. B. Jett & George 2003) deuten auf die Möglichkeit sowohl negativer als auch positiver Auswirkungen hin.

In Kapitel 3.4 auf Seite 66 wird vor diesem Hintergrund der Frage nachgegangen, wie Unterbrechungen in kooperativen Arbeitsprozessen zu bewerten sind. Die vertiefende Betrachtung existenter Kriterien zur Beschreibung von (Individual-)Unterbrechungen und eine Differenzierung unterschiedlicher Verfahrensweisen bei der Handhabung von Unterbrechungen in den nachfolgenden Kapiteln 3.2 und 3.3 stellen dafür notwendige Grundlagen dar.

3.2 Kriterien zur Beschreibung von Unterbrechungen

Um zu erkennen, an welchen unterschiedlichen Stellen der Entwurf von Funktionen zur Unterstützung der Handhabung von Unterbrechungen ansetzen kann, ist es sinnvoll, Strukturmerkmale von Unterbrechungen und ihre Einbettung in umgebende Abläufe zu betrachten. Dabei sind zunächst einmal solche Kriterien von Interesse, die allen Erscheinungsformen von Unterbrechungen gemein sind: Diese können unter Bezugnahme auf die im vorausgehenden Abschnitt betrachteten Individualunterbrechungen hergeleitet werden. Ergänzende Kriterien zur Beschreibung von Unterbrechungen kooperativer Arbeit werden an späterer Stelle in Kapitel 3.4.2 auf Seite 75 entwickelt.

3.2.1 Taxonomie menschlicher Unterbrechung nach McFarlane

Kriterien nach McFarlane (1998)

McFarlane (1997, 1998) nennt acht Dimensionen, anhand derer unterschiedliche Formen von Unterbrechungen beschrieben und voneinander unterschieden werden können (s. Tabelle 4 auf Seite 53).

Ziel und Fokus der Taxonomie

Ziel der von McFarlane vorgeschlagenen Taxonomie ist es, die Gestaltung solcher technischer Systeme, die den Arbeitsablauf ihrer Nutzer unterbrechen, zu unterstützen (vgl. McFarlane & Latorella

2002, S. 24). Dabei steht der Adressat der Unterbrechung im Mittelpunkt des Interesses: Die Dimensionen der Taxonomie beschreiben die Anbahnung, Bedeutung und Auswirkungen einer Unterbrechung sowie die Randbedingungen ihrer Handhabung aus seiner Perspektive.

Gemeinsamer Kontext

Für die Unterbrechung kollaborativer Multiprojekt-Wissensarbeit sind vornehmlich die Kriterien bedeutsam, die sich auf gemeinschaftliche, respektive kooperative Aktivitäten beziehen. McFarlane‘s Taxonomie weist diesbezüglich auf die Bedeutung eines gemeinsamen Kontexts (common ground, s. Kapitel 2.2.3 auf Seite 39) des Adressaten und des Initiators einer Unterbrechung hin (Dimension 2 in Tabelle 4; vgl. Kapitel 2.2.3 auf Seite 39). Dabei liegt der Fokus auf der Beziehungsebene zwischen diesen beiden Akteuren (McFarlane 1998, S. 133): So beeinflussen beispielsweise die hierarchische Beziehung und die persönliche Bekanntschaft die Art und Weise der Reaktion auf eine Unterbrechung (vgl. Harr & Kaptelinin 2007, S. 402).

TABELLE 4. Taxonomie nach McFarlane (1998)

	Dimension	Beispielhafte Ausprägungen
1	Source of Interruption	self [human]; another person; computer; other animate object; inanimate object.
2	Individual Characteristic of Person Receiving Interruption	state and limitations of personal resource (perceptual, cognitive, and motor processors; memories; focus of consciousness; and processing streams); sex; goals (personal, public, joint); state of satisfaction of face-wants; context relative to source of interruption (common ground, activity roles, willingness to be interrupted, and ability to be interrupted).
3	Method of Coordination	immediate interruption (no coordination); negotiated interruption; mediated interruption; scheduled interruption (by explicit agreement for a one-time interruption, or by convention for a recurring interruption event).
4	Meaning of Interruption	alert; stop; distribute attention; regulate dialogue (metadialogue); supervise agent; propose entry or exit of a joint activity; remind; communicate information (illocution); attack; no meaning (accident).

TABELLE 4. Taxonomie nach McFarlane (1998)

	Dimension	Beispielhafte Ausprägungen
5	Method of Expression	physical expression (verbal, paralinguistic, kinesic); expression for effect on face-wants (politeness); signaling type (by purpose, availability, and effort); metalevel expressions to guide the process; adaptive expression of chains of basic operators; intermixed expression; expression to afford control.
6	Channel of Conveyance	face-to-face; other direct communication channel; mediated by a person; mediated by a machine; meditated by other animate object.
7	Human Activity Changed by Interruption	internal or external; conscious or subconscious; asynchronous parallelism; individual activities; joint activities (between various kinds of human and nonhuman participants); facilitation activities (language use, meta-activities, use of mediators).
8	Effect of Interruption	change in human activity (the worth of this change is relative to the person's goals); change in the salience of memories; change in awareness (metainformation) about activity; change in focus of attention; loss of willful control over activity; change in social relationships; transition between stages of a joint activity.

Wie mit Unterbrechungen in der Zusammenarbeit umgegangen wird, hängt auch vom Wissen der beteiligten Akteure um den geplanten Verlauf und den aktuellen Bearbeitungsstand eines Arbeitsbereichs bzw. Projekts ab. Bei diesem Wissen handelt es sich um eine Ausprägung des Phänomens der *Awareness,* das von Dourish & Bellotti (1992) wie folgt definiert wird:

> *„Awareness is an understanding of the activities of others which provides a context for your own activities"*
>
> (Dourish & Bellotti 1992, S. 107)

Als kognitives Phänomen stellt Awareness die Grundlage für explizite, koordinative Handlungen dar. Auf Projekte und Aufgabenbereiche bezogene Awareness versetzt den potenziellen Initiator einer Unterbrechung in die Lage zu entscheiden, ob und falls ja wann die Unterbrechung einer bestimmten Person erforderlich bzw. möglich ist; dem Adressaten ermöglicht sie einzuschätzen, wann und in welcher Weise er auf die Unterbrechung reagieren kann bzw. muss.

Vorhersagbarkeit und Benachrichtigungen

Die Taxonomie nennt in Dimension 3 aus Tabelle 4 des Weiteren unterschiedliche Formen der Koordination einer Unterbrechung: Auf Unterbrechungen kann unmittelbar, unter verhandelbaren Bedingungen, durch Dritte oder Technologie vermittelt (s. Dimension 6 in Tabelle 4) sowie planmäßig auf einmaliger oder regelmäßiger Basis reagiert werden (McFarlane 1998, S. 133-134). Diese unterschiedlichen Formen der Koordination und Vermittlung (bzw. Signalisierung) einer Unterbrechung deuten darauf hin, dass das Auftreten einer Unterbrechung unter bestimmten Bedingungen vorherzusehen ist. In der informationstechnisch unterstützen Zusammenarbeit kommen Systeme des persönlichen und des gruppenbezogenen Informationsmanagements zum Einsatz. Diese beinhalten Informationen über Ort, Zeit und Teilnehmerkreis geplanter Termine (siehe Kapitel 5.1 auf Seite 115). Diese Informationen können genutzt werden, mit Erinnerungs- und Benachrichtigungsdiensten gezielt auf anstehende Unterbrechungen hinzuweisen (vgl. Kapitel 3.3.2 auf Seite 62). Sie stellen damit eine Quelle der informationstechnischen Unterstützung von Awareness dar. An die Handhabung von Unterbrechungen stellt sich somit folgende Aufgabe:

Aufgabe 1: **Anstehende Unterbrechungen nach Möglichkeit vorab ankündigen.**
Sofern Informationen über das Auftreten einer Unterbrechung vorab verfügbar sind, können entsprechende Hinweise dazu beitragen, den planvollen Umgang mit einer Unterbrechung zu erleichtern.

3.2.2 Phasen des Unterbrechungsgeschehens

Unterteilung des Unterbrechungsprozesses

Werden Unterbrechungen wie in Definition 8 auf Seite 48 als Prozesse und nicht als punktuelle Ereignisse begriffen, dann bedeutet dies, in ihnen einen Vorgang mit zeitlicher Ausdehnung zu sehen, in dem eine Reihe unterschiedlicher Aktivitäten zielgerichtet aufeinander abfolgt. Sowohl von einem analytischen als auch von einem konzeptionellen Standpunkt aus ist es daher sinnvoll, diesen Vorgang weiter zu strukturieren: Eine entsprechende Unterteilung kann dazu beitragen, dass unterschiedliche Aktivitäten und spezifische Unterstützungsbedarfe bei der Handhabung von Unterbrechungen erkennbar werden.

Einen möglichen Ansatzpunkt bieten McFarlane & Latorella (2002, S. 46-47), indem sie mit Bezugnahme auf das von Latorella entwickelte *Interruption Management Stage Model* die Phasen[1] vor, während und nach einem unterbrechungsbedingten Wechsel eines Kontexts betrachten und unterstützende informationstechnische Funktionen für jede dieser Phasen identifizieren (siehe auch Franke et al. 2002 sowie van Solingen et al. 1998, S. 98 für eine äquivalente Einteilung). Der Begriff des Kontexts bezieht sich bei McFarlane & Latorella (2002) im Wesentlichen auf zusammengehörige Arbeitstätigkeiten. Für die weitere Diskussion des Phasenmodells kann deshalb davon ausgegangen werden, dass ein Arbeitsbereich (s. Definition 2 auf Seite 23) einen Kontext darstellt. Tabelle 5 stellt eine nach Phasen geordnete Zusammenfassung der von McFarlane & Latorella (2002) genannten Unterstützungsmöglichkeiten dar.

TABELLE 5. Unterstützungsmöglichkeiten nach Phase

Phase	Unterstützungsmöglichkeiten
Vor Kontextwechsel	Anstehende Unterbrechungen ankündigen. Erstellen von Hinweisen für späteren Wiedereinstieg ermöglichen. Informationen über Status des unterbrochenen Kontexts sichern. Ggf. Aushandlung der Reaktion auf die Unterbrechung unterstützen.
Während Kontextwechsel	Informationen über Status des zurückgestellten Kontexts anbieten.
Nach Kontextwechsel	Wiederherstellen des unterbrochenen Kontexts in der zum Zeitpunkt des Wechsels aktuellen Konfiguration ermöglichen. Wiedergabe der letzten Aktivitäten vor dem Kontextwechsel Aufgezeichnete Hinweise zur Unterstützung des Wiedereinstiegs anbieten.

Verhältnis zwischen Unterbrechung und Wiederaufnahme

Es ist zu beachten, dass das von McFarlane & Latorella (2002) vorgeschlagene Phasenmodell sowohl die Tätigkeit im unterbrechenden Kontext als auch die Wiederaufnahme der ursprünglichen Aktivität als Teile des Unterbrechungsprozesses begreift

1. Die von McFarlane (1998) vorgeschlagene, dreigliedrige Phaseneinteilung fußt auf einem Verständnis von Unterbrechungen als gemeinschaftliche Aktivität (engl.: *joint activity*) im Sinne von Clark (1996). Solche Aktivitäten untergliedern sich nach Clark in drei Abschnitte: Eingang, Hauptteil und Ausgang. Diese Abschnitte korrelieren offenkundig zu den von McFarlane genannten Phasen (vgl. Clark 1996, S. 26-37; McFarlane 1998, S. 100).

Die Einteilung von McFarlane und Latorella (2002) kann unabhängig davon, ob die Wiederaufnahme als Teil der Unterbrechung oder als eigenständiges Ereignis interpretiert wird, zur Beschreibung relevanter Phasen des Unterbrechungsgeschehens verwendet werden. Für den in Definition 8 auf Seite 48 beschrieben Prozess der Individualunterbrechung strukturiert sie den Hintergrund, vor dem Unterbrechungen ablaufen. Im Kern bezieht sich das Modell auf Eigenschaften des Wechsels zwischen Arbeitsbereichen – dabei ist es unerheblich, ob dieser durch eine Unterbrechung oder die Wiederaufnahme einer unterbrochenen Tätigkeit verursacht wurde. Hier ist anzumerken, dass die Wiederaufnahme einer unterbrochenen Tätigkeit aus Sicht der bis dahin verfolgten Aktivität ihrerseits eine Unterbrechung darstellen kann: Gleich einer Unterbrechung bewirkt die Wiederaufnahme einen Wechsel des primären Arbeitsbereichs und kann auf verschiedene, internale wie externale Quellen zurückgeführt werden. Ob von Unterbrechung oder Wiederaufnahme die Rede ist, hängt in der fragmentierten Multiprojektarbeit letztendlich vom Standpunkt des Beobachters ab: Verlässt ein Akteur einen Arbeitsbereich A und setzt seine Tätigkeit im Arbeitsbereich B fort, so kann dieses Ereignis von den im Arbeitsbereich A verbleibenden Personen als Unterbrechung und von den im Arbeitsbereich B aktiven Personen als Wiederaufnahme interpretiert werden.

Schachtelung von Unterbrechungen

McFarlane & Latorella (2002) gehen des Weiteren von einer unmittelbaren Fortsetzung der ursprünglich verfolgten Aktivität nach Beendigung der unterbrechenden Tätigkeit aus (ebd., S. 16, 46). In der fragmentierten Multiprojekt-Wissensarbeit ist ein solches Verhalten nicht der Normalfall: Mark et al. (2005) berichten von durchschnittlich 2,26 Arbeitsbereichen, in denen ein Wissensarbeiter aktiv ist, bevor er die ursprünglich unterbrochene Tätigkeit fortsetzt (ebd., S. 326). Aus Sicht dieser Tätigkeit und des Arbeitsbereichs, in dem sie verortet ist, macht es indes keinen Unterschied, in wie vielen anderen Arbeitsbereichen eine Person vor der Wiederaufnahme aktiv war. Auch wenn die Ausdehnung der mittleren Phase über mehr als einen (unterbrechenden) Arbeitsbereich den Vorgang insgesamt komplexer werden lässt, so folgt daraus kein struktureller Unterschied. Daher bleibt die Sinnhaftigkeit der gewählten Phasendifferenzierung sowie der zugehörigen Unterstützungsmöglichkeiten erhalten. Die Betrachtung der in Tabelle 5 genannten Phasen ist somit auch für die kollaborative Multiprojekt-Wissensarbeit sinnvoll und erlaubt es, den Problembereich aus Sicht des Prozesses zumindest grob zu strukturieren.

ABBILDUNG 2. Wechsel des Arbeitsbereichs und Phasen des Unterbrechungsgeschehens

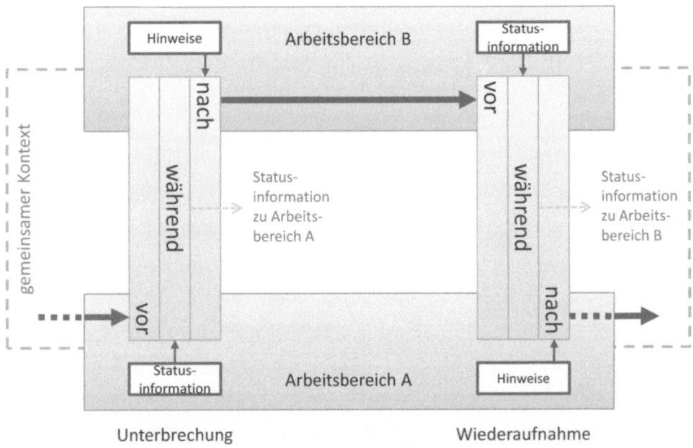

Kontextwechsel und Phasen

In Abbildung 2 ist der Wechsel zwischen zwei Arbeitsbereichen aus Sicht des von einer Unterbrechung betroffenen Akteurs unter Bezugnahme auf das Phasenmodell nach McFarlane & Latorella (2002) schematisch dargestellt. Zunächst kommt es zu einer Unterbrechung, die einen Übergang des Akteurs vom Arbeitsbereich A zum Arbeitsbereich B zur Folge hat. Eine solche Unterbrechung wird oftmals durch einen menschlichen Akteur initiiert und kann deshalb in dem Sinne planvoll erfolgen, als dass der Verursacher der Unterbrechung seine Kenntnisse der potenziell betroffenen Arbeitsbereiche und Aufgaben in die Wahl des Unterbrechungszeitpunkts einfließen lässt. Im Umgang mit Unterbrechungen in der Multiprojekt-Wissensarbeit schlägt sich dies in folgender Aufgabe nieder:

Aufgabe 2: **Eine Unterbrechung planvoll veranlassen.**
Unterbrechungen werden zielgerichtet veranlasst. Entscheidet ein Akteur, den anderen zu unterbrechen, dann fließt in seine Entscheidung zumindest implizit eine Einschätzung der zu erwartenden Auswirkungen der Unterbrechung mit ein. Diese Einschätzung bezieht sich in der Regel auf den zu erwartenden (positiven) Beitrag zum unterbrechenden Arbeitsbereich. Dem erwarteten Wert dieses Beitrags können die vermuteten (negativen) Effekte im unterbrochenen Arbeitsbereich gegenübergestellt werden.

Während des Wechsels werden Statusinformationen über Arbeitsbereich A gesammelt und im Hintergrund eines projektübergreifenden Kontexts zur Verfügung gestellt (vgl. Tabelle 5 auf Seite 56). Diese Informationen zu Arbeitsbereich A beschreiben zunächst einmal dessen Zustand zum Zeitpunkt des Wechsels – sofern sich dieser Zustand während der Abwesenheit des Akteurs verändern sollte (vgl. Kapitel 3.4.1 auf Seite 67), können sie jedoch aktualisiert werden.

In der abschließenden Phase des Wechsels nutzt der Akteur auf Arbeitsbereich B bezogene Hinweise zur Orientierung auf die anstehende Tätigkeit: Der Zustand dieses unterbrechenden Arbeitsbereichs wird nachvollzogen. Für die Multiprojekt-Wissensarbeit resultiert daraus für den Umgang mit Unterbrechungen folgende Aufgabe:

Aufgabe 3: **Den Stand eines unterbrechenden Arbeitsbereichs nachvollziehen.**
Nimmt ein Akteur eine Tätigkeit in einem unterbrechenden Arbeitsbereich auf oder setzt diese fort, dann muss er zunächst dessen aktuellen Stand einschätzen. Hierzu sind ggf. Hinweise auf relevante Eigenschaften oder Veränderungen des Arbeitsbereichs erforderlich.

Die spätere Wiederaufnahme erfolgt analog: Diesmal werden jedoch Statusinformationen über den zu verlassenden Arbeitsbereich B zur Verfügung gestellt und Hinweise[1] über den Zustand von Arbeitsbereich A zur Ermöglichung der Wiederaufnahme genutzt.

Abbildung 2 auf Seite 58 veranschaulicht, dass sich die Unterbrechung und die Wiederaufnahme einer Tätigkeit in Bezug auf den durch sie bewirkten Wechsel analog zueinander verhalten: Das von McFarlane & Latorella (2002) vorgeschlagene Phasenmodell kann auf beide Ereignistypen angewendet werden, auch dann, wenn

1. Hinweise und Statusinformationen zu einem Arbeitsbereich bzw. Kontext stehen zwar in Beziehung zueinander, sind jedoch nicht identisch. Statusinformationen werden i. d. R. automatisiert von Awarenessmechanismen (s. Kapitel 5.1.2 auf Seite 117) ermittelt und verteilt; Hinweise hingegen sind von einer Person verfasste und ggf. explizit an einen Akteur gerichtete Kommunikationsbeiträge, deren Ziel darin besteht, die Orientierung in einem Kontext zu ermöglichen.

Unterbrechung und Wiederaufnahme als voneinander getrennte Ereignisse konzipiert sind.

3.3 Vorgehensweisen bei der Handhabung von Unterbrechungen

Zwei grundlegende Strategien

In Bezug auf den Umgang mit Unterbrechungen lassen sich zwei grundlegende Strategien unterscheiden, die ihrerseits Auswirkungen auf die Gestaltung unterstützender IuK-Technologien haben (vgl. Harr & Kaptelinin 2007 S. 400-401). Die erste Strategie strebt danach, Unterbrechungen zu vermeiden bzw. aufzuschieben, wohingegen die Zweite Unterbrechungen zulässt und versucht, deren potenziell negativen Auswirkungen abzumildern. Beide Ansätze werden im Folgenden vorgestellt, darüber hinaus werden Möglichkeiten zur Unterstützung des Wiedereinstiegs vertiefend betrachtet und Abwägungen zu Vor- und Nachteilen der unterschiedlichen Strategien getroffen.

3.3.1 Vermeiden und Aufschieben von Unterbrechungen

Wenn die Effekte einer Unterbrechung unabhängig von ihrem Typ tendenziell als negativ angesehen werden, dann besteht die naheliegendste Strategie ihrer Handhabung darin, Unterbrechungen entweder vollständig zu vermeiden oder zumindest so lange aufzuschieben, bis ihre Auswirkungen auf die gegenwärtig vom Adressaten der Unterbrechung verfolgte Tätigkeit minimal[1] sind.

Verfügbarkeit vs. Anwesenheit

Wenn informationstechnische Systeme eingesetzt werden, um Unterbrechungsanfragen automatisiert zuzulassen oder abzulehnen, dann sollten Informationen über die aktuelle Verfügbarkeit (engl.: *availability*) des Adressaten der Unterbrechung in die Entscheidungsfindung einfließen. Mit Verfügbarkeit ist dabei nicht die bloße Anwesenheit bzw. die prinzipielle Erreichbarkeit einer Person über IuK-Medien gemeint (engl.: *presence*): Neben der Anwesenheit setzt

1. Da die geringsten Auswirkungen nach Beendigung dieser Aufgabe zu erwarten sind, kann das Aufschieben von Unterbrechungen zu einer sequenziellen Bearbeitung von Aufgaben im Stapelbetrieb führen: Die von einer Unterbrechung geforderte Aktivität wird erst dann aufgenommen, wenn die vorausgehende Aktivität abgeschlossen ist. Eine solche Verfahrensweise entspricht einem monochronen Idealbild der Arbeitsorganisation (vgl. Kapitel 2.1.4 auf Seite 29).

Verfügbarkeit die tatsächliche Bereitschaft zur Kommunikation voraus (vgl. Begole et al. 2004).

Verfügbarkeit automatisiert ermitteln

Harr & Kaptelinin (2007) unterscheiden zwischen Ansätzen, die die Verfügbarkeit einer Person automatisiert zu ermitteln suchen und solchen, die eine entsprechende Einschätzung den Personen überlassen, die eine Unterbrechung veranlassen wollen. Ansätze der erstgenannten Kategorie benötigen ein Modell der gegenwärtigen Nutzeraktivität (vgl. Bailey et al. 2006) und greifen zur Ermittlung der Verfügbarkeit[1] sowohl auf Nutzungsdaten des Computers als auch auf Informationen über den physikalischen Kontext zurück, die mit unterschiedlichen Sensoren erfasst werden. Ansätze der zweiten Kategorie greifen oft auf Awarenessmechanismen zurück, die das Einschätzen der Verfügbarkeit einer zu unterbrechenden Person durch Informationen zu deren Status unterstützen.

Gewicht einer Unterbrechung erkennen

Eine weitere Möglichkeit besteht darin, das Gewicht einer Unterbrechung automatisiert einzuschätzen und schwerwiegende Unterbrechungen auszufiltern: Su & Mark (2008) schlagen in diesem Zusammenhang die zu erwartende Dauer und die zu erwartende Größe des Teilnehmerkreises der unterbrechungsbedingten Kommunikation als Bewertungskriterien vor. Eine Unterbrechung wiegt um so schwerer, je mehr Personen zu ihrer Handhabung erforderlich sind und je mehr Zeit diese Personen für den Umgang mit der Unterbrechung aufbringen müssen.

Bedeutung manuell gesetzter Statusinformationen

Es ist zu beachten, dass sich Schlussfolgerungen über die Beschaffenheit einer Unterbrechung, den aktuellen Kontext und die Verfügbarkeit einer Person nicht ausschließlich auf manuell bereitgestellte Informationen wie beispielsweise Statusinformationen aus einem Instant Messaging Client stützen. Solche Informationen sind nur wenig genau, da ihre zeitnahe Anpassung an den aktuellen Status ein explizites Eingreifen des Nutzers erfordert und deshalb oftmals vergessen wird (vgl. Fogarty et al. 2004, S. 13).

1. Die Verfügbarkeit einer Person hängt auch vom gegenwärtigen Fokus ihrer Aufmerksamkeit ab. Über verschiedene Möglichkeiten, diesen Fokus technologisch zu erfassen, informieren Roda & Thomas (2006) in einem Überblicksartikel.

3.3.2 Abmildern der Auswirkungen einer Unterbrechung

Die möglichen negativen Auswirkungen von Unterbrechungen lassen sich verringern, indem die betroffenen Personen darin unterstützt werden, sich auf einen unterbrechungsbedingten Wechsel des Arbeitsbereichs ausreichend vorzubereiten, inhaltlich und zeitlich passende Gelegenheiten für Unterbrechungen zu erkennen, leichter zwischen verschieden Arbeitsbereichen zu wechseln und die Wiederaufnahme einer unterbrochenen Aktivität schneller zu vollziehen.

Erinnerungen

Wird auf eine anstehende Unterbrechung rechtzeitig hingewiesen, so kann der Adressat Vorkehrungen treffen, die ihm die spätere Wiederaufnahme der unterbrochenen Aktivität erleichtern – beispielsweise durch das Memorieren von Cues (Altmann & Trafton 2004, Hodgetts & Jones 2006) oder durch das Anfertigen von Notizen bzw. Hinweisen (s. u.). Daraus ergibt sich folgende Aufgabe:

Aufgabe 4: **Hinweise zur Unterstützung des Wiedereinstiegs festhalten.**
Beim Wechsel zwischen Arbeitsbereichen unterstützen Hinweise die Fortsetzung bzw. den Einstieg in die Projektaktivität. Wird ein Projekt aufgrund einer Unterbrechung verlassen, sind Hinweise festzuhalten, die die spätere Wiederaufnahme des Projekts erleichtern bzw. ermöglichen.

Das Erstellen und Nutzen von Hinweisen deutet darauf hin, dass Informationen über einen Arbeitsbereich nicht ausschließlich durch die Unterstützung von Awareness vermittelbar sind. Entsprechende Benachrichtigungs- und Erinnerungsfunktionen (z. B. Dragicevic & Huot 2002, McFarlane & Latorella 2002) können aber das Festhalten von Hinweisen anregen und tragen somit zur Verbesserung der Handhabung von Unterbrechungen bei.

Awareness

Hudson et al. (2002, S. 103-104) weisen auf die Bedeutung von Awarenessinformationen über die gegenwärtig von einer Person verfolgten Aktivitäten hin: Solche Informationen können helfen, Unterbrechungen thematisch passend und zu günstigen Zeitpunkten zu veranlassen. Das Vorhandensein entsprechender Informationen setzt zwar nicht die Unterbrechungsanzahl herab, führt aber dergestalt zu einer qualitativen Verbesserung der Unterbrechungen, als dass diese vermehrt auf den gegenwärtigen Arbeitsbereich des Adressaten bezogen sind und Übergänge zwischen einzelnen Tätigkeiten fließender gestaltet werden können (s. Fussell et al., 2004, S. 8-9). Dabbish & Kraut (2004) weisen darauf hin, dass Awarenessinformationen die Handhabung einer Unterbrechung insbesondere dann effektiv unterstützen, wenn ihr Verursacher und ihr Adressat ein gemeinsames Ziel verfolgen (ebd., S. 189; siehe auch Romero et al. 2007, S. 354). Liegt ein solches gemeinsames Ziel nicht vor, können Funktionen angeboten werden, die insbesondere dem Adressaten die Möglichkeit bieten, über den Modus des Umgangs mit einer Unterbrechung mitzuentscheiden (z. B. Aushandlungsfunktionen – s. Wiberg & Whittaker 2005, Rodenstein et al. 1999).

Übergänge zwischen Arbeitsbereichen erleichtern

Um entscheiden zu können, welches Projekt zu welchem Zeitpunkt zu bearbeiten ist, benötigen Wissensarbeiter Informationen über den Zustand des aktuell verfolgten Arbeitsbereichs und der gegenwärtig zurückgestellten Arbeitsbereiche (vgl. González & Mark 2005, S. 160). Der Übergang zwischen verschiedenen Arbeitsbereichen wird durch Hinweise auf dringliche Aufgaben, Veränderungen und zurückgestellte Aktivitäten erleichtert. Dabei kann die Auswahl der als Nächstes zu bearbeitenden Aufgaben durch eine zusammenfassende und nach Dringlichkeit geordnete Darstellung von Benachrichtigungen aus verschiedenen Quellen unterstützt werden (vgl. van Dantzich et al. 2002); noch offene Aufgaben und nicht abgeschlossene Aktivitäten sollten nach Arbeitsbereichen gruppiert zusammenfassend dargestellt werden (vgl. González & Mark 2005).

Protokollieren von Ereignissen, Aufzeichnen und Bereitstellen von Cues

Für die reibungslose Wiederaufnahme einer unterbrochenen Aktivität ist es nicht hinreichend zu wissen, dass Veränderungen aufgetreten sind – es werden darüber hinaus Informationen über die Art und die zeitliche Abfolge der Veränderungen benötigt, die sich während der unterbrechungsbedingten Abwesenheit ereignet haben. Hinweise auf solche Veränderungen und die Aufzeichnung von Nutzungshistorien können den Wiedereinstieg in die unterbrochene Tätigkeit erleichtern (vgl. Roda et al. 2006). Daraus ergibt sich die folgende Aufgabe:

Aufgabe 5: **Den Bearbeitungsstand eines unterbrochenen Arbeitsbereichs rekonstruieren.**
Bei der Rückkehr in einen Arbeitsbereich ist es erforderlich, den aktuellen Stand nachzuvollziehen, damit eine Wiederaufnahme der unterbrochenen Aktivität möglich ist. Dazu werden ggf. Hinweise auf relevante Veränderungen des Arbeitsbereichs benötigt.

Neben Ereignisprotokollen sind für die spätere Wiederaufnahme einer Aktivität vor allem selbst angelegte Hinweise relevant. In diesem Zusammenhang schlagen McFarlane & Latorella (2002) sowie Burmistrov & Leonova (1997, S. 79) Funktionen vor, mit denen der Zustand einer Applikation (bzw. der Zustand mehrerer Applikationen) zu einem bestimmten Zeitpunkt gesichert und später wiederhergestellt werden kann.[1]

Hinsichtlich der informationstechnischen Unterstützung der Handhabung von Unterbrechungen in der Multiprojekt-Wissensarbeit ist in diesem Zusammenhang die Bedeutung von Dokumenten hervorzuheben. Wie in Kapitel 2.1.2 auf Seite 20 argumentiert wurde, kommt in der Wissensarbeit der Zustand eines Arbeitsbereichs in den ihm zugehörigen Dokumenten zum Ausdruck. Demzufolge geht die Sicherung und Wiederherstellung von Informationen zum Zustand eines Arbeitsbereichs mit Funktionen zur Sicherung und Wiederherstellung bestimmter Konfigurationen von Dokumenten und Applikationen einher.

Aufgabe 6: **Relevante Teile des Dokumentkontexts beim Wechsel zwischen Projekten wiederherstellen.**
Die Arbeit in einem Projekt ist in der Regel auf bestimmte Dokumente bezogen. Ein Wechsel zwischen Projekten bedingt somit auch einen Wechsel der bearbeiteten und im Zugriff befindlichen Dokumente.

3.3.3 Unterbrechungen zulassen oder ablehnen?

Dilemmata der Handhabung von Unterbrechungen

Welche der beiden vorausgehend erörterten Strategien die bessere ist, lässt sich nicht allgemein verbindlich entscheiden. Harr & Kaptelinin (2007, S. 401) weisen auf drei grundsätzliche Dilemmata hin, die aus dem Spannungsverhältnis zwischen Vermeiden und Zulassen von Unterbrechungen resultieren:

Fokussiertes Arbeiten vs. zeitnahe Information. Das (vollständige) Vermeiden von Unterbrechungen ermöglicht zwar das fokussierte Arbeiten an einer Primäraufgabe, birgt aber auch das Risiko,

1. In der fragmentierten Multiprojekt-Wissensarbeit werden solche Applikationen häufig zur Bearbeitung von Dokumenten eingesetzt (vgl. Bedingung 3 auf Seite 22). Der Zustand einer Applikation wird in diesem Zusammenhang deshalb maßgeblich durch die Menge der jeweils geöffneten Dokumente beschrieben.

sowohl für aktuelle als auch für zurückgestellte Arbeitsbereiche wichtige Informationen zu verpassen. Das Entwickeln neuer Ideen kann auf diese Weise beeinträchtigt werden (vgl. Miyata & Norman 1986, S. 268-269).

Preisgeben von Kontextinformationen vs. Privatheit. Zwar können Dritte anhand von Informationen über die aktuelle Tätigkeit einer Person Unterbrechungen besser planen und inhaltlich abstimmen, das Bereitstellen dieser Informationen geht aber zulasten der Privatheit und eröffnet Möglichkeiten der Verhaltenskontrolle.

Aufschieben von Unterbrechungen vs. strukturiertes Arbeiten. Das Aufschieben der Bearbeitung einer Unterbrechung erlaubt zwar, die Aktivität im gegenwärtigen Kontext fokussiert aufrechtzuerhalten, geht aber zulasten zukünftiger Arbeitsprozesse: Der durch die Unterbrechung veranlassten Aktivität muss irgendwann nachgegangen werden – wenn sie den aktuellen Arbeitsprozess nicht unterbricht, so verzögert sie die Ausführung von Folgeaktivitäten.

Vor dem Hintergrund dieser Spannungsfelder ist es angeraten, innerhalb einer Organisation bzw. in einer kooperierenden Gruppe einen gemeinsamen Standpunkt zum Umgang mit Unterbrechungen zu entwickeln.

Aufgabe 7: **Eine gemeinsame Vorgehensweise der Handhabung von Unterbrechungen vereinbaren.**
Innerhalb einer Organisation sollen bestehende Vorgehensweisen des Umgangs mit Unterbrechungen transparent gemacht und reflektiert werden. Leitlinien für den zukünftigen Umgang mit Unterbrechungen sind auf dieser Grundlage besser zu vereinbaren.

Bewertung für die Multiprojekt-Wissensarbeit

Im Rahmen der fragmentierten Multiprojekt-Wissensarbeit ist dabei zu berücksichtigen, dass Strategien des vollständigen Verweigerns von Unterbrechungen im Allgemeinen auf geringe Akzeptanz stoßen: Unterbrechungen sind teilweise ein notwendiges Mittel der Koordination und nicht per se als negativ zu bewerten; sie können wichtige Informationen für den weiteren Verlauf der Arbeit beinhalten (vgl. Harr & Kaptelinin 2007, S. 401) und zur Abstimmung des (konkurrierenden) Zugriffs auf gemeinsam zu nutzende Ressourcen wie z. B. der individuellen Arbeitszeit eines Wissensarbeiters genutzt werden.

Notwendigkeit zur Unterstützung der Handhabung

Aufgrund ihrer koordinativen Funktion sind Unterbrechungen somit nicht uneingeschränkt als Störungen zu klassifizieren, die es nach Möglichkeit zu vermeiden oder zu verhindern gilt. Ihre koordinative Funktion lässt es vielmehr erforderlich erscheinen, die Handhabung von Unterbrechungen zu unterstützen und mögliche negative Effekte abzumildern (vgl. Kapitel 3.3.2 auf Seite 62). Der Delegation der Entscheidung über das Zulassen oder Ablehnen einer Unterbrechung sind dabei Grenzen gesetzt: Qualifizierte Entscheidungen über die Notwendigkeit einer Unterbrechung sind aufgrund vielfältiger und nur begrenzt formalisierbarer Abhängigkeiten zum Zustand einzelner Arbeitsbereiche von einem informationstechnischen System nicht automatisiert zu treffen; auch eine Delegation an weitere Personen (z. B. an ein Sekretariat) stellt für das Gros der Wissensarbeiter in Ermangelung des Zugriffs auf entsprechende Personalressourcen keine Alternative dar.[1]

Zusammenfassend betrachtet ist bei der Gestaltung von IuK-Systemen zur Unterstützung der Handhabung von Unterbrechungen die zweite der vorgestellten Verfahrensweisen vorzuziehen:

Bedingung 10: **Leitlinie des Systementwurfs ist die Erleichterung des Umgangs mit Unterbrechungen, nicht deren Vermeidung.**
Anstatt Unterbrechungen aufzuschieben oder zu vermeiden sollen Werkzeuge so gestaltet werden, dass sie dazu beitragen, die potenziell negativen Effekte einer Unterbrechung abzumildern.

3.4 Unterbrechungen kooperativer Arbeit

Fokus bisheriger Arbeiten

Die Konzeption informations- und kommunikationstechnischer Funktionen, die die Handhabung von Unterbrechungen in der Multiprojekt-Wissensarbeit unterstützen sollen, setzt ein Verständnis spezifischer Eigenschaften kooperativer Arbeit voraus. Der Großteil

1. Personalabbau und das Abflachen von Hierarchien führen dazu, dass Wissensarbeiter vielfältigere Verantwortungen wahrnehmen müssen, vgl. Persing (1999, S. 362). Zu diesen Verantwortungen zählt auch die Koordination der eigenen Arbeitstätigkeit – eine Reihe von Studien zum Tagesablauf von Wissensarbeitern liefert entsprechende Indizien, u. a. Czerwinski et al. (2004), Hallowell (2005), Mark et al. (2005).

bisheriger Studien bezieht sich jedoch auf Unterbrechungen individuell verfolgter Handlungen. Harr & Kaptelinin (2007) schließen aus dieser Beobachtung auf eine Notwendigkeit zur Erweiterung des Fokus und schlagen vor, Unterbrechungen als Vorgänge anzusehen, die in ein soziales (bzw. soziotechnisches) Umfeld eingebettet sind, mit dem sie in Wechselwirkung stehen. Vor dem Hintergrund eines solchen Verständnisses sollen im Folgenden typische Merkmale der Unterbrechung kooperativer Arbeit herausgearbeitet werden.

3.4.1 Das systemische Umfeld von Unterbrechungen

Unterbrechungen und Prozesse

Unterbrechungen sind als Prozesse in das systemische Umfeld der Multiprojekt-Wissensarbeit eingebettet – sie sind weder losgelöst von sozialen Akteuren noch unabhängig von potenziell nebenläufigen Geschäfts- und Wissensprozessen zu betrachten.

Bewertung aus individueller Perspektive

Dennoch werden die Effekte einer Unterbrechung häufig ausschließlich vom Standpunkt des potenziell unterbrochenen Individuums aus bewertet (Harr & Kaptelinin 2007). Für dieses stellt sich eine akzeptierte, zur Wirkung gelangende Unterbrechung zunächst als Wechsel zwischen zwei Arbeitsbereichen dar. Werden diese ausschließlich individuell bearbeitet, so pausiert die Aktivität im verlassenen Arbeitsbereich, wohingegen sie im zweiten Arbeitsbereich nach einer Phase der Orientierung fortgesetzt wird. Zwar können viele der vorliegenden Erkenntnisse zum Wesen von Unterbrechungen auf den Bereich der kooperativen Arbeit übertragen werden, die Besonderheiten kooperativer Prozesse bleiben davon aber weitestgehend unberührt.

Auswirkungen auf die Zusammenarbeit

Die Unterbrechung einer Person bei der Zusammenarbeit mit anderen Personen kann einerseits zur Folge haben, dass die gesamte Kooperation zeitweilig zum Erliegen kommt: die ursprüngliche Unterbrechung führt zu Folgeunterbrechungen bei den übrigen Gruppenmitgliedern, sie breitet sich innerhalb der Gruppe aus (vgl. Harr & Kaptelinin 2007, S. 402-403). Dieser Fall ist bezüglich seiner Auswirkungen auf den unterbrochenen Arbeitsbereich äquivalent zur Unterbrechung einer individuell verfolgten Tätigkeit. Im Gegensatz dazu kann eine kooperative Aktivität aber auch weiter voranschreiten, während ein Individuum vorübergehend in einem anderen Kontext aktiv ist. In diesem Fall ist es von Interesse, ob und falls ja in welchem Umfang die verbleibenden Gruppenmitglieder Aufgaben der unterbrochenen Person übernehmen müssen.

Gruppen als Ziel einer Unterbrechung

Im Falle kooperativer Arbeit müssen Unterbrechungen des Weiteren nicht nur auf eine einzelne Person bezogen sein: Es ist auch möglich, dass eine Unterbrechung von Beginn an mehrere oder gar alle Mitglieder einer kooperierenden Gruppe zum Ziel hat.

Differenzierung nach Ziel und Wirkungsbereich

Die vorausgehenden Betrachtungen legen es nahe, unterschiedliche Formen der Unterbrechung kooperativer Arbeit entlang der Kategorien des Ziels und des Wirkungsbereichs einer Unterbrechung zu betrachten. In beiden Kategorien wird dabei zwischen den Ebenen des Individuums und der Gruppe unterschieden.

Aus der Kombination von Ziel und Wirkungsbereich einer Unterbrechung ergeben sich somit vier mögliche Kombinationen, deren mögliche Auswirkungen in Tabelle 6 auf Seite 69 verzeichnet sind. Beschränken sich Ziel und Wirkungsbereich auf die Ebene des Individuums, dann liegt der in den vorausgehenden Abschnitten dieses Kapitels behandelte Fall einer Individualunterbrechung vor (vgl. Definition 8 auf Seite 48). Von einer Unterbrechung auf Ebene einer kooperierenden Gruppe ist nur dann die Rede, wenn die Unterbrechung die Handlungen mehrerer Personen beeinflusst bzw. erforderlich macht.

Die folgenden Ereignisse stellen demnach Unterbrechungen der Zusammenarbeit einer Gruppe dar:

- Während einer Besprechung ertönt ein Feueralarm. Die an der Besprechung teilnehmenden Personen unterbrechen ihre Diskussion und verlassen umgehend den Besprechungsraum.
- Während einer Besprechung nimmt eine Person einen Telefonanruf entgegen und verlässt vorübergehend die Sitzung. Die übrigen Teilnehmer ziehen daraufhin einen anderen Tagesordnungspunkt vor und vereinbaren, auf welche Weise die abwesende Person bei ihrer Rückkehr über den Stand der Zusammenarbeit in Kenntnis gesetzt wird.
- Aufgrund eines Folgetermins müssen mehrere Personen eine Besprechung vorzeitig verlassen. Die Besprechungsteilnehmer vereinbaren einen Termin zur Fortsetzung des Gesprächs und wenden sich danach anderen Arbeitsbereichen zu.

Die Unterbrechung kooperativer Arbeit wird vor dem Hintergrund der vorausgehenden Betrachtungen wie folgt definiert:

Unterbrechung kooperativer Arbeit

Definition 9: **Unterbrechung kooperativer Arbeit**
Von einer Unterbrechung kooperativer Arbeit ist die Rede, wenn die Zusammenarbeit mehrerer Personen aufgrund einer Individualunterbrechung einer dieser Personen oder eines Ereignisses aus der Umwelt dergestalt beeinflusst wird, als dass die Zusammenarbeit entweder (vorübergehend) zum Erliegen kommt oder aber von einem Teil der kooperierenden Gruppe nur dann fortgeführt werden kann, wenn zusätzliche Koordinationsaufgaben wahrgenommen werden. Ein durch den Kooperationsprozess selbst erzwungenes Pausieren der Zusammenarbeit stellt keine Unterbrechung dar.

TABELLE 6. Differenzierung von Unterbrechungen kooperativer Arbeit

		Wirkungsbereich	
		Individuum	**Gruppe**
Ziel	**Individuum**	Die Unterbrechung einer einzelnen Person hat keine weiteren Auswirkungen auf die Arbeit anderer Personen zur Folge.	Die Unterbrechung einer einzelnen Person wirkt sich auf die Kooperation der Gruppe aus, indem sie a) die Zusammenarbeit (vorübergehend) zum Erliegen bringt oder b) Koordination und ggf. die Übernahme zusätzlicher Aufgaben zur Fortführung der Zusammenarbeit durch die verbleibenden Gruppenmitglieder erfordert.
	Gruppe	Auf die Unterbrechung einer (Teil-) Gruppe reagiert nur eine der angesprochenen Personen, wohingegen die übrigen Gruppenmitglieder ihre bisherige Tätigkeit unbeeinflusst fortsetzen.	Die Unterbrechung einer (Teil-)Gruppe Person wirkt sich auf die Kooperation der Gruppe aus, indem sie a) die Zusammenarbeit (vorübergehend) zum Erliegen bringt oder b) Koordination und ggf. die Übernahme zusätzlicher Aufgaben zur Fortführung der Zusammenarbeit durch die verbleibenden Gruppenmitglieder erfordert.

Definition 9 lässt sowohl Individualunterbrechungen als auch auf mehrere Personen einer kooperierenden Gruppe wirkende Ereignisse aus der Umwelt als Ursachen der Unterbrechung kooperativer Arbeit zu. Äquivalent zur Definition der Individualunterbrechung ist nicht von einer Unterbrechung die Rede, falls die Zusammenarbeit auf natürliche Weise zum Erliegen gelangt (z. B., weil sie abgeschlossen wurde) oder zeitweilig keine aktive Beteiligung der kooperierenden Personen zulässt.

Rollen im Unterbrechungsgeschehen

Die Analyse der möglichen Auswirkungen einer Unterbrechung auf die Zusammenarbeit einer Gruppe führt zur Identifikation dreier Rollen, die auf unterschiedliche Weise in den Prozess der Unterbrechung kooperativer Arbeit involviert sind. In Tabelle 7 sind die Hauptmerkmale dieser Rollen aufgeführt.

TABELLE 7. Rollen im Unterbrechungsgeschehen

Rolle	Beschreibung
Interruptor	Ein Interruptor veranlasst durch sein Verhalten die Unterbrechung eines Interruptees. Die Unterbrechung erfolgt dabei intentional und zielgerichtet.
Interruptee	Ein Interruptee ist als Zielperson einer Unterbrechung aufzufassen. Die auf den Interruptee gerichtete Unterbrechung hat zum Ziel, diesen zu einem bestimmten Verhalten zu bewegen (z. B. sich einem anderen Arbeitsbereich zuzuwenden).
Proceeder	Als Proceeder werden Personen bezeichnet, die vor einer Unterbrechung gemeinsam mit dem Interruptee einer (Arbeits-)Tätigkeit nachgegangen sind und die diese Tätigkeit nach der Unterbrechung ggf. ohne Beteiligung des Interruptees fortsetzen.

Für die weitere Analyse der Unterbrechung kooperativer Arbeit wird davon ausgegangen, dass Interruptor und Interruptee mindestens über einen gemeinsamen Arbeitsbereich miteinander verbunden sind.

Fortsetzung kooperativer Prozesse

Setzen die Proceeder nach einer Unterbrechung ihre Arbeit fort, so entspricht für den Interruptee der bei der Rückkehr in die unterbrochene Aktivität vorliegende Zustand nicht mehr dem Arbeitsstand zum Zeitpunkt des Verlassens. Eine zum erfolgreichen Wiedereinstieg ins Arbeitsgeschehen notwendige Orientierung kann dadurch erschwert werden und ist unter Umständen von einer aktiven Unterstützung seitens der Proceeder abhängig.

Verlust der inneren Einheit von Aufgaben

Die Fortsetzung der Zusammenarbeit seitens der Proceeder kann sich für den Interruptee zum Zeitpunkt seines Wiedereinstiegs in den unterbrochenen Arbeitsbereich in einem subjektiv wahrgenommenen Verlust des inhaltlichen Zusammenhangs der zu einem Arbeitsbereich gehörenden Arbeitstätigkeiten äußern. Sofern für den

Interruptee dadurch die innere Einheit des Arbeitsbereichs beeinträchtigt wird, kann die Wiederaufnahme der unterbrochenen Tätigkeit erschwert werden oder gar misslingen.

Definition 10: **Innere Einheit (eines Arbeitsbereichs)**
Der Begriff der inneren Einheit beschreibt, ob eine Person die Entwicklung eines Arbeitsbereichs in dem Sinne als in sich schlüssig und nachvollziehbar erlebt, als dass sie ihre Tätigkeit darin eigenständig fortführen kann. Innere Einheit ist dann gegeben, wenn für eine Person nach der Ausführung einer Subaktivität a′ alle Vorbedingungen zur Ausführung einer (geplanten) Folgeaktivität a″ vorhanden sind. Die Einschätzung, ob diese Bedingung erfüllt ist oder nicht, obliegt dabei der Person selbst.

Definitionsgemäß existiert das Konstrukt der inneren Einheit nicht für sich im Sinne einer eigenständigen Größe in der Umwelt, es gelangt erst durch die Interpretation eines Aufgabenzustandes durch ein psychisches System (hier: ein menschlicher Akteur) in die Welt.

Bedeutung von Hinweisen

Im Falle des Verlusts der inneren Einheit widersprechen die Annahmen über den Zustand der Aufgabe ihrem wahrgenommenen Bearbeitungsstand. Dies führt zum Erleben von Unstimmigkeiten, deren Auflösung eine Vorbedingung für die erfolgreiche Wiederaufnahme der Tätigkeit in einem Arbeitsbereich darstellt. Hierzu werden ggf. Hinweise (Cues) benötigt, die der Interruptee nicht allein aus seiner Wahrnehmung der Situation ableiten kann – in einem solchen Fall ist er auf die Unterstützung der Proceeder angewiesen, das Auflösen der Unstimmigkeiten kann im Sinne eines Perspektivabgleichs als gemeinschaftliche Rekonstruktion einer gemeinsamen Basis für die Fortsetzung der Aktivität verstanden werden (vgl. Clark 1996, S. 43-44, 92ff., Kapitel 2.2.3 auf Seite 39). Das in Aufgabe 4 auf Seite 62 thematisierte Festhalten von Hinweisen zur Unterstützung des Wiedereinstiegs wird somit zu einer kooperativen Aufgabe, die während der Abwesenheit des Interruptees von den Proceedern übernommen werden kann.

Aufgabe 8: **Hinweise zur Unterstützung der Wiederaufnahme für unterbrochene Personen festhalten.**
Während der unterbrechungsbedingten Abwesenheit eines Interruptees halten die Proceeder Hinweise fest, die dessen spätere Wiederaufnahme der Zusammenarbeit unterstützen.

Organisationale vs. individuelle Kosten

Die Kosten einer Unterbrechung können in Situationen der kooperativen Multiprojektarbeit nicht allein aus der Perspektive des Interruptee bestimmt werden. Zwar verursacht eine Unterbrechung für den Interruptee zusätzlichen koordinativen Aufwand sowohl beim Kontextwechsel als auch bei der späteren Wiederaufnahme der unterbrochenen Aktivität, diese Aufwendungen müssen aber in Relation zu möglichen Kosten aufseiten des Interruptors gesetzt werden. So entstehen dem Interruptor etwa dann nicht zu vernachlässigende Kosten, wenn er zur Fortsetzung seiner Projektaktivität auf die Unterstützung des Interruptees angewiesen ist, der Interruptee die Unterbrechung aber nicht zulässt. Je nach aktueller Bedeutung der beteiligten Projektkontexte des Interruptee und des Interruptors kann das Zurückweisen einer Unterbrechung aus Sicht der Organisation somit zu höheren Gesamtkosten führen als ihre Annahme. Als unmittelbare Folge dieser Beobachtung ergibt sich, dass eine Unterbrechung trotz individueller Nachteile für den Interruptee positive Effekte auf organisatorischer Ebene haben kann (vgl. Wiberg & Whittaker 2005, S. 383).

Informationen über Arbeitsbereiche

Ob eine Unterbrechung abgelehnt werden kann oder angenommen werden muss bzw. ob das Initiieren einer Unterbrechung zu einem bestimmten Zeitpunkt opportun ist oder nicht, hängt also vom aktuellen Status und aktuellen Zielstellungen der beteiligten Projekte ab. Um einschätzen zu können, welche Gesamtkosten aus einer Unterbrechung resultieren können, benötigen sowohl der Interruptee als auch der Interruptor ein gemeinsames Wissen um übergeordnete Projektzusammenhänge. Dies geht mit der in Kapitel 2.1.3 auf Seite 22 genannten Aufgabe des regelmäßigen Erneuerns eines (projektübergreifenden) Überblicks einher. Für den Umgang mit Unterbrechungen in der Multiprojekt-Wissensarbeit resultieren daraus die folgenden Aufgaben, die bezüglich der Gestaltung informationstechnischer Systeme Anforderungen an die Unterstützung arbeitsbereichsübergreifender Awareness stellen:

Aufgabe 9: **Über Entwicklungen in zurückgestellten Arbeitsbereichen informiert bleiben.**
Um auf Erfordernisse und günstige Gelegenheiten zur Kooperation angemessen und zu einem möglichst passenden Zeitpunkt reagieren zu können ist es erforderlich, über den Verlauf gerade nicht aktiv bearbeiteter Projekte im Bilde zu sein.

Aufgabe 10: **Über Status und Aktivitäten anderer Personen informiert bleiben.**
Die Entscheidung darüber, wie zu einem bestimmten Zeitpunkt mit einer Unterbrechung umgegangen werden kann, wird von der Wahrnehmung der aktuellen Aufgaben und momentanen Aktivitäten der von der fraglichen Unterbrechung betroffenen Personen beeinflusst.

Anpassen der Arbeitsplanung

Vor dem Hintergrund dieser Aufgaben ist eine (kontinuierliche) Anpassung der individuellen Arbeitsplanung seitens des Interruptors und auch seitens des Interruptees erforderlich:

Aufgabe 11: **Eigene Arbeitsplanung kontinuierlich überprüfen und anpassen.**
Teilweise unvorhersehbare und gelegenheitsorientierte Wechsel zwischen Projekten machen es erforderlich, die eigene Arbeitsplanung flexibel zu halten und den Erfordernissen der Situation anzupassen.

Situations- und aktivitätsbezogene Awarenessfunktionen (vgl. Kapitel 3.2.1 auf Seite 52 sowie Kapitel 3.3.2 auf Seite 62), den aktuellen Zustand einer Aktivität repräsentierende Artefakte (vgl. Clark 1996, S. 44-47 sowie Kapitel 2.1.2 auf Seite 20) sowie von Dritten verfasste Hinweise zu einzelnen Projekten können Personen bei der Bewältigung der vorgenannten Aufgaben unterstützen. Damit entsprechende Maßnahmen und auf ihre Unterstützung ausgerichtete IuK-Werkzeuge wirksam werden können, sind jedoch folgende Aufgaben als Vorbedingungen zu erfüllen:

Aufgabe 12: **Informationen über den eigenen Status bekannt geben.**
Informationen über die eigene gegenwärtige Verfügbarkeit sowie über aktuelle Aufgaben und Aktivitäten müssen Dritten zur Verfügung gestellt werden, sofern diese in die Lage versetzt werden sollen, eine fundierte Entscheidung über mögliche Unterbrechungen zu treffen.

Aufgabe 13: **Informationen über Entwicklungen im momentan bearbeiteten Projekt zur Verfügung stellen.**
Sollen Interruptees darüber entscheiden können, ob sie ihre gegenwärtige Tätigkeit unterbrechen sollen, um in einem anderen Arbeitsbereich aktiv zu werden, so benötigen sie zur Entscheidungsfindung Informationen über diesen Arbeitsbereich. Diese Informationen

können von den gerade im fraglichen Arbeitsbereich aktiven Personen zur Verfügung gestellt werden.

Awarenessfunktionen und Hinweise gemeinsam nutzen

Die vorausgehend skizzierten Aufgaben verdeutlichen, wie Personen im Rahmen der Multiprojekt-Wissensarbeit zwischen verschiedenen Projekten wechseln und welche Art von Informationen von ihnen herangezogen wird, um die möglichen Konsequenzen eines Wechsels zwischen Arbeitsbereichen einzuschätzen. Aus Sicht des Systementwurfs ist hervorzuheben, dass sowohl automatisiert gewonnene Awarenessinformationen und von anderen Personen stammende Hinweise genutzt werden, um mit Unterbrechungen und Kontextwechseln umzugehen (vgl. Kapitel 3.3.2 auf Seite 62).

Bedingung 11: **Awareness-Funktionen und Funktionen zum Austausch von Hinweisen unterstützen die Handhabung von Unterbrechungen gemeinsam.**
Awarenessmechanismen informieren über den Status verschiedener Arbeitsbereiche, bei der Wiederaufnahme unterbrochener Aktivitäten kann auf selbst- und fremd erzeugte Hinweise zurückgegriffen werden.

Die kommunikative Unterstützung der Wiederaufnahme einer unterbrochenen Tätigkeit durch den Austausch von Hinweisen unterscheidet sich insofern substanziell von einer auf Awareness-Informationen setzenden Strategie, als dass sie dem gemeinschaftlichen Kontext (vgl. Kapitel 2.2.3 auf Seite 39) von Interruptee und Proceedern neue Informationen hinzufügt, die von einem Mechanismus nicht aus bereits Vorhandenem hätten abgeleitet werden können. Entsprechende Hinweise können dazu beitragen, wahrgenommene Unstimmigkeiten aufzulösen und die innere Einheit eines Arbeitsbereichs für eine zurückkehrende Person wieder herzustellen. Gerade aufgrund dieses Unterschieds verhalten sich Strategien der Kommunikations- und Awarenessunterstützung in Bezug auf die Unterstützung der Wiederaufnahme einer unterbrochenen Aktivität nicht redundant zueinander sondern ergänzen sich gegenseitig.

Grenzen der Automatisierung

Für die Auswahl einer übergeordneten Leitlinie des Systementwurfs ist darüber hinaus entscheidend, dass eine automatisierte Bewertung der Unterbrechungskosten und damit einhergehend eine automatisierte Entscheidung über das Zulassen, Verschieben oder Ablehnen einer Unterbrechung (vgl. Kapitel 3.3.1 auf Seite 60) in der kooperativen Multiprojekt-Wissensarbeit kaum möglich zu sein scheint: Das der Bewertung zugrunde liegende Kontextmodell eines Systems müsste Aussagen über aktuelle Absichten und Erfordernisse, langfristige Ziele und die individuell wahrgenommene Notwendigkeit der kooperativen Arbeit an einem Teilaspekt eines Projekts treffen können. Entsprechende Informationen sind von einem informationstechnischen System nicht oder nur in sehr begrenztem Umfang aus dem Kontext der Kooperation zu erschließen: Angesichts der nicht formalisierbaren Bearbeitung komplexer Problemstellungen (wicked problems, s. Kapitel 2.1.1 auf Seite 17) kann eine handlungsanleitende Beurteilung projektübergreifender Erfordernisse in letzter Konsequenz nur durch ein kognitives System – und damit durch Personen – erfolgen.

3.4.2 Kriterien zur Beschreibung von Unterbrechungen kollaborativer Arbeit

Die in Kapitel 3.2.1 auf Seite 52 genannten Kriterien zur Beschreibung unterschiedlicher Erscheinungsformen von Unterbrechungen sind vorrangig aus der Perspektive des Interruptee verfasst und gehen nicht von der Unterbrechung kooperativer Arbeitsprozesse aus, die von Proceedern während der (vorübergehenden) Abwesenheit eines Interruptees weitergeführt werden (vgl. Kapitel 3.4.2 auf Seite 75). Beschaffenheit und Auswirkungen von Unterbrechungen sind in diesem Kontext anhand zusätzlicher Differenzierungsparameter zu beschreiben. In Ergänzung der von McFarlane (1998) entwickelten Taxonomie werden in diesem Abschnitt spezifische Kriterien der Unterbrechung kooperativer Arbeit herausgearbeitet. Für die kooperative Arbeit besonders relevante Aspekte werden auch dann behandelt, wenn bereits eine äquivalente Kategorie in McFarlanes Taxonomie vorhanden ist – in der Regel wird dann eine Erweiterung vorgenommen, entsprechende Überschneidungen sind in kursiver Schrift in den Marginalien vermerkt.

Vorhersehbarkeit

Ein wichtiges Unterscheidungsmerkmal betrifft die Frage, wie früh die Möglichkeit einer Unterbrechung und ihre Eintrittswahrscheinlichkeit bekannt werden: vor einer Phase der kooperativen Zusammenarbeit, in der Anfangsphase einer solchen Phase, mit ausreichend Zeit vor der Unterbrechung, kurz vor der Unterbrechung oder unmittelbar mit der Unterbrechung selbst (vgl. Oulasvirta & Saariluoma 2006). Diese Vorhersehbarkeit von Unterbrechungen wirkt sich unmittelbar auf die zur Koordination des Unterbrechungsgeschehens zur Verfügung stehenden Mittel aus (siehe McFarlane 1998, McFarlane & Latorella 2002, Kapitel 3.2 auf Seite 52 sowie Kapitel 3.3.2 auf Seite 62).

Planbarkeit
Kriterium 3

In Abhängigkeit von der Art der Aufgabe (s. u.) und der verbleibenden Vorlaufzeit vor der Unterbrechung kann die Projektgruppe detailliert (oder nur ansatzweise) planen, wie sie mit der Unterbrechung umgeht und welche Vorbereitung sie trifft, um den Wiedereinstieg nach der Unterbrechung zu erleichtern. So kann z. B. unter Einsatz geeigneter technischer Hilfsmittel der aktuelle Arbeitsstand jeweils dokumentiert werden, damit man beim Eintritt der Unterbrechung diesen Stand für die Erleichterung des Wiedereinstiegs festhalten kann. Es wird deutlich, dass man bzgl. des Unterbrechungsgeschehens unterscheiden muss, ob jemand (der oder die Interruptee/s) zunächst aufgefordert wird, die Zusammenarbeit zu unterbrechen und in einem zweiten Schritt seine Bereitschaft erklärt, auf die Unterbrechung einzugehen und letztlich drittens den unterbrechungsbedingten Kontextwechsel auch tatsächlich vollzieht. Falls zwischen dem zweiten und dritten Schritt noch ausreichend Zeit verbleibt, kann gemeinsam mit den Interruptees der erreichte Arbeitsstand festgehalten werden. Solche als Hinweise dienenden Artefakte erleichtern es, die Aktivität zu einem späteren Zeitpunkt wieder aufnehmen zu können (vgl. González & Mark 2004). Ansonsten stellt sich die Frage, ob die Proceeder die Dokumentation direkt nach der Unterbrechung vornehmen oder nicht. Das Festhalten des Arbeitsstandes zum Zeitpunkt der Unterbrechung ist deshalb von Bedeutung, weil die Interruptees davon ausgehend später rekonstruieren können, was während ihrer Abwesenheit passiert ist. Gegenüber dem von McFarlane (1998) vorgeschlagenen Kriterium der *Method of Coordination,* das auf den Wechsel des Interruptee zwischen zwei Arbeitsbereichen bezogen ist, berücksichtigt Planbarkeit explizit den Modus der Weiterarbeit der Proceeder und Maßnahmen zur Unterstützung einer späteren Wiederaufnahme der unterbrochenen Aktivität durch den Interruptee. Für den Umgang mit Unterbrechungen in der Multiprojekt-Wissensarbeit steht das Kriterium der Planbarkeit zu folgender Aufgabe in Beziehung:

Aufgabe 14: **Den Umgang mit einer anstehenden Unterbrechung gemeinsam planen.**
Sofern das Auftreten einer Unterbrechung rechtzeitig bekannt wird und Zeit für eine Planung des weiteren Vorgehens bleibt, sollten sich Proceeder und Interruptee(s) auf eine zur Situation passende Strategie

zur Fortsetzung und der Unterstützung eines späteren Wiedereinstiegs verständigen.

Folgekosten, Ausbreitung und Reichweite
Kriterium 7

Je nach Art des Unterbrechungshintergrundes kann es der Fall sein, dass der Zeitraum der Unterbrechung selbst wieder durch Aktivitäten der Projektgruppe unterbrochen werden kann, indem Zwischenmeldungen (Awarenessinformationen, vgl. Dabbish & Kraut 2004, Kapitel 3.3.2 auf Seite 62) zu den Interruptees weitergegeben oder sogar Antworten auf Fragen eingeholt werden. Solche Unterbrechungen zweiter Ordnung können als Folgekosten einer initialen Unterbrechung angesehen werden. Das Kriterium der Folgekosten verweist auch auf die von Harr & Kaptelinin (2007) postulierte Ausbreitung von Unterbrechungen in sozialen bzw. soziotechnischen Systemen: durch die Unterbrechung eines Individuums können weitere Personen beeinträchtigt werden (vgl. Definition 9 auf Seite 69), Folgeunterbrechungen können sich im betroffenen sozialen System mit einer bestimmten Reichweite ausbreiten. Das in Kapitel 1.1.2 auf Seite 5 vorgestellte Szenario deutet die Ausbreitung von Unterbrechungen an verschiedenen Stellen an: Dort erzwingt die vorübergehende Abwesenheit einer Person die zeitweilige Unterbrechung einer Besprechung (Szene 5); während der Sitzung erfolgende Telefonate beeinträchtigen die Zusammenarbeit der übrigen Personen (Szene 3, 5, 7). Die Kriterien der Ausbreitung und Reichweite von Unterbrechungen ergänzen McFarlanes Kategorie der *Human Activity Changed by Interruption* (s. Tabelle 4 auf Seite 53) in dem Sinne, als dass sie unterbrechungsbedingte Veränderungen in der Interaktion betrachten, die über das unmittelbare Umfeld des Interruptee hinausgehen.

Auswirkungen
Kriterium 8

Eine Unterbrechung kann sich negativ oder positiv auf die Arbeit einer Projektgruppe auswirken, indem sie den weiteren Arbeitsgang behindert (Harr & Kaptelinin 2007), indem wichtige Ressourcen blockiert werden, oder indem die im Rahmen der Unterbrechung geleistete Arbeit dem Anliegen der Projektgruppe zuarbeitet, weil sie zum Beispiel den Zufluss wichtiger Informationen ermöglicht (Hudson et al. 2002, Jett & George 2003, Oulasvirta & Saariluoma 2006, siehe Kapitel 3.1.2 auf Seite 50). Die Möglichkeit eines positiven Effektes hängt davon ab, wie stark die Unterbrechung mit der Aufgabenstellung der Projektgruppe verbunden ist oder nicht.

Modus der Wiederaufnahme

In welcher Form ein Interruptee die Zusammenarbeit mit Proceedern wieder aufnehmen kann und welche Hinweise dazu benötigt werden, hängt von Eigenschaften der gemeinsam bearbeiteten Aufgabe ab. So kann es für den Interruptee in einigen Fällen ausreichend sein, nur das Ergebnis der Arbeit der Proceeder zur Kenntnis zu nehmen, wohingegen in anderen Fällen das Nachvollziehen des gesamten Bearbeitungsweges erforderlich ist (z. B., wenn ein Konsens erzielt werden muss und Entscheidungen, die während der Abwesenheit des Interruptee getroffen wurden, bewusst zur Kenntnis genommen und akzeptiert oder ggf. modifiziert werden müssen).

Für die Praxis der Multiprojekt-Wissensarbeit zeigt sich, dass die Orientierung bei der Wiederaufnahme unterbrochener Aktivitäten in unterschiedlichen Formen der Zusammenarbeit erfolgen kann:[1]

1. Diejenigen, die weitergearbeitet haben, helfen beim Wiedereinstieg des Interruptees, indem sie zum Beispiel interaktiv die benötigte Information nachliefern (das reduziert die technischen Anforderungen an die Dokumentation, erhöht aber zugleich die Anforderungen hinsichtlich einer möglichst unmittelbaren Interaktion).
2. Ein Interruptee leistet die zur Fortsetzung der unterbrochenen Aktivität notwendige Orientierungsarbeit für sich und benutzt dafür seine eigenen Hinweise (das erfordert ein hohes Maß an detaillierter und gut strukturierter Dokumentation der zwischenzeitlichen Arbeit).
3. Mehrere Interruptees erarbeiten sich den zum Wiedereinstieg notwendigen Kenntnisstand über den aktuellen Stand der ursprünglich unterbrochenen Zusammenarbeit als Gruppe unabhängig von denjenigen, die weiterarbeiten konnten.

All diese Unterscheidungen zum Aufwand des Wiedereinstiegs unterstellen, dass die nicht unterbrochenen Projektgruppenmitglieder nach der Unterbrechung weitergearbeitet haben. Die innere Einheit des Arbeitsbereichs ist aus diesem Grund für den Interruptee verloren gegangen. Für die Phase des Wiedereinstiegs lässt sich im zweiten und dritten Fall unterscheiden, ob die anderen während dessen pausieren oder weiterarbeiten: Nicht nur durch die ursprüngliche Unterbrechung sondern auch durch den Wiedereinstieg der Interrup-

1. Die in der Aufzählung genannten Formen der Zusammenarbeit wurden durch beobachtende Teilnahme an Prozessen der Multiprojekt-Wissensarbeit identifiziert.

tees kann es zu Beeinträchtigungen der Zusammenarbeit in der Gruppe kommen.

Analog zur Differenzierung von Unterbrechungen kooperativer Arbeit (s. Tabelle 6 auf Seite 69) kann auch für die Wiederaufnahme der Zusammenarbeit in einem Arbeitsbereich unterscheiden werden, inwiefern sie mit der primären Tätigkeit einer Gruppe einhergehend erfolgen kann oder ob sie diese Tätigkeit vorübergehend zum Erliegen bringt und damit selbst eine Unterbrechung der Zusammenarbeit bewirkt.

Das komplexeste Szenario mit Hinblick auf die technische Unterstützung medial vermittelter Kooperation ergibt sich, wenn ein Interruptee oder eine Gruppe von Interruptees die Orientierung durchführen, während sie gleichzeitig versuchen, sich an der Weiterarbeit der anderen zu beteiligen oder zumindest diese nachzuvollziehen und zusätzlich der Anspruch besteht, den Fortgang der Arbeit durch die Bemühungen möglichst wenig zu stören. Allen Fällen ist gemein, dass zur Unterstützung des Wiedereinstiegs auf Hinweise zurückgegriffen wird (s. Aufgabe 8 auf Seite 71). Für die Multiprojekt-Wissensarbeit ist dies eine typische Aufgabe im Umgang mit Unterbrechungen:

Aufgabe 15: **Den Wiedereinstieg unter Nutzung von Hinweisen vollziehen.**
Interruptees greifen bei der Wiederaufnahme einer unterbrochenen Tätigkeit auf Hinweise aus verschiedenen Quellen zu, um sich über den aktuellen Stand der Kooperation zu orientieren.

Abhängig von der Art der Aufgabe und der Kompetenzverteilung der Projektgruppenmitglieder kann es der Fall sein, dass sich ein Interruptee einfach von dem Moment der Unterbrechungsbeendung in die Bearbeitung der Aufgabe wieder einbringt. Es kann aber auch erforderlich sein, dass Nacharbeit geleistet werden muss (z. B. Kommentieren einer Projektplanung aus der Sicht des Personalleiters). Diese Nacharbeit kann entweder unabhängig von den anderen erfolgen oder aber in gemeinsamer Kooperation. Komplex hinsichtlich der technischen Unterstützung sind solche Fälle, in denen beides gemischt wird: Ein Interruptee versucht parallel zur Mitwirkung an der Weiterarbeit der Proceeder die Nacharbeit zu leisten und dafür nur gelegentlich Unterstützung in Anspruch zu nehmen.

Mit Blick auf die Gestaltung informationstechnischer Systeme ist zu beachten, dass die Multiprojektkoordination – und damit auch Aktivitäten der Handhabung von Unterbrechungen wie z. B. die Wiederaufnahme einer unterbrochenen Tätigkeit – für Wissensarbeiter keine Primäraufgaben darstellen, d. h., die Koordination ist zwar zur kooperativen Verrichtung der Wissensarbeit erforderlich, stellt aber nicht deren hauptsächlichen Gegenstand dar. Daraus resultiert die folgende Bedingung:

Bedingung 12: **Die Handhabung von Unterbrechungen ist so zu unterstützen, dass sie möglichst mit der fortgeführten Zusammenarbeit in einem Arbeitsbereich einhergehen kann.**
Aktivitäten der Handhabung von Unterbrechungen – wie z. B. die Unterstützung der Wiederaufnahme – sind nach Möglichkeit so zu unterstützen, dass sie die Fortsetzung der Zusammenarbeit durch die Proceeder nicht blockieren.

TABELLE 8. Differenzierungsparameter für Unterbrechungen kooperativer Arbeit

Parameter	Ausprägungen
Modus der Wiederaufnahme	Erfordernisse bzgl. der Nacharbeit, Konsensbedarf, Umfang der für die Orientierung benötigten Anhaltspunkte, Wiederaufnahme geht mit der fortgesetzten Zusammenarbeit einher oder bewirkt eine Unterbrechung derselben.
Auswirkungen auf das soziale Umfeld	Reichweite der Unterbrechung, Effekt auf die kooperativ zu bearbeitende Aufgabe, Folgekosten (durch nachfolgende Unterbrechungen)
Beschaffenheit der Kooperation	Zusammenarbeit bei Wiederaufnahme und Nacharbeit
Planbarkeit	Zeitpunkt des Kontextwechsels, Verfahren während der Unterbrechung und des Wiedereinstiegs
Vorhersehbarkeit und Möglichkeit zur Vorbereitung	Möglichkeit einer Unterbrechung und Eintrittswahrscheinlichkeit; Unterbrechung erlaubt Planung oder muss ad hoc vollzogen werden.

Parameter zur Differenzierung

In Tabelle 8 sind geeignete Unterscheidungsparameter für die kooperative Arbeit zusammenfassend dargestellt. Die vier Parameter *Modus der Wiederaufnahme, Auswirkungen auf den sozialen Kontext, Beschaffenheit der Kooperation* sowie *Vorhersagbarkeit und Möglichkeit zur Vorbereitung* erweitern McFarlanes Taxonomie (siehe 3.2.1 auf Seite 52), der Parameter der *Planbarkeit* ergänzt die bekannten Dimensionen der *Method of Coordination* bzw. der *Source of Interruption* und *Individual Characteristic of Person Receiving Interruption*.

Informationstechnische Unterstützung von Dokumentation und Orientierung

Je nach Ausprägung der Parameter kann es zu komplexen Konstellationen kommen, die einen besonders hohen technisch-organisatorischen Unterstützungsaufwand implizieren. Die besondere Komplexität der technischen Anforderungen ergibt sich mit Blick

- auf die Dokumentation (der Ausgangsituation vor der Unterbrechung, der sich anschließenden Zwischenschritte, der Ergebnisse beim Wiedereinstieg) und
- auf die Auswertung der Dokumentation zum Zweck der Orientierung (Ableitung von Hinweisen).

Im ersten Fall stellt sich z. B. die Frage, wie die Dokumentation von Hinweisen von Proceedern übernommen werden kann, ohne dass die Fortsetzung ihrer Primäraufgabe davon zu sehr beeinträchtigt wird. Der zweite Fall wirft dann die Frage auf, wie ein Interruptee diese Hinweise zur Erleichterung des Wiedereinstiegs nutzen kann.

Die vorausgehenden Betrachtungen zeigen, dass Unterbrechungen im Kontext kollaborativer Arbeit unterschiedliche Akteure betreffen. Für die fragmentierte Multiprojekt-Wissensarbeit bedeutet dies, dass die informationstechnische Unterstützung der Handhabung von Unterbrechungen die unterschiedlichen Aufgaben und Bedürfnisse der Rollen des Interruptees, des Interruptors und der Proceeder berücksichtigen muss.

3.5 Zusammenfassung

Unterbrechungen wurden in diesem Kapitel als Prozesse charakterisiert, die im Rahmen der kooperativen Multiprojekt-Wissensarbeit koordinative Funktionen übernehmen können. Aufbauend auf bestehenden Begriffsbestimmunen, Typologien und Taxonomien wurden ein für die Belange der untersuchten Domäne geeigneter Unterbrechungsbegriff entwickelt und unterschiedliche Strategien der Handhabung von Unterbrechungen diskutiert. Für die Multiprojekt-Wissensarbeit wurden im Verlauf des Kapitels des Weiteren die für das Unterbrechungsgeschehen relevanten Rollen des Interruptors, des Interruptees und des Proceeders sowie relevante Aufgaben des Umgangs mit Unterbrechungen identifiziert. Tabelle 9 auf Seite 82 bietet eine Übersicht dieser Aufgaben, die an späterer Stelle eine Grundlage der Anforderungsbestimmung bilden werden.

TABELLE 9. Aufgaben des Umgangs mit Unterbrechungen

Nr.	Aufgabe	S.
1	Anstehende Unterbrechungen nach Möglichkeit vorab ankündigen.	55
2	Eine Unterbrechung planvoll veranlassen.	58
3	Den Stand eines unterbrechenden Arbeitsbereichs nachvollziehen.	59
4	Hinweise zur Unterstützung des Wiedereinstiegs festhalten.	62
5	Den Bearbeitungsstand eines unterbrochenen Arbeitsbereichs rekonstruieren.	63
6	Relevante Teile des Dokumentkontexts beim Wechsel zwischen Projekten wiederherstellen.	64
7	Eine gemeinsame Vorgehensweise der Handhabung von Unterbrechungen vereinbaren.	65
8	Hinweise zur Unterstützung der Wiederaufnahme für unterbrochene Personen festhalten.	71
9	Über Entwicklungen in zurückgestellten Arbeitsbereichen informiert bleiben.	72
10	Über Status und Aktivitäten anderer Personen informiert bleiben.	73
11	Eigene Arbeitsplanung kontinuierlich überprüfen und anpassen.	73
12	Informationen über den eigenen Status bekannt geben.	73
13	Informationen über Entwicklungen im momentan bearbeiteten Projekt zur Verfügung stellen.	73
14	Den Umgang mit einer anstehenden Unterbrechung gemeinsam planen.	76
15	Den Wiedereinstieg unter Nutzung von Hinweisen vollziehen.	79

Neben den Aufgaben hat die in diesem Kapitel vorgenommene Analyse der Unterbrechung kooperativer Multiprojekt-Wissensarbeit weitere Anforderungen an unterbrechungsunterstützende IuK-Systeme aufgedeckt. Diese werden in Tabelle 10 zusammenfassend aufgeführt.

TABELLE 10. Nichtfunktionale Anforderungen – Unterbrechungen

Nr.	Bedingung	S.
10	Leitlinie des Systementwurfs ist die Erleichterung des Umgangs mit Unterbrechungen, nicht deren Vermeidung.	66
11	Awareness-Funktionen und Funktionen zum Austausch von Hinweisen unterstützen die Handhabung von Unterbrechungen gemeinsam.	74
12	Die Handhabung von Unterbrechungen ist so zu unterstützen, dass sie möglichst mit der fortgeführten Zusammenarbeit in einem Arbeitsbereich einhergehen kann.	80

KAPITEL 4

Handlungsfelder unterbrechungsbezogener Multiprojektkoordination als Grundlage der Anforderungsanalyse

In diesem Kapitel werden verschiedene Aspekte der kollaborativen Multiprojekt-Wissensarbeit verdichtend dargestellt. Ziel ist es, für den Prototypentwurf relevante Rahmenbedingungen deutlicher zutage treten zu lassen. Das Kapitel fast für die Handhabung von Unterbrechungen relevante Aufgaben in vier übergeordneten Handlungsfeldern zusammen und beschreibt zugehörige Abläufe der Multiprojektkoordination anhand von Modellen. Unterbrechungen werden in diesem Zusammenhang aus einer soziotechnischen Perspektive heraus betrachtet und in den Kontext einer kontinuierlich voranschreitenden Zusammenarbeit gesetzt. Mit Blick auf eine informationstechnische Unterstützung der Handhabung von Unterbrechungen geht das Kapitel auch auf die Rolle (elektronisch repräsentierter) Artefakte wie z. B. Dokumente ein.

4.1 Identifikation von Handlungsfeldern: Ziele und Vorgehen

Verdichtung der Analyse des Problembereichs

In den vorausgehenden Kapiteln wurden verschiedene Teile des Problembereichs der unterbrochenen Multiprojekt-Wissensarbeit betrachtet. Die Kapitel nahmen dabei jeweils unterschiedliche Schwerpunktsetzungen vor: Relevante Merkmale des Problembereichs konnten so aus verschiedenen Perspektiven gewonnen werden. Dieses Kapitel dient der Verdichtung der vorausgehenden Betrachtungen. Im Mittelpunkt steht dabei die Frage, welche Handlungen von Individuen zu vollziehen sind, um mit Unterbrechungen ihrer Zusammenarbeit umzugehen. Vor diesem Hintergrund werden Erkenntnisse aus den vorausgehenden Kapiteln zusammengeführt.

Ergebnis des Kapitels ist die Beschreibung sog. Handlungsfelder, in denen für den Umgang mit Unterbrechungen bedeutsame Aktivitäten der Multiprojektkoordination versammelt sind. Die Handlungsfelder bilden im weiteren Verlauf der Arbeit die Grundlage für den Entwurf von Prototypen (s. Kapitel 7 auf Seite 163) und für die abschließende Diskussion der Gestaltung unterbrechungstoleranter kooperationsunterstützender Systeme (s. Kapitel 9 auf Seite 161).

Die strukturierte Darstellung eines Handlungsfelds beruht auf unterschiedlichen Bestandteilen, deren jeweilige Aufgaben im Folgenden kurz umrissen werden:

4.1.1 Gruppieren zusammengehöriger Aufgaben in Handlungsfeldern

Handlungsfelder

In einem Handlungsfeld werden thematisch zusammengehörige Aufgaben des Umgangs mit Unterbrechungen zusammengefasst. Ein Handlungsfeld stellt somit einen Einstiegspunkt dar, von dem aus ein bestimmter Aspekt der unterbrechungsbezogenen Multiprojektkoordination vertiefend betrachtet werden kann. Dies ist u. a. für einen an Aufgaben orientierten Entwurf von Prototypen relevant. Zugleich unterstützen die Handlungsfelder in ihrer Gesamtheit eine überblicksartige Orientierung im Problemraum der fragmentierten Multiprojekt-Wissensarbeit: Eine solche Orientierung ist hilfreich, wenn die Prozessangemessenheit[1] einer der verbesserten Unterstützung des Umgangs mit Unterbrechungen dienenden Infrastrukturveränderung in ihrer Gesamtheit beurteilt werden soll (s. Kapitel 8.4.1 auf Seite 220).

Die in den Handlungsfeldern zusammengefassten Aufgaben stammen aus der Analyse von Unterbrechungen in der Multiprojekt-Wissensarbeit: Tabelle 9 auf Seite 82 fasst diese Aufgaben zusammen.

1. Prozessangemessenheit beschreibt, inwiefern ein informationstechnisches System zur Unterstützung eines Prozesses in einem realen Arbeitsumfeld geeignet ist, s. Kapitel 6.3.5 auf Seite 152.

4.1.2 Veranschaulichung anhand von Szenen

Szenen zur Veranschaulichung

Die Aufgaben jedes Handlungsfeldes werden in kurzen Szenen eines Szenarios der Multiprojekt-Wissensarbeit veranschaulicht. Die Szenen dienen der Veranschaulichung und sollen das Nachvollziehen der im jeweiligen Handlungsfeld zusammengefassten Aufgaben erleichtern, sie stellen eine mögliche Ausprägung der jeweiligen Aufgaben dar und haben nicht den Anspruch, alle denkbaren Varianten derselben wiederzugeben.

Den Hintergrund der szenischen Illustration bildet das in Kapitel 1.1.2 auf Seite 5 beschriebene Szenario fragmentierter Multiprojekt-Wissensarbeit. Zur Veranschaulichung der Handlungsfelder werden sowohl bekannte Szenen erneut aufgegriffen[1] als auch neue Szenen hinzugefügt.

4.1.3 Modellierung

Modelle zur Verallgemeinerung

Entwurfsrelevante Facetten eines Handlungsfeldes werden in diagrammatischen Modellen hervorgehoben. Die Darstellung abstrahiert von Einzelfällen, sie lassen auf den Umgang mit Unterbrechungen bezogene koordinative Prozesse der Multiprojekt-Wissensarbeit inklusive der beteiligten Akteure, Aktivitäten und Artefakte deutlicher hervortreten. Die Modelle bilden im Hintergrund des Prototypentwurfs stehende Annahmen ab: wie in einem Szenario (Rosson & Carroll 2003, S. 1038) kommt in den Modellen das Problembereichsverständnis zum Ausdruck.

An vielen Stellen der Modellierung wird der Frage nachgegangen, welchen Beitrag informationstechnische Systeme zur Unterstützung der Aufgaben des jeweiligen Handlungsfeldes leisten können. Innerhalb der Modelle sind Bezüge zu diesen Aufgaben durch Attribute kenntlich gemacht.

Notwendigkeit der soziotechnischen Modellierung

Auswahl der Modellierungsnotation. Die Analyse in den vorausgehenden Kapiteln hat gezeigt, dass Unterbrechungen im Kontext informationstechnisch unterstützter Multiprojekt-Wissensarbeit aus soziotechnischer Perspektive zu betrachten sind. Mit Blick auf die Konzeption und Entwicklung von Prototypen zur Unterstützung der Handhabung von Unterbrechungen und deren Einbettung in eine

1. Veränderungen gegenüber der ursprünglichen Fassung einer Szene erscheinen in serifenloser Schrift.

bestehende Infrastruktur ist es dabei erforderlich, das organisatorische Umfeld der geplanten Techniknutzung zu betrachten. Im Problembereich der fragmentierten kollaborativen Multiprojekt-Wissensarbeit nimmt eine solche Analyse notwendigerweise die Interaktionen zwischen den Rollen des Interruptees, des Interruptors und der Proceeder (s. Tabelle 7 auf Seite 70) in den Blick. Nicht alle dieser Interaktionen sind dabei auf den Umgang mit den zu entwerfenden Prototypen bezogen, sie beinhalten darüber hinaus formale sowie informale Aspekte der Koordination und Kooperation.

SeeMe

Zur Modellierung einzelner Aspekte des Problembereichs ist deshalb eine Notation erforderlich, mit der soziotechnische Strukturen auf übersichtliche Art und Weise darzustellen sind. Die *semistrukturierte soziotechnische Modellierungsmethode* (SeeMe – Herrmann et al. 2000; Herrmann 2006) wird dieser Bedingung gerecht und beinhaltet speziell auf diesen Einsatz zugeschnittene Modellierungskonstrukte (s. Herrmann 2009, S. 340 ff., Kunau et al. 2005 S. 152 ff.). Sie ist damit insbesondere zur Unterstützung früher Phasen der Gestaltung soziotechnischer Systeme geeignet (vgl. Herrmann 2009, S. 340). SeeMe bezieht die Darstellung von „Arbeitsschritte[n] aus dem Kontext der Techniknutzung explizit mit ein“ (Kunau et al. 2005, S. 152). Damit sind explizit auch solche Bestandteile eines Prozesses gemeint, die nicht unmittelbar auf den Einsatz bzw. die Nutzung eines (zu gestaltenden) technischen Systems bzw. dessen Reaktionen und Wirkbeziehungen zu seiner Umwelt bezogen sind.

Abgrenzung zur UML

Dieser erweiterte Fokus unterscheidet die „sozio-technische Modellierung von der Use Case Modellierung [...], wie sie in der Unified Modeling Language (UML) beschrieben wird“ und deren Darstellung auf die „direkten Interaktionen eines Akteurs mit dem zu gestaltenden technischen System“ beschränkt ist (ebd.): Gemäß Jeckle et al. (2004) bilden „Use-Cases [...] die Reaktion *des Systems* auf Ereignisse seiner Umwelt ab und fassen dabei Teile der Systemdienstleistung zusammen“ (ebd., S. 175 – *eigene Hervorhebung*). Eine äquivalente Fokussierung lässt sich auch für die übrigen in der UML spezifizierten Typen von Verhaltensdiagrammen feststellen. Beispielsweise steht bei Aktivitätsdiagrammen „immer eine vom System zu bewältigende Aufgabe im Vordergrund, die es in Einzelschritte zu zerlegen gilt“ (Jeckle et al. 2004, S. 199).

Für die initiale Analyse des soziotechnischen Zusammenhangs der Handhabung von Unterbrechungen sind die Diagrammtypen der

UML aufgrund ihres unmittelbar auf die Technikgestaltung zugeschnitten Bezugsrahmens nur punktuell geeignet. Deshalb wird zur Entwicklung der in diesem Kapitel vorgestellten Modelle auf die soziotechnische Modellierungsmethode SeeMe zurückgegriffen.

4.1.4 Bedeutung

Gewichtung der Handlungsfelder

Die Beschreibung eines Handlungsfelds endet mit einer Einschätzung seines Gewichts für die initiale Unterstützung der Handhabung von Unterbrechungen durch Prototypen. Ziel der in dieser Arbeit verfolgten Prototypkonzeption ist es, zunächst grundlegende Aufgaben der unterbrechungsbezogenen Multiprojektkoordination zu unterstützen. Damit soll sichergestellt werden, dass die Entwicklung verschiedene relevante Facetten des Problembereichs abdeckt und nicht von Beginn an auf spezialisierte Insellösungen zusteuert. Vor diesem Hintergrund setzt die Beurteilung eines Handlungsfelds den Rahmen für die nachfolgenden Phasen der Anforderungsbestimmung, Prototypkonzeption und Entwicklung.

4.2 Handlungsfelder der unterbrechungsbezogenen Multiprojektkoordination

Aufgaben der Multiprojektkoordination

Abbildung 3 auf Seite 90 fasst die Aktivitäten und Aufgaben, die von einem Wissensarbeiter im Zuge der Multiprojektkoordination zu berücksichtigen sind, zusammen. Die Orientierung über den Zustand der eigenen Projekte und das Überprüfen und Anpassen der eigenen Arbeitsplanung sind voneinander abhängig und wechseln sich beständig ab: Die Koordination wird zu einer kontinuierlich betriebenen Aufgabe. Sich über den Stand eines Projektes zu orientieren bedeutet auch mitzubekommen, woran andere Personen gerade arbeiten: Entsprechende Kenntnisse sind erforderlich, um Chancen zur Zusammenarbeit erkennen und nutzen zu können.

Für die Multiprojekt-Wissensarbeit lassen sich auf den Umgang mit Unterbrechungen bezogene Aufgaben der Multiprojektkoordination in den folgenden vier Handlungsfeldern zusammenfassen: *Projektübersicht bewahren* (S. 90), *Unterbrechungen anbahnen und bewerten* (S. 95), *Wiederaufnahme und Orientierung ermöglichen* (S. 102), *Arbeitsabläufe unterbrechungstolerant gestalten* (S. 109).

ABBILDUNG 3. Aufgaben der Multiprojektkoordination

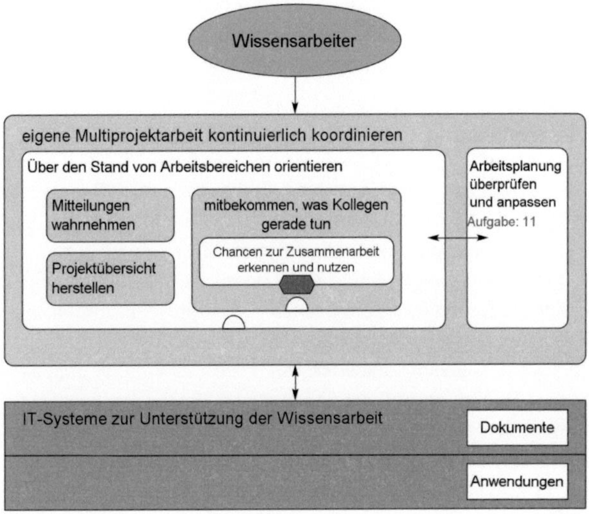

4.2.1 Projektübersicht bewahren

Die Projektübersicht zu bewahren bedeutet, über Ereignisse aus aktuell bearbeiteten und zurückgestellten Projekten informiert zu bleiben, Kenntnis über die Aktivitäten anderer Personen zu haben und in der Planung der eigenen Arbeit angemessen auf Erfordernisse und Möglichkeiten zu reagieren, die aus der Kombination dieser Faktoren resultieren.

Aufgaben. Die Aufgaben des Handlungsfeldes *Projektübersicht bewahren* sind damit befasst, die Entwicklung unterschiedlicher Projekte im Blick zu behalten und auf Ereignisse in diesen Projekten angemessen und flexibel zu reagieren.

Die Aufgaben 9 und 10 stehen in inhaltlicher Nähe zu den von González & Mark (2005) beschriebenen Multitasking-Prozessen des *regelmäßigen Erneuerns eines Überblicks* und des *Aufrechterhaltens eines flexiblen Blickfelds* (vgl. Kapitel 2.1.3 auf Seite 22).

TABELLE 11. Aufgaben des Handlungsfelds *Projektübersicht bewahren*

Nr.	Aufgabe	S.
9	Über Entwicklungen in zurückgestellten Arbeitsbereichen informiert bleiben.	72
10	Über Status und Aktivitäten anderer Personen informiert bleiben.	73
11	Eigene Arbeitsplanung kontinuierlich überprüfen und anpassen.	73

Für das kontinuierliche Überprüfen und Anpassen der eigenen Arbeitsplanung (Aufgabe 11) stellen diese Aufgaben Vorbedingungen dar: Ohne Kennnisse über den Zustand aktuell bearbeiteter und zurückgestellter Projekte sowie die Verfügbarkeit möglicher Kooperationspartner kann die eigene Planung den Erfordernissen der Multiprojektarbeit nur unzureichend genügen; das Erkennen und Nutzen von Chancen zur (vorab nicht formal geplanten) Zusammenarbeit wird erschwert.

Szenario. Die nachfolgenden Szenen illustrieren, wie die Aufgaben des Handlungsfelds miteinander verbunden sind.[1] In der ersten Szene wird deutlich, dass sowohl die Information über Projekte als auch die eigene Arbeitsplanung die Nutzung unterschiedlicher Medien mit einschließt. Die zweite Szene zeigt eine Situation, in der eine neue Arbeitsaufgabe kurzfristig übernommen werden muss: Die dazu erforderliche Koordination berührt die Aufgaben des Handlungsfelds.

Marie beginnt ihren Arbeitstag mit dem Durchsehen von E-Mails: Die darin enthaltenen Informationen aus ihren Projekten helfen ihr, den Faden wieder aufzunehmen [Aufgabe 9, 10] und ihre Tagesplanung an aktuelle Erfordernisse anzupassen. In ihrem Terminkalender hält Marie grob fest, welchen Aufgaben sie heute zu welcher Zeit bearbeiten will [Aufgabe 11]. Szene 1

Im Verlauf des Arbeitstages erfährt Marie aus einem Telefonat mit Anna, dass sie am nächsten Tag einen erkrankten Mitarbeiter bei einem Kundentermin [...] vertreten muss. Für den Termin ist noch eine Präsentation vorzubereiten: dazu muss Marie Rücksprache mit Claus Szene 4

1. Hier und in den nachfolgenden szenischen Beschreibungen erscheinen Hinweise auf zugehörige Aufgaben in eckigen Klammern.

und Vera, den übrigen Mitarbeitern des Projekts, halten. [Aufgabe 9]. [...]

Szene 6

Während sie auf die Rückkehr ihrer Kollegen wartet, ruft Marie nacheinander Vera und Claus an, um einen Gesprächstermin zu vereinbaren. Vera ist nicht sofort zu sprechen, die Terminvereinbarung gelingt deshalb erst nach einer Reihe von Versuchen. [Aufgabe 10]. Marie aktualisiert ihre Tagesplanung und verschiebt einige Aufgaben auf folgende Tage [Aufgabe 11].

Multiprojektkoordination und Artefakte

Die Szenen heben zwei Merkmale der Multiprojektkoordination hervor, die bei der Unterstützung des Umgangs mit Unterbrechungen zu berücksichtigen sind: Erstens beziehen Aktivitäten der Arbeitsplanung informationstechnisch repräsentierte Artefakte (Dokumente) mit ein und Ergebnisse dieser Aktivitäten kommen wiederum in solchen Artefakten zum Ausdruck. Aus informationstechnisch repräsentierten Artefakten können also Rückschlüsse über die (geplanten) Aktivitäten von Personen gezogen werden (vgl. Bedingung 3 auf Seite 22). Zweitens wird die Multiprojektkoordination – zusammen mit den im Handlungsfeld *Projektübersicht bewahren* zusammengefassten Aufgaben – angesichts unvorhergesehen auftretender Projektwechsel und neu hinzukommenden Arbeitsaufgaben zu einer kontinuierlich betriebenen Aktivität: entsprechend ist ihre Unterstützung nicht nur in sich abgeschlossenen Phasen der Multiprojektarbeit zu organisieren, sondern muss ebenfalls kontinuierlich erfolgen.

Modellierung. Eine kontinuierliche Koordination der Multiprojektarbeit beruht auf Informationen aus kommunikations- und koordinationsunterstützenden informationstechnischen Systemen und kommt in den dort repräsentierten Artefakten (z. B.: Kalendereinträge, Mitteilungen, aufgabenbezogene Modifikationen an Dokumenten) zum Ausdruck. In der Analyse können hier zwei Ebenen unterschieden werden: erstens stellt sich die Frage, welche Anwendungen zur Unterstützung der Koordination und Kommunikation eingesetzt werden, zweitens ist zu klären, welche Rückschlüsse die in einem Projekt verwendeten Dokumente über dessen aktuellen Status erlauben. Die nachfolgenden Modelle tragen zur Beantwortung dieser Fragen bei. Abbildung 4 auf Seite 94 weist auf unterschiedliche Möglichkeiten zur technischen Unterstützung der Projektübersicht hin, Abbildung 5 auf Seite 95 gibt Aufschluss über die Beziehung zwischen Dokumenten und Projekten (bzw. Arbeitsbereichen).

Beziehung mentaler Repräsentationen zur Multiprojektkoordination

Informationen über verschiedene Projekte zueinander in Beziehung zu setzen stellt eine Kernaktivität der Multiprojektkoordination dar und dient dazu, die Projektübersicht aufrechtzuerhalten (vgl. Abbildung 4 auf Seite 94). Aus IuK-repräsentierten Statusinformationen und kommunikativ vermittelten Hinweisen über ein Projekt werden dabei (subjektiv) wichtige Informationen extrahiert und in einer mentalen Repräsentation zusammengeführt: Diese Aufgabe stellt sich für jeden an der Multiprojektarbeit beteiligten Arbeitsbereich; auf Grundlage der einzelnen mentalen Modelle wird eine Gesamtübersicht entwickelt, die auch bei Entscheidungsprozessen über das Initiieren oder Zulassen einer Unterbrechung bzw. eines Wechsels zur Bewertung herangezogen wird (vgl. Abbildung 6 auf Seite 98).

Technische Unterstützung der Multiprojektkoordination

Technische Systeme können den Aufbau einer für die Multiprojektkoordination relevanten Übersicht unterstützen, indem sie Informationen zum Status eines Arbeitsbereichs über Awarenessdienste und kommunikationsunterstützende Systeme vermitteln und koordinationsrelevante Informationen eines Arbeitsbereichs übergreifend (d. h.: in allen Arbeitsbereichen eines Wissensarbeiters) zur Verfügung stellen (vgl. Abbildung 7 auf Seite 99).

Erschließen von Statusinformation aus Metadaten

Die in der Multiprojekt-Wissensarbeit eingesetzten Dokumente können indirekt Aufschluss über den Status eines Arbeitsbereichs geben. Abbildung 5 auf Seite 95 zeigt, dass dafür vor allem die zu einem Dokument gehörenden Metadaten relevant sind. Beispielsweise kann anhand vergebener Schlagworte oder Autorenangaben auf den Arbeitsbereich bzw. Teilaktivitäten innerhalb eines solchen Kontexts geschlossen werden, explizite Versions- und Statusangaben können zu einer übergeordneten Projektplanung in Beziehung gesetzt werden – all diese Angaben bzw. ihre Kombination mit vorhandenem Wissen um ein Projekt bzw. Arbeitsbereich ermöglichen es, dessen Entwicklung und (aktuellen) Status einzuschätzen.

Verwendung von Dokumenten als Hinweise auf Projekte

Des Weiteren gibt die bloße Verwendung eines Dokuments Aufschluss über den Arbeitsbereich (bzw. Projektkontext) an sich. Das Dokument steht in unmittelbarer Beziehung zum aktuellen Prozess der Wissensarbeit und verweist auf gegenwärtig verfolgte Tätigkeiten (vgl. Kapitel 2.1.2 auf Seite 20). Hieraus ergibt sich eine interessante Perspektive für die Unterstützung der Multiprojektkoordination: Ist bekannt, welches Dokument eine Person zu einem bestimmten Zeitpunkt bearbeitet bzw. sind die Metadaten dieses Dokuments bekannt, dann kann auf dieser Grundlage auf den gegenwärtigen Arbeitsbereich der Person geschlossen werden. Entsprechende Kenntnisse sind sowohl für das Veranlassen als auch für das Annehmen oder Ablehnen einer Unterbrechung relevant, da sie Rückschlüsse auf die Verfügbarkeit einer Person oder aber die Dringlichkeit einer Anfrage zulassen (vgl. Kapitel 4.2.1 auf Seite 90).

ABBILDUNG 4. IuK-Unterstützung der Projektübersicht

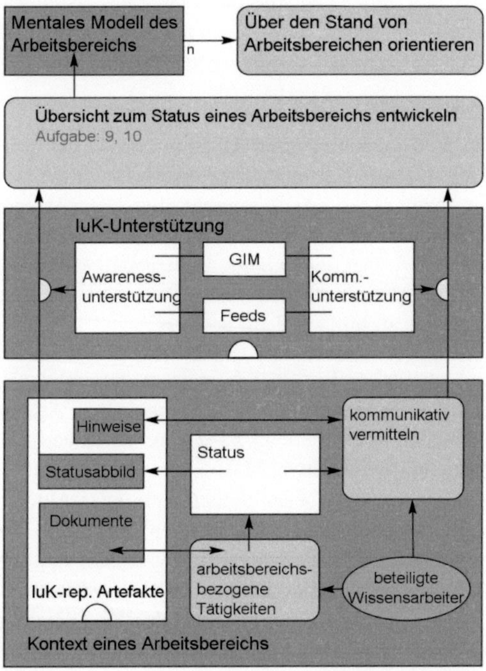

Bedeutung. Die Aufgaben des Handlungsfelds *Projektübersicht bewahren* stehen im Hintergrund einer planvollen Koordination der Multiprojekt-Wissensarbeit. Das Handlungsfeld *Projektübersicht bewahren* ist für die Unterstützung der Handhabung von Unterbrechungen deshalb von grundlegender Bedeutung. Die Beurteilung, ob und zu welchen Gelegenheiten ein Wechsel zwischen Arbeitsbereichen erforderlich oder günstig ist und welche Gelegenheiten zur Zusammenarbeit zu einem bestimmten Zeitpunkt bestehen, hängt von einer projektübergreifenden Übersicht ab. Aus der Betrachtung des Handlungsfelds wird auch deutlich, dass Dokumente als zentraler Gegenstand kooperativer Multiprojekt-Wissensarbeit vielfältige Informationen beinhalten, die das Entstehen einer solchen Übersicht begünstigen.

ABBILDUNG 5. Beziehung zwischen Dokumenten und Arbeitsbereichen

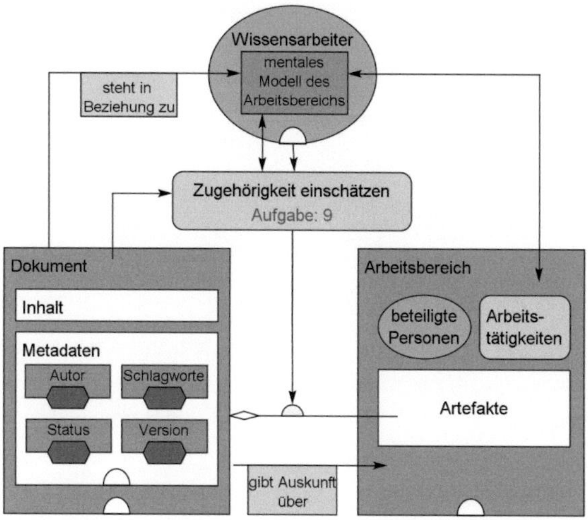

4.2.2 Unterbrechungen anbahnen und bewerten

Unterbrechungen werden in der Multiprojektarbeit planvoll zur Koordination eingesetzt. Das Handlungsfeld *Unterbrechungen anbahnen und bewerten* fasst Aufgaben zusammen, die beim Veranlassen einer Unterbrechung vom Interruptor und bei der Beurteilung ihrer Relevanz vom Interruptee[1] wahrgenommen werden.

Aufgaben. Den in Tabelle 12 aufgeführten Aufgaben ist gemein, dass sie eine Beurteilung der von einer Unterbrechung zu erwartenden Auswirkungen beinhalten bzw. diese vorbereiten. In Aufgabe 2 überlegt der Interruptor, welcher Beitrag von der Unterbrechung des Interruptees zu erwarten ist und in welcher Relation dieser Beitrag

1. Zu den Rollen des Interruptors und des Interruptees siehe Tabelle 7 auf Seite 70.

zu möglichen negativen Auswirkungen steht, die die Unterbrechung auf die ursprünglich vom Interruptee verfolgte Aktivität haben kann. In Aufgabe 3 macht sich der Interruptee ein Bild von der von ihm erwarteten Aktivität und deren Bedeutung für den Arbeitsbereich, aus dem er die Unterbrechung erfährt. Er kann dann seinerseits abwägen, in welcher Relation sein Beitrag zum unterbrechenden Arbeitsbereich zu möglichen negativen Auswirkungen im gegenwärtig bearbeiteten Arbeitsbereich steht. Auf Grundlage dieser Einschätzung kann letztlich eine Entscheidung darüber zustande kommen, ob eine Unterbrechung zugelassen oder abgelehnt wird. Beide Aufgaben hängen vom Vorhandensein der im vorausgehenden Handlungsfeld beschriebenen Projektübersicht ab.

TABELLE 12. Aufgaben des Handlungsfelds *Unterbrechungen anbahnen und bewerten*

Nr.	Aufgabe	S.
2	Eine Unterbrechung planvoll veranlassen.	58
3	Den Stand eines unterbrechenden Arbeitsbereichs nachvollziehen.	59

Szenario. Die nachfolgenden Szenen veranschaulichen, wie eine Unterbrechung zielgerichtet veranlasst und zugelassen wird und welche Informationen über aktuell verfolgte und anstehende Aufgaben dabei eine Rolle spielen.

Szene 9

Während Marie die Präsentation für den Kundentermin am folgenden Tag vorbereitet, fällt ihr auf, dass ihr nicht alle Informationen zur Budgetierung der vom Kunden angefragten Modifikationen vorliegen. Marie weiß, dass ihr Anna als Projektleiterin Auskunft zur aktuellen Kalkulation des Projekts geben kann. Da sie ihre Arbeit nicht fortsetzen kann, ohne Antworten auf ihre Fragen zu erhalten, beschließt Marie, Anna anzurufen [Aufgabe 2].

Szene 10

Anna arbeitet konzentriert an einem Memo über mögliche Umstrukturierungsmaßnahmen in der von ihr geleiteten Entwicklungsabteilung, als ihr Telefon klingelt. Anhand der übermittelten Rufnummer erkennt Anna, dass Marie die Anruferin ist. Anna vermutet, dass Marie eine Rückfrage zum morgigen Kundentermin in Projekt A hat, und entscheidet sich, den Anruf aufgrund der möglichen Dringlichkeit entgegen zu nehmen [Aufgabe 3]. Marie erläutert Anna ihr Anliegen. Daraufhin sucht Anna

> in ihren Dokumenten nach der aktuellen Kalkulation. Nachdem sie sich genauer hat erläutern lassen, um welche der geplanten Modifikationen es sich genau handelt, kann Anna Maries Frage beantworten. Nach dem Telefonat sendet Anna die Projektkalkulation per EMail an Marie. Daraufhin wendet sie sich wieder ihrem Bericht zu.

Unzureichende Informationen über die momentane Aktivität einer Person erschweren es, die möglichen Auswirkungen ihrer Unterbrechung einschätzen. Da sie nicht weiß, woran Anna gerade arbeitet, bleibt Marie nur eine egoistische Strategie des Veranlassens der Unterbrechung: in ihrer Entscheidung, ob und wann sie Anna unterbricht, kann sie nur die zu erwartenden Auswirkungen auf das von ihr selbst verfolgte Vorhaben berücksichtigen. Anna hingegen kann abwägen, ob es notwendig ist, ihre gegenwärtige Arbeit zu unterbrechen, um auf Maries Anfrage zu reagieren: Sie weiß, *wer* sie unterbrechen möchte und hat eine Vermutung bezüglich des Hintergrunds der Unterbrechung. Zu Annas Orientierung über den Hintergrund der Unterbrechung ist Kommunikation erforderlich. Die Szene zeigt auch, dass im Nachgang einer Unterbrechung noch Aktivitäten des Interruptees im unterbrechenden Projekt erforderlich sind, bevor er seine ursprüngliche Arbeit fortsetzen kann: Nach dem Telefonat sendet Anna noch eine E-Mail an Marie.

Modellierung. Informationen über den Status der in eine Unterbrechung eingebundenen Projekte sind für das Zustandekommen eines Projektwechsels des Interruptees erforderlich.

Informationsbedarfe beim Wechsel

In Abbildung 6 auf Seite 98 ist dargestellt, welche Rolle Statusinformationen über Projekte für das Anbahnen und Bewerten einer Unterbrechung sowohl aus der Perspektive des Interruptors als auch des Interruptees spielen.

Veranlassen der Unterbrechung

Der Interruptor initiiert eine Unterbrechung nicht willkürlich: im Verlauf der Zusammenarbeit in seinem aktuellen Arbeitsbereich ergibt sich aus seiner Perspektive der Bedarf, eine zum gegenwärtigen Zeitpunkt nicht in den Arbeitsbereich eingebundene Person in die Bearbeitung einer Tätigkeit mit einzubeziehen (z. B., um an notwendige Informationen zu gelangen). Der Interruptor versucht daraufhin, eine für seine Belange geeignete Person (Interruptee) zu identifizieren; außerdem schätzt er die gegebenen Möglichkeiten zur

ABBILDUNG 6. Veranlassen und Handhaben einer Unterbrechung

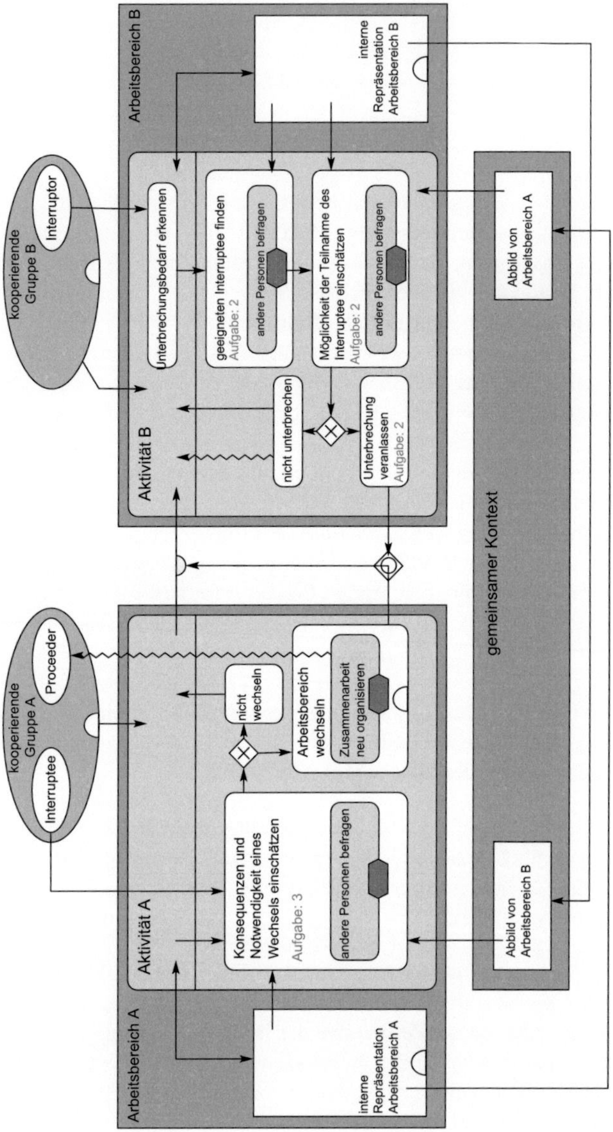

ABBILDUNG 7. IuK-unterstütztes Anbahnen und Bewerten einer Unterbrechung

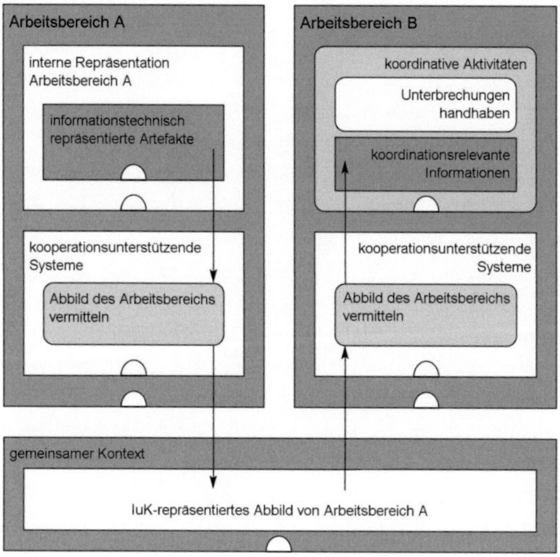

Unterbrechung des Interruptees ein. Dazu setzt er Statusinformationen über seinen eigenen Arbeitsbereich und den des Interruptees zueinander in Beziehung und befragt ggf. andere Personen bzw. holt entsprechende Hinweise von diesen ein. Wohingegen dem Interruptor reichhaltige Informationen über seinen eigenen Arbeitsbereich zur Verfügung stehen, basiert seine Kenntnis des aktuellen Projektstatus des Interruptees ausschließlich auf den darüber im arbeitsbereichsübergreifenden, gemeinsamen Kontext verfügbaren Informationen. Das Abbild des Arbeitsbereichs des Interruptees ist ggf. um wesentliche Informationen reduziert, wodurch Unsicherheiten in den Entscheidungsprozess treten.

Erscheint ihm die Arbeit im Kontext des Interruptees z. B. dringlicher als die im eigenen Arbeitsbereich, so kann der Interruptor entscheiden, die Unterbrechung aufzuschieben; existieren hingegen thematische Überschneidungen zwischen den gegenwärtigen Aktivitäten des Interruptees und des Interruptors, so kann der Zeitpunkt für eine Unterbrechung vom Interruptor hingegen als besonders günstig bewertet werden. Gerade wenn der Interruptor sich entscheidet, doch keine Unterbrechung zu veranlassen, kann dies Auswirkungen auf die weitere Zusammenarbeit in seinem aktuellen Arbeitsbereich haben: kann er z. B. nicht an dringend benötigte Informationen gelangen, so kann die Arbeit vorübergehend zum Erliegen kommen.

Bewerten einer Unterbrechung

Für den Interruptee stellt sich die Situation symmetrisch dar: Ob er aufgrund einer Unterbrechung seine aktuelle Aktivität niederlegt und einen Wechsel des Arbeitsbereichs vollzieht, hängt von seiner Einschätzung der möglichen Konsequenzen eines solchen Wechsels sowohl für seinen eigenen Arbeitsbereich als auch für den Arbeitsbereich des Interruptors ab. Entsprechend setzt der Interruptee Informationen über seinen eigenen Arbeitsbereich und den des Interruptors zueinander in Beziehung und beteiligt ggf. andere Personen an der Beurteilung der Lage: Sofern er zu der Einschätzung gelangt, dass aus dem Ablehnen einer Unterbrechung in der Gesamtheit weitreichendere negative Konsequenzen resultieren als aus dem Annehmen, wird er den Wechsel vollziehen. Analog zur Situation des Interruptors kann der Interruptee dieser Abwägung reichhaltige Informationen über seinen eigenen Kontext zugrunde legen, allerdings ist er zur Bewertung des Kontexts des Interruptors auf ein ggf. um wesentliche Informationen reduziertes Abbild desselben angewiesen, das aus dem projektübergreifenden, gemeinsamen Kontext stammt.[1]

Auswirkungen auf die Zusammenarbeit

Ein Wechsel des Arbeitsbereichs durch den Interruptee kann es erforderlich machen, die bisherige Zusammenarbeit neu zu organisieren. Eine zugelassene Unterbrechung führt ggf. zur Ausbildung einer Gruppe von Proceedern, die die Tätigkeit im ursprünglichen Arbeitsbereich des Interruptees während dessen unterbrechungsbedingter Abwesenheit fortsetzt. Die Proceeder müssen ihr weiteres Vorgehen untereinander und nach Möglichkeit auch mit dem Interruptee abstimmen.

Sowohl die Bewertungsaktivitäten des Interruptors als auch die des Interruptees erfolgen als projektübergreifende Koordinationsprozesse nebenläufig zur eigentlichen Projektarbeit (vgl. Bedingung 6 auf Seite 28 sowie Kapitel 2.1.4 auf Seite 29): In Abbildung auf Seite 97 wird dies durch horizontale Segmentlinien innerhalb der Aktivitäten angedeutet.

1. Dies wird z. B. in den Szenen 3 und 4 des Szenarios aus Kapitel 1.1.2 auf Seite 5 deutlich: Marie schätzt dort die Zeit, die das Telefonat mit Anna in Anspruch nehmen wird, falsch ein.

Die Bezugnahme auf Kontextinformation aus verschiedenen Quellen verweist auch auf die Bedeutung von Kommunikationsvorgängen, die in einem fortgesetzten Prozess des Groundings den gemeinsamen Kontext von Interruptee und Interruptor festigen und in denen Informationen über den Status der jeweiligen Arbeitsbereiche mitgeteilt werden.

Informationen über Arbeitsbereiche vermitteln

Welche Rolle kooperationsunterstützenden Systemen bei der Unterstützung dieses Vorgangs zukommt, verdeutlicht Abbildung 7 auf Seite 99 am Beispiel der Vermittlung von Informationen über den aus der vorherigen Abbildung bekannten Arbeitsbereich A.[1]

ABBILDUNG 8. Übersicht IuK-repräsentierter Artefakte

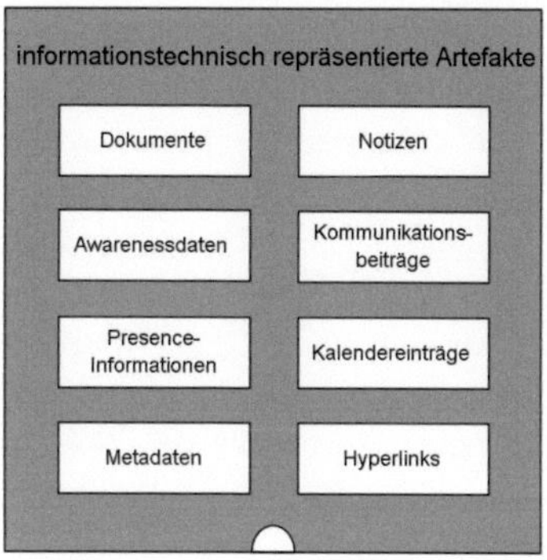

Aufgabe dieser Systeme ist es, koordinationsrelevante Informationen aus einem Arbeitsbereich gezielt und arbeitsbereichsübergreifend zugänglich zu machen, sie definieren in diesem Sinne die Abbildung der internen Repräsentation eines Arbeitsbereichs auf den übergeordneten gemeinsamen Kontext. Dabei spielen informationstechnisch repräsentierte Artefakte (s. Abbildung 8) eine besondere Rolle, da aus diesen Informationen über den aktuellen Status eines Arbeitsbereichs zu gewinnen sind. Neben die bereits in Kapitel 2.1.2 auf Seite 20 allgemeintypisch behandelten Dokumente treten Awareness- und Presencedaten, Kommunikationsbeiträge, Kalendereinträge und Notizen sowie auf die Vernetzung bzw. auf das zueinander in Beziehung setzen von Artefakten bezogene Elemente wie Metadaten und Hyperlinks. Eine informationstechnische Unter-

1. Das Bereitstellen von Informationen über Arbeitsbereich B erfolgt analog und wird deshalb nicht als eigenständiger Vorgang im Modell dargestellt.

stützung der Handhabung von Unterbrechungen bezieht sich in der Phase eines möglichen Wechsels des Arbeitsbereichs somit auf eine Teilmenge von Artefakten, die Gegenstand inhaltlicher und koordinativer Projektarbeit sind.

Bedeutung. Die Aufgaben des Handlungsfelds *Unterbrechungen anbahnen und bewerten* beruhen auf einer Einschätzung der aktuellen Projektsituation. In diesem Sinne stellt das vorausgehend besprochene Handlungsfeld *Projektübersicht bewahren* eine notwendige Grundlage für das planvolle Veranlassen und qualifizierte Bewerten einer Unterbrechung dar. In Bezug auf die Konzeption einer Unterstützung der Handhabung von Unterbrechungen ist das Handlungsfeld *Unterbrechungen anbahnen und bewerten* deshalb dem Handlungsfeld *Projektübersicht bewahren* nachgeordnet.

4.2.3 Wiederaufnahme und Orientierung ermöglichen

Mit Unterbrechungen und den durch sie bedingten Übergängen zwischen Projekten umzugehen, bedeutet, sich bei der Wiederaufnahme einer unterbrochenen Handlung über den Status des zugehörigen Projekts zu orientieren. Zur Vorbereitung der Wiederaufnahme sind außerdem Informationen festzuhalten, die die Rückkehr in ein Projekt unterstützen können. Im Handlungsfeld *Wiederaufnahme und Orientierung ermöglichen* werden dazu notwendige Aufgaben zusammengefasst. Das Handlungsfeld berührt damit einen Kernbereich der unterbrechungsbezogenen Multiprojektkoordination.

TABELLE 13. Aufgaben des Handlungsfelds *Wiederaufnahme und Orientierung ermöglichen*

Nr.	Aufgabe	S.
4	Hinweise zur Unterstützung des Wiedereinstiegs festhalten.	62
5	Den Bearbeitungsstand eines unterbrochenen Arbeitsbereichs rekonstruieren.	63
6	Relevante Teile des Dokumentkontexts beim Wechsel zwischen Projekten wiederherstellen.	64
8	Hinweise zur Unterstützung der Wiederaufnahme für unterbrochene Personen festhalten.	71
12	Informationen über den eigenen Status bekannt geben.	73
13	Informationen über Entwicklungen im momentan bearbeiteten Projekt zur Verfügung stellen.	73
15	Den Wiedereinstieg unter Nutzung von Hinweisen vollziehen.	79

Aufgaben. Die Aufgaben des Handlungsfelds *Wiederaufnahme und Orientierung ermöglichen* können in zwei Gruppen unterteilt werden: Die Aufgaben 6 und 15 sind auf Vorgänge bei der Wiederaufnahme einer unterbrochenen Aktivität bezogen: Sie werden typischerweise von einem Interruptee wahrgenommen, ihre Bearbeitung kann in der kooperativen Multiprojekt-Wissensarbeit aber auch in Zusammenarbeit mit den Proceedern erfolgen. Die Aufgaben 8, 12 und 13 bereiten eine spätere Wiederaufnahme vor. Sie fallen gleichermaßen in den Verantwortungsbereich des Interruptees als auch in den der Proceeder.

Szenario. Die nachfolgenden Szenen verdeutlichen, wie auf die Unterstützung der Wiederaufnahme eines unterbrochenen Projekts bezogene Aufgaben in die Zusammenarbeit einer Kleingruppe eingebunden sind.

Am Abend treffen sich Marie, Vera und Claus in Maries Büro, um gemeinsam die Präsentation zu überarbeiten und Notizen zu möglichen Umsetzungsalternativen für die vom Kunden gewünschten Modifikationen in Projekt A anzufertigen. Zwischenzeitig wird Marie von Lea angerufen, die sich über die Ergebnisse der heutigen Besprechung zu Projekt C informieren möchte: sie hat diese Besprechung vorzeitig verlassen müssen. Marie begibt sich mit ihrem Laptop in ein anderes Büro und teilt Vera und Claus im Gehen mit, dass sie dringend einige kurzfristig anstehende Aufgaben mit Lea besprechen muss und vermutlich in einer Viertelstunde zurück sein wird [Aufgabe 12] Sie sucht nach ihren Besprechungsnotizen und dem in der Sitzung modifizierten Projektplan [Aufgabe 6] und informiert Lea anhand der darin festgehaltenen Notizen über den aktuellen Stand des Projekts [Aufgabe 5]: Die Sitzung wurde kurz nach Leas Weggang abgebrochen, es besteht aber der Bedarf einer Fortsetzung. Marie und Lea vereinbaren, nach Möglichkeit am folgenden Tag die Besprechung mit allen ursprünglichen Teilnehmern fortzusetzen. Lea stimmt zu, dafür die Terminkoordination zu übernehmen. Szene 11

Während Maries Abwesenheit arbeiten Vera und Claus weiter und ergänzen die gemeinsam genutzten Dokumente. Nach einer Viertelstunde kehrt Marie zurück. Da Szene 12

> Marie Schwierigkeiten hat, den aktuellen Stand der gemeinsamen Arbeit nachzuvollziehen, weisen Vera und Claus auf ihrer Meinung nach relevante Veränderungen hin, die sie während Maries Abwesenheit an den Dokumenten vorgenommen haben [Aufgabe 15]. Danach setzen sie ihre Zusammenarbeit zu dritt fort.

Sowohl Lea als auch Marie sind damit konfrontiert, die Arbeit in einem unterbrochenen Projekt wieder aufzunehmen. Beide nehmen dabei die Unterstützung durch Personen in Anspruch, die die Arbeit in diesem Projekt während ihrer Abwesenheit fortgeführt haben: Nur durch Hinweise dieser Proceeder sind sie in der Lage, eine für die weitere Zusammenarbeit ausreichende Orientierung über den gegenwärtigen Status des jeweiligen Projekts zu erlangen. In ihrer Rolle als Proceeder greift Marie auf verschiedene Dokumente zurück: In diesen Dokumenten sind Informationen zu finden, die für Leas Orientierung über das Projekt relevant sind. Auch bei der späteren Wiederaufnahme der Zusammenarbeit mit Vera und Claus sind Dokumente relevant: Sie beinhalten zwar keine niedergeschriebenen Hinweise, die Maries Orientierung über das Projekt direkt unterstützen würden, Vera und Claus machen Marie aber auf relevante Veränderungen in diesen Dokumenten aufmerksam, sodass sie die Entwicklung des Projekts anhand der Modifikationen des Inhalts nachvollziehen kann. In beiden Fällen erfolgt der Wiedereinstieg in ein Projekt als Kooperation zwischen Interruptee und Proceeder (vgl. Szene 7 auf Seite 7). Dass ein Wiedereinstieg ohne die Unterstützung der Proceeder nicht immer möglich ist, wird durch Szene 5 (s. Seite 7) verdeutlicht: Hier fehlen Marie notwendige Hinweise auf Veränderungen, die sich während ihrer Abwesenheit ereignet haben.

Wechsel zwischen Projekten

Modellierung. Abbildung 9 auf Seite 105 ordnet den Rollen des Interruptees und des Proceeders die Aktivitäten des Handlungsfeldes zu, die beim Wechsel zwischen Projekten relevant sind. Der oder die Proceeder ermöglichen durch ihr Handeln die Orientierung des Interruptees über relevante Entwicklungen im gemeinsamen Projekt. Dabei steht das Festhalten entsprechender Hinweise im Mittelpunkt: Diese Hinweise können dokumentiert (also z. B. niedergeschrieben) werden, eine solche Explikation erfolgt aber nicht immer und ist auch nicht in allen Fällen erforderlich. Auch der Interruptee kann vor dem Verlassen eines Arbeitsbereichs an sich selbst gerichtete Hinweise (z. B. Notizen) festhalten. Vor allem bei der Wiederaufnahme der Zusammenarbeit profitiert der Interruptee von der Unterstützung durch die Proceeder oder ist gar auf diese angewiesen: Seine Orientierung über den aktuellen Zustand eines Projekts hängt von entsprechenden Hinweisen oder wahrgenommenen Veränderungen an Dokumenten ab, unter bestimmten Bedingungen wird der Interruptee Rückfragen zum Stand der fortzusetzenden Zusammenarbeit stellen.

ABBILDUNG 9. Aufgaben beim Projektwechsel

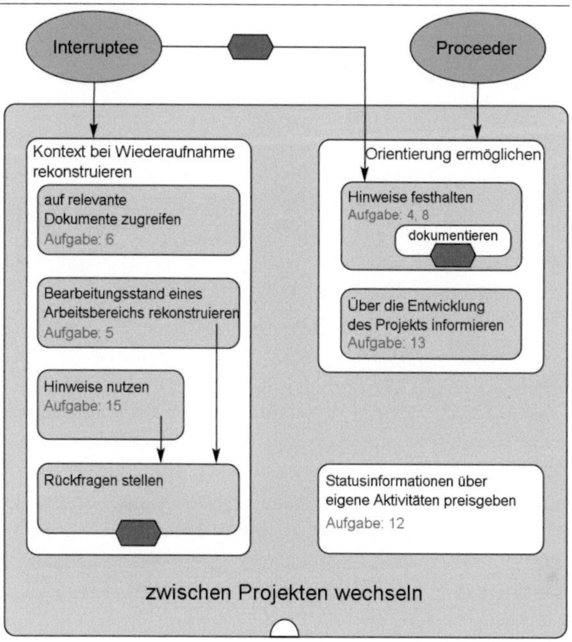

Perspektivabgleich bei der Wiederaufnahme

Abbildung 10 auf Seite 107 zeigt ein Modell, das eine komplexe Situation der Wiederaufnahme einer unterbrochenen kooperativen Aktivität repräsentiert. Während der vorübergehenden Abwesenheit des Interruptees wurde die Aktivität im ursprünglichen Kontext von den nach der Unterbrechung dort verbliebenen Proceedern fortgeführt. Kehrt ein Interruptee in diesen zurück, so findet zunächst ein Perspektivabgleich statt: Die bis zum Zeitpunkt des Wechsels persönlich abgelegten Hinweise[1] über den Fortschritt und Stand der

1. Solche vom Interruptee selbst erzeugten Hinweise können auch die Fortsetzung der unterbrochenen Aktivität durch eine dritte Person (*Cover for me* – vgl. Harr & Kaptelinin 2007, S. 403) ermöglichen.

Aktivitäten werden mit den als relevant erachteten Hinweisen aus dem (nun wieder) zur Verfügung stehenden Informationsbestand der Gruppe abgeglichen.

Kommunikatives Auflösen von Diskrepanzen

Stellt der Interruptee eine Diskrepanz fest, die eine reibungslose Wiederaufnahme seiner Mitwirkung in der Gruppe behindert (weil z. B. nicht klar ist, welche Entscheidungen während der eigenen Abwesenheit gefallen sind und welche nächsten Schritte für das gemeinsame Projekt vereinbart wurden), so wird diese unter Verwendung weiterer, von den Proceedern zur Verfügung gestellten Informationen aufgelöst. Diese Informationen können in Form von kurz gehaltenen Hinweisen vorliegen. Ein Hinweis muss nicht alle Veränderungen detailliert beschreiben: er kann statt dessen auf relevante Teile des gemeinsamen Informationsbestands verweisen. Die Wiederaufnahme einer Tätigkeit, bei der deren innere Einheit (s. Definition 10 auf Seite 71) wiederhergestellt wird, beruht häufig auf Kommunikation zwischen den beteiligten Parteien und kann als Prozess des Groundings interpretiert werden (s. Kapitel 4.1.3 auf Seite 76). In diesem Zusammenhang ist es relevant, ob vor dem unterbrechungsbedingten Wechsel eine Planung des Wiedereinstiegs erfolgte, um u. a. zu vereinbaren, dass während der Unterbrechung relevante Hinweise seitens der Proceeder explizit festgehalten werden: Eine solche Dokumentation dient der Multiprojektkoordination und kann den Wiedereinstieg sowohl für die Unterbrochenen als auch für die Proceeder vereinfachen. Sie kann darüber hinaus genutzt werden, um Informationen über besonders relevante Veränderungen unmittelbar mitzuteilen, die ggf. eine schnellstmögliche Intervention durch den Interruptee erfordern (vgl. Abbildung 4.2.4 auf Seite 109).

IuK-Unterstützung der Wiederaufnahme

Bezüglich der informationstechnischen Unterstützung sind für die Unterstützung der Wiederaufnahme vor allem Systeme des Personal Information Management (PIM) und des Group Information Management (GIM) relevant (s. Erickson 2006), die mittelbar über den Status eines Projekts Aufschluss gebende Dokumente und explizit zu diesem Zweck festgehaltene Hinweise beinhalten. Der Perspektivabgleich zum Zeitpunkt der Wiederaufnahme einer unterbrochenen Aktivität ist als Bestandteil der Multiprojektkoordination verwandt zu den im vorausgehenden Abschnitt dargestellten Aktivitäten des in Beziehung Setzens von Informationen über verschiedene Projekte: Entsprechend kann er durch ähnliche Systeme unterstützt werden.

ABBILDUNG 10. Wiederaufnahme einer unterbrochenen Aktivität

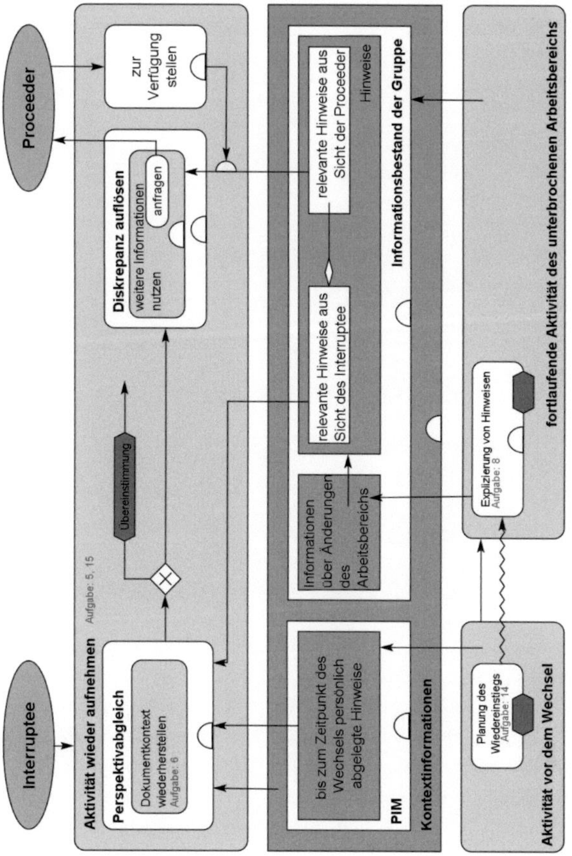

Beziehung zwischen Dokumenten und Hinweisen

Welche Rolle Dokumenten im Zuge der Explizierung von Hinweisen durch die Proceeder zukommt, geht aus Abbildung 11 auf Seite 108 hervor. In Form von Hinweisen festgehaltene Informationen über Veränderungen können sowohl selbst ein Dokument bzw. einen Teil eines solchen darstellen oder aber auf ein Dokument bzw. auf einen Teil eines solchen verweisen. Als Beispiele für den erstgenannten Fall können ein Verlaufsprotokoll einer Sitzung und der Koordination dienende Kommentare in einem gemeinschaftlich zu bearbeitendem Textdokument dienen; der zweite Fall wird durch Kurznachrichten oder IuK-vermittelte Kommunikationsbeiträge illustriert, in denen mittelbar (durch Umschreibung) oder unmittelbar (z. B. durch eingebettete Hyperlinks) auf Dokumente verweisen wird, die für die Wiederaufnahme relevant sind.

ABBILDUNG 11. Explizieren von Hinweisen

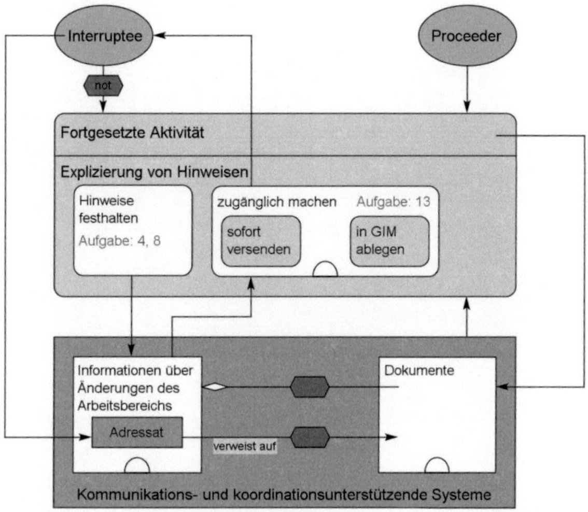

Nebenläufiges Erstellen von Hinweisen

Abbildung 11 auf Seite 108 verdeutlicht, dass das Festhalten von Hinweisen durch die Proceeder als Aktivität der Multiprojektkoordination nebenläufig zur ohne den Interruptee fortgesetzten Projektaktivität erfolgt. Beim Erstellen von Hinweisen kann ein Proceeder jeweils entscheiden, ob die festgehaltenen Informationen dem Interruptee unter Verwendung eines Kommunikationsmediums zugänglich gemacht werden sollen oder ob sie zur späteren Verwendung zunächst ggf. gebündelt in einem dem Interruptee zugänglichen GIM-System abgelegt werden.

Bedeutung. Dem Handlungsfeld *Wiederaufnahme und Orientierung ermöglichen* kommt ein hoher Stellenwert zu, wenn Unterbrechungen prinzipiell zugelassen und nicht bereits im Vorfeld verhindert oder aufgeschoben werden (vgl. Kapitel 3.3 auf Seite 60). Die Aufgaben des Handlungsfelds zeigen, dass sowohl Wiederaufnahme als auch Orientierung kooperative Prozesse darstellen, zu deren Unterstützung Statusinformationen über die beteiligten Arbeitsbereiche und Akteure, Hinweise der Proceeder auf relevante Veränderungen und Aufgaben und letztlich ein kontextualisierter Zugriff auf Dokumente erforderlich sind.

4.2.4 Arbeitsabläufe unterbrechungstolerant gestalten

Bereits die Möglichkeit des Auftretens von Unterbrechungen in der Multiprojekt-Wissensarbeit legt es nahe, das Schädigungspotenzial einer Unterbrechung schon vor ihrem Auftreten durch geeignete Maßnahmen herabzusetzen. Das Handlungsfeld *Arbeitsabläufe unterbrechungstolerant gestalten* fasst Aufgaben zusammen, die kooperative Arbeitsabläufe gegen Unterbrechungen widerstandsfähig werden lassen.

Aufgaben. Kooperative Arbeitsabläufe sind unterbrechungstolerant zu gestalten, indem in der Zusammenarbeit einer Gruppe Aufgaben wahrgenommen werden, die eine rechtzeitige und planvolle Reaktion auf eine Unterbrechung ermöglichen (Aufgabe 1 und 14). Mit dem gleichen Ziel kann auch die in einer kooperierenden Gruppe übliche Art und Weise des Umgangs mit Unterbrechungen verändert werden: Vorhandene, nicht immer explizite Strategien und Einstellungen können aufgedeckt werden und sind dann der gemeinsamen Diskussion und Gestaltung zugänglich.

TABELLE 14. Aufgaben des Handlungsfelds *Arbeitsabläufe unterbrechungstolerant gestalten*

Nr.	Aufgabe	S.
1	Anstehende Unterbrechungen nach Möglichkeit vorab ankündigen.	55
7	Eine gemeinsame Vorgehensweise der Handhabung von Unterbrechungen vereinbaren.	65
14	Den Umgang mit einer anstehenden Unterbrechung gemeinsam planen.	76

Szenario. Die nachfolgende Szene schildert eine Situation der Zusammenarbeit, in der die Aufgaben des Handlungsfeldes *Arbeitsabläufe unterbrechungstolerant gestalten* nicht hinreichend umgesetzt werden:

Im weiteren Verlauf der Sitzung stellt sich heraus, dass zwei Mitarbeiter – Tim und Lea – eine Stunde früher gehen müssen als ursprünglich vereinbart. Die Diskussion wird zehn Minuten nachdem Tim und Lea gegangen Szene 8

> sind abgebrochen, ohne dass ein Folgetermin oder das weitere Vorgehen en détail vereinbart werden kann.

Obwohl die Möglichkeit dazu bestanden hätte, wurde die anstehende Unterbrechung nicht mit ausreichendem Vorlauf angekündigt – die weitere Zusammenarbeit kann deshalb nur unzureichend geplant werden, in Bezug auf das weitere Vorgehen divergiert der Kenntnisstand in der Gruppe. Die Unklarheit bezüglich des weiteren Vorgehens kann – wie in den Szenen zum Handlungsfeld *Wiederaufnahme und Orientierung ermöglichen* angedeutet – weitere Unterbrechungen nach sich ziehen. Im Vorfeld der ursprünglichen Unterbrechung getroffene Vereinbarungen hätten helfen können, unnötige Folgeunterbrechungen zu vermeiden und die Fortsetzung der Projektbesprechung effizienter zu organisieren. Dies wird in der nachfolgenden Szene deutlich:

Szene 8b

> Im weiteren Verlauf der Sitzung stellt sich heraus, dass zwei Mitarbeiter – Tim und Lea – eine Stunde früher gehen müssen als ursprünglich vereinbart. Eine Viertelstunde, bevor sie und Tim aufbrechen müssen, informiert Lea die übrigen Teilnehmer über den anstehenden Termin, der die Sitzung für sie unterbrechen wird [Aufgabe 1]. Die Gruppe nutzt die verbleibende Zeit, um das weitere Vorgehen abzustimmen. Gemeinsam werden Tagesordnungspunkte identifiziert, die auch ohne Tim und Lea zu besprechen sind. Es wird vereinbart, dass die verbleibenden Teilnehmer das Ergebnis ihrer diesbezüglichen Besprechung um Protokoll der Sitzung kenntlich machen und dieses am Abend Tim und Lea zukommen lassen. Da eine Reihe weiterer Themen die Teilnahme von Tim und Lea erfordert, wird auch ein Folgetermin zur Fortsetzung der Besprechung vereinbart [Aufgabe 7].

Modellierung. Das Modell in Abbildung 12 auf Seite 111 verdeutlicht, wie die in Tabelle 14 auf Seite 109 aufgeführten Aufgaben des Handlungsfelds dazu beitragen, Arbeitsabläufe unterbrechungstoleranter zu gestalten. Wie Interruptees und Proceeder mit Unterbrechungen umgehen, wird durch ihre Einstellung zur Handhabung von Unterbrechungen geprägt. Die entsprechenden Perspektiven können explizit sichtbar gemacht werden, wenn es darum geht, eine gemeinsame Strategie des (zukünftigen) Umgangs mit Unterbrechungen zu vereinbaren – ein solches Unterfangen verändert seinerseits die unterbrechungsbezogenen Einstellungen der Beteiligten und führt so (mittelfristig) zu einer veränderten Handhabung von Unterbrechungen in einer kooperierenden Gruppe.

Umgang mit Unterbrechungen planen

In der täglichen Praxis der Zusammenarbeit können Interruptees rechtzeitig auf anstehende Unterbrechungen hinweisen – sofern diese für sie vorhersehbar sind. Gemeinsam mit den Proceedern kann der Umgang mit der Unterbrechung geplant werden: Dazu kann es gehören, unabhängig voneinander zu bearbeitende Aufgaben zu verabreden und die Fortsetzung der Zusammenarbeit (terminlich) zu vereinbaren. Diese Aufgaben können durch Koordinationswerkzeuge (s. Kapitel 5.2.4 auf Seite 134 sowie Kapitel 5.1.2 auf Seite 117) unterstützt werden.

ABBILDUNG 12. Arbeitsabläufe unterbrechungstolerant gestalten

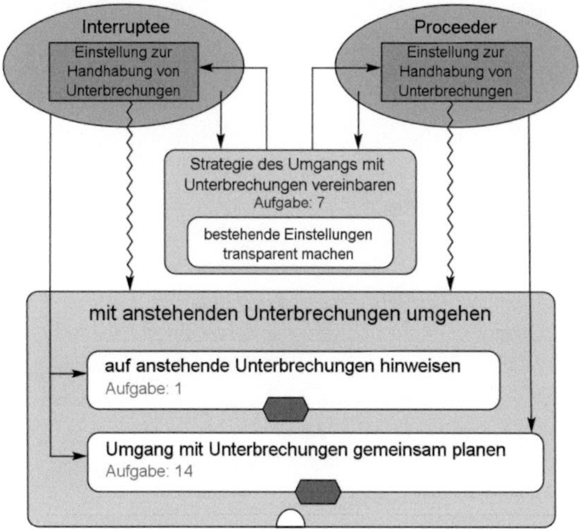

Bewertung. Die Aufgaben des Handlungsfelds *Arbeitsabläufe unterbrechungstolerant* gestalten verweisen darauf, dass die Handhabung von Unterbrechungen in Abhängigkeit von organisationskulturell geprägten Einstellungen der beteiligten Akteure erfolgt. Das Handlungsfeld zeigt auf, dass die Effekte einer Unterbrechung davon abhängen, mit welchem Vorlauf auf eine Unterbrechung reagiert werden kann und welche Bewältigungsstrategien dabei in einer Gruppe zum Einsatz kommen. Für den Entwurf grundlegender informationstechnischer Unterstützungsfunktionen stehen die Ankündigung einer Unterbrechung und das Planen des weiteren Vorgehens im Mittelpunkt. Beides sind Aufgaben der Multiprojektkoordination, die ihrerseits in Verbindung zum Handlungsfeld *Projektübersicht bewahren* (Kapitel 4.2.1 auf Seite 90) stehen.

4.3 Zusammenfassung

In diesem Kapitel wurden vier Handlungsfelder der unterbrechungsbezogenen Multiprojektkoordination identifiziert und beschrieben. Die Handlungsfelder fassen Aufgaben zusammen, die bei der Handhabung von Unterbrechungen in der Multiprojekt-Wissensarbeit zu berücksichtigen sind, und gelangen so zu einer verdichteten Darstellung wesentlicher Eigenschaften des Problembereichs.

Im Mittelpunkt des Handlungsfelds *Projektübersicht bewahren* (Kapitel 4.2.1 auf Seite 90) stehen Aufgaben, die damit befasst sind, die Entwicklung unterschiedlicher Projekte im Blick zu behalten und auf Ereignisse in diesen Projekten angemessen und flexibel zu reagieren. Das Handlungsfeld *Unterbrechungen anbahnen und bewerten* (Kapitel 4.2.2 auf Seite 95) ist mit Aufgaben des Interruptors und des Interruptees befasst, die von diesen beim Veranlassen einer Unterbrechung und bei der Beurteilung ihrer Relevanz wahrgenommen werden. Im Handlungsfeld *Wiederaufnahme und Orientierung ermöglichen* (Kapitel 4.2.3 auf Seite 102) finden sich solche Aufgaben wieder, die den erneuten Einstieg eines Interruptees in eine fortgeführte Zusammenarbeit ermöglichen und begleiten. Das Handlungsfeld *Arbeitsabläufe unterbrechungstolerant gestalten* (Kapitel 4.2.4 auf Seite 109) beinhaltet letztlich solche Aufgaben, die zu einer erhöhten Robustheit kooperativer Arbeitsabläufe gegenüber Unterbrechungen beitragen.

Handlungsfelder als Grundlage des Prototypentwurfs

Für den Entwurf von Prototypen, die den Umgang mit Unterbrechungen erleichtern sollen, stellen die Handlungsfelder und die ihnen zugeordneten Aufgaben einen geeigneten Ausgangspunkt der Anforderungsbestimmung dar. Dabei bringen die einem Handlungsfeld zugeordneten Modelle relevante Aspekte der Multiprojektkoordination zum Ausdruck: Sie beschreiben Abläufe, die von informationstechnischen Systemen unterstützt oder berücksichtigt werden müssen, wenn deren Passung zum Problembereich sichergestellt werden soll. Angesichts des Ziels, die Konzeption und Entwicklung von Prototypen zunächst auf grundlegende

Unterstützungsbedarfe der Handhabung von Unterbrechungen auszurichten, sind die Handlungsfelder *Projektübersicht bewahren* (Kapitel 4.2.1 auf Seite 90) und *Wiederaufnahme und Orientierung ermöglichen* (Kapitel 4.2.3 auf Seite 102) besonders relevant. Sie beziehen sich auf zentrale Aufgaben des Umgangs mit Unterbrechungen und stehen deshalb im Mittelpunkt der Anforderungsbestimmung und Prototypkonzeption.

KAPITEL 5

Informationstechnische Unterstützung

Das Kapitel stellt informationstechnische Werkzeuge zur Unterstützung individueller und kollaborativer Multiprojekt-Wissensarbeit vor. Mögliche Verbindungen zur Handhabung von Unterbrechungen werden dabei aufgezeigt. Entlang der im vorausgehenden Kapitel identifizierten Handlungsfelder werden darüber hinaus spezialisierte Systeme betrachtet, die einzelne Aufgaben der unterbrechungsbezogenen Multiprojektkoordination unterstützen können. Das Kapitel nimmt dazu eine Analyse einschlägiger Literatur aus dem Umfeld computerunterstützter kooperativer Arbeit vor.[1] Dabei werden Lücken aufgezeigt, die von den im Rahmen dieser Arbeit entwickelten Prototypen geschlossen werden. Geeignete Ausgangspunkte für die Integration der Prototypen in bestehende Systemlandschaften werden durch eine fallbezogene Infrastrukturexploration aufgedeckt.

5.1 Informationstechnische Unterstützung der Wissensarbeit

Zur Unterstützung kooperativer und individueller Formen der Wissensarbeit kann eine Vielzahl unterschiedlich spezialisierter Werkzeuge aus verschiedenen Applikationsklassen eingesetzt werden. Im Folgenden sollen Funktionen und Randbedingungen dieses Technologieeinsatzes erörtert werden.

1. Neben einschlägigen Fachzeitschriften und Fachbüchern stellen die Berichtsbände der Tagungen CHI, COOP, CSCW, ECSCW, Group eine geeignete Quelle entsprechender Veröffentlichungen dar.

5.1.1 Technologien zur Unterstützung individueller Wissensarbeit

Die informationstechnische Unterstützung der Wissensarbeit beginnt bei Applikationen des persönlichen Informationsmanagements (s. Kapitel 2.1.2 auf Seite 20). Diese werden von Wissensarbeitern zur Unterstützung der eigenen Arbeitsplanung (individuelle Koordination) und zur Organisation von Dokumenten eingesetzt. Außerdem sind Anwendungen, die zur individuellen Bearbeitung unterschiedlicher Typen von Dokumenten genutzt werden, dieser Kategorie der technischen Unterstützung zuzurechnen. Üblicherweise erlauben es solche Anwendungen der Dokumentbearbeitung, mehrere Dokumente zugleich geöffnet zu halten: zu ein und demselben Zeitpunkt kann aber i. d. R. nur eines der geöffneten Dokumente im Fokus stehen und unmittelbar bearbeitet werden (vgl. Abbildung 15 auf Seite 136).

Terminkalender, Aufgabenlisten und Notizen

Zur individuellen Arbeitsplanung greifen Wissensarbeiter vor allem auf Werkzeuge zur Termin- und Aufgabenplanung zurück: Entsprechende Unterstützungsfunktionen werden in der Regel von gruppenbezogenen Koordinationswerkzeugen angeboten und in diesem Zusammenhang diskutiert (Kapitel 5.1.2 auf Seite 117). Aufgaben werden darüber hinaus in Notizen festgehalten, zu deren Verwaltung eigenständige Anwendungen zur Verfügung stehen. Gemäß Davenport (2005) stellen elektronische (Gruppen-) Terminkalender eine weitverbreitete Technologie zur Unterstützung der (kollaborativen) Wissensarbeit dar. Die vorliegende Arbeit unterstellt daher die Nutzung eines solchen Systems.

Verschlagwortung von Dokumenten

Für die Organisation von Dokumenten sind *Metadaten* (s. Abbildung 15 auf Seite 136) wie z. B. Schlagworte relevant: Sie unterstützen das Auffinden von Dokumenten (vgl. Coulondre et al. 1999; Heath et al. 2005) und die Organisation eines zunehmend aus elektronisch repräsentierten Dokumenten bestehenden Wissensraums (vgl. Kidd 1994, S. 190). Metadaten zu Dokumenten können auf unterschiedliche Art und Weise gewonnen werden: Beispielsweise können Schlagworte zu einem Dokument von einem Individuum vergeben, aus seiner Verortung in einer anhand von Kategorien aufgebauten Ordnerhierarchie abgeleitet oder aber durch algorithmische Methoden der Inhaltsanalyse automatisiert gewonnen werden. Für die Belange der vorliegenden Arbeit wird von der Verfügbarkeit solcher Metadaten ausgegangen. Mit der Funktion des

Taggings (s. Seite 123) wird darüber hinaus eine populäre und leichtgewichtige Möglichkeit zur Verschlagwortung von Dokumenten vorgestellt.

Aggregation spezifischer Applikationen und Dokumente

In der Multiprojekt-Wissensarbeit nutzen Wissensarbeiter in jedem ihrer Arbeitsbereiche eine bestimmte Auswahl von Dokumenten. Wie in Aufgabe 6 auf Seite 64 beschrieben ist das Wiederherstellen einer solchen Auswahl Bestandteil des Wechsels zwischen unterschiedlichen Aufgabenbereichen bzw. Projekten. Smith et al. (2003) sowie Czerwinski et al. (2004) stellen mit GroupBar eine Erweiterung der Windows Aufgabenleiste vor, mit der Applikationsinstanzen per Drag & Drop zu projektspezifischen Gruppen zusammengeführt werden können und die auf geöffnete Dokumente und Applikationen bezogene Momentaufnahmen speichern und wiederherstellen kann. Zwar kann der Wechsel zwischen verschiedenen Projekten und deren Rekonstruktion erleichtert werden, GroupBar setzt die Dokumente eines Kontexts aber nicht zu automatisch erfassten, den aktuellen Arbeitsbereich eines Nutzers beschreibenden Metadaten in Beziehung. Das Anlegen von Momentaufnahmen zu Applikations- und Dokumentkonfigurationen erfordert darüber hinaus stets eine Nutzeraktion: Die Rekonstruktion nicht explizit gesicherter Konfigurationen ist nicht möglich.

Bewertung. Für die Unterstützung der Handhabung von Unterbrechungen in der Multiprojekt-Wissensarbeit sind insbesondere Informationen zu Terminen und Metadaten zu Dokumenten relevant, da sie Rückschüsse auf den Arbeitsbereich einer Person zulassen (vgl. Kapitel 2.1.2 auf Seite 20, sowie Bedingung 2 auf Seite 21 und Bedingung 3 auf Seite 22). Was die Unterstützung der individuellen Arbeitsplanung und die Organisation von Dokumenten angeht, so steht diese in der kollaborativen Multiprojekt-Wissensarbeit in einer ebenso engen wie natürlichen Beziehung zu entsprechend gelagerten *gruppenbezogenen* Funktionen der Koordinations- und Kooperationsunterstützung.

5.1.2 Technologien zur Unterstützung kollaborativer Wissensarbeit

Wissensmanagement als Ausgangspunkt

Mit dem Erwerb, der Verteilung und dem Schaffen neuen Wissens sowie der beständigen Revision und Verbesserung bestehenden Wissens stehen grundlegende Merkmale der Wissensarbeit in unmittelbarer Nähe zu Kernaufgaben des Wissensmanagements.

Wissensmanagement „wird als kooperative Aufgabe angesehen, bei der die Mitarbeiter eines Unternehmens sowohl Wissen bereitstellen als auch abrufen" (Herrmann et al. 2003, S. 3) und beinhaltet die Aufgaben des Gewinnens und Explizierens, Strukturierens, Verteilens und Kommunizierens, Darstellens sowie des Suchens und Findens von Wissen (ebd., S. 4). In der Wissensarbeit sind diese Aufgaben in der Regel auf den Austausch von Wissen zwischen Abteilungen oder Projekten bezogen (Hoffmann 2004, S. 5). Den dabei auftretenden Kooperationsprozessen fehlt es oftmals an Strukturen, "welche die Zusammenarbeit leiten können" (ebd., S. 6).

Wissensmanagementsysteme

Aus informationstechnischer Perspektive betrachtet werden die oben skizzierten Aufgaben durch sogenannte Wissensmanagementsysteme unterstützt. Maier & Hädrich (2001) verstehen unter einem Wissensmanagementsystem ein "dynamisches System, das Funktionen zur Unterstützung der Identifikation, Akquisition, Speicherung, Aufrechterhaltung, Suche und Rückgewinnung, Distribution, des Verkaufs und der Logistik von Wissen, welches als Information plus Kontext aufgefasst wird, in einem Unternehmen bereitstellt" (Maier & Hädrich 2001, S. 498-499).

Kombination vorhandener Technologien

Wissensmanagementsysteme stellen dabei keinen neuartigen Systemtyp dar: Sie können stattdessen durch die Kombination bekannter Technologien anderer Systemklassen aufgebaut werden (vgl. Dalkir 2005, S. 218). Die Unterstützung des Wissensmanagements berührt die gesamte informationstechnische Infrastruktur einer Organisation (vgl. Becerra-Fernandez & Sabherwal 2006, S. 233). Mit Blick auf die Unterstützung der Zusammenarbeit im Rahmen der kollaborativen Wissensarbeit sind hier CSCW-Systeme (Hoffmann 2004, S. 3) bzw. Groupware und kooperationsunterstützende Systeme (Dalkir 2005, S. 225 ff.) hervorzuheben. Diese Technologien können in einem ersten Schritt danach unterschieden werden, ob sie primär der Koordinations- oder der Kooperationsunterstützung dienen.

Kalender und Terminplanung

Koordinationsunterstützung. In der Multiprojekt-Wissensarbeit unterstützen Koordinationswerkzeuge (Schwabe 2001a S. 174-179) die planvolle Organisation der Zusammenarbeit. Einen wichtigen Beitrag dazu leisten Gruppenterminkalender, die unter anderem Funktionen zur halb automatischen Terminvereinbarung anbieten und es ihren Nutzern erlauben, Kalender miteinander zu teilen (ebd.; vgl. Borghoff & Schlichter 2000, S. 100-102, 124-125): Zu einem

Kalender kann i. d. R. ein Personenkreis definiert werden, dem es erlaubt ist, den Kalender einzusehen und ggf. zu verändern. Zu einem Termin stehen oftmals mehr Informationen zur Verfügung als Start- und Endzeitpunkt: U. a. können ein Betreff, eine ausführliche Beschreibung und eine Teilnehmerliste festgehalten werden (s. Abbildung 15 auf Seite 136).

Gemeinsames Material

Für die kollaborative Multiprojekt-Wissensarbeit sind aufgrund ihres geringen Formalisierungsgrades und des Selbststeuerungsbedürfnisses ihrer Akteure (vgl. Kapitel 2.1.1 auf Seite 17 sowie Kapitel 2.1.2 auf Seite 20) vor allem dezentrale Ansätze der Koordinationsunterstützung relevant. Hier ist die Nutzung gemeinsamen Materials hervorzuheben (Schwabe 2001a, S. 177), das als Bezugspunkt der Zusammenarbeit dient (s. Schwabe 2001b, S. 450). In der Multiprojekt-Wissensarbeit stellen Dokumente den bedeutendsten Teil gemeinsamen Materials dar (vgl. Bedingung 3 auf Seite 22).

Awareness

Außerhalb von Besprechungen findet kollaborative Wissensarbeit oftmals örtlich verteilt statt. Da die unmittelbare Wahrnehmung des Kontexts der gemeinsamen Aktivität entfällt, stellen sich besondere Anforderungen an die Unterstützung der Koordination. Neben Funktionen, die Kommunikation und das gemeinschaftliche Bearbeiten von Dokumenten über Ortsgrenzen hinweg ermöglichen (Borghoff & Schlichter 2000, S. 123; Hollingshead et al. 2002), kommt der technischen Unterstützung von *Awareness* (Gruppenwahrnehmung – Prinz 2001, S. 335) deshalb besondere Bedeutung zu. Awarenessmechanismen können zusammenarbeitende Akteure dabei unterstützen, handlungsrelevantes Wissen über Aktivitäten und Aufgaben eines Arbeitsbereichs bzw. Projekts zu erlangen (vgl. Carroll et al. 2003, S. 613-614, Kraut et al. 2002, S. 152ff.; Prinz 2001; Weisband 2002, S. 313). Sie zielen darauf ab, solche Interaktionen mit einem System sichtbar zu machen, die nicht per se als kommunikatives Verhalten gedacht sind, wie bspw. das zur Kenntnis nehmen oder Verändern eines gemeinsamen Dokuments (vgl. Herrmann & Kienle 2008).

Nachvollziehen einzelner Ereignisse

In dokumentbasierten Kooperationsplattformen (Hoffmann 2004, S. 66), die Funktionen des Dokumentenmanagements und der Kooperationsunterstützung (s. u.) vereinen und in der kollaborativen Wissensarbeit oft zur Unterstützung der Zusammenarbeit eingesetzt werden, liegt der Fokus dabei auf der „Nachvollziehbarkeit singulärer Ereignisse“ (Hoffmann 2004, S. 73) wie zum Beispiel dem Einstellen eines Dokuments. Die von diesen Systemen angebotene Awarenessunterstützung kann deshalb als retrospektiv und ereignisbezogen[1] beschrieben werden.

Anwesenheit im Instant Messaging

Eine gegenwartsbezogene Form der Awarenessunterstützung, die Rückschlüsse auf den aktuellen Status einer Person zulässt, findet sich in *Instant Messaging* Systemen wieder: zu den dort aufgelisteten Kontakten werden in der Regel Informationen zur Anwesenheit angeboten (Nardi et al. 2000). Zur Beschreibung des Anwesenheitsstatus setzen Instant Messaging Systeme i. d. R. vordefinierte Kategorien ein (s. Abbildung 15 auf Seite 136). Indem die angebotene Awarenessunterstützung „sichtbar macht, wann welche Personen erreichbar sind oder sogar angesprochen werden möchten, erleichtern sie implizite Koordination“ (Hoffmann 2004, S. 80). Scupelli et al. (2007, S. 2) weisen jedoch daraufhin, dass diese Informationen allein noch nicht ausreichend sind, um die Handhabung von Unterbrechungen (speziell: das Finden eines passenden Zeitpunkts) angemessen zu unterstützen (vgl. Kapitel 5.2.1 auf Seite 127). Beispielsweise hängen die möglichen Auswirkungen einer Unterbrechung auch davon ab, mit welchen *Themen* eine Person zum Unterbrechungszeitpunkt befasst ist – bloße Anwesenheitsinformationen geben dazu nur bedingt Auskunft. Zur Unterstützung der unterbrechungsbezogenen Multiprojektkoordination sind also detaillierte Informationen über den aktuellen Status möglicher Kooperationspartner erforderlich.

Notwendigkeit flexibler Systeme

Kooperationsunterstützung. Welche informationstechnischen Technologien zur Unterstützung der Kooperation geeignet sind, hängt vom Typ der Wissensarbeit ab, der durch die Kriterien der Komplexität und Interdependenz der Arbeitsaufgabe bestimmt wird (vgl. Davenport 2005, S. 87). Kollaborative Wissensarbeit, die sich durch ein hohes Maß an Komplexität und Interdependenz auszeichnet (vgl. Kapitel 2.1.1 auf Seite 17), kann durch kollaborationsunterstützende Technologien[2], in den Arbeitsprozess integrierte Wissensmanagementsysteme und gemeinschaftlich genutzte Dokumentumgebungen unterstützt werden (Davenport 2005, S. 81, 91, 118). Workflow-Systeme, die den Arbeitsprozess stark strukturie-

1. Aus Sicht der Awarenessunterstützung kann zu einem Ereignis wie z. B. dem Einstellen eines Dokuments i. d. R. ein eindeutiger Zeitstempel festgehalten werden, s. Hoffmann (2004, S. 26).

2. Darunter fallen auch Anwendungen des Web 2.0, die z. B. *Social Networking* und *Blogging* unterstützen, s. Davenport 2005, S. 107-108.

ren, sind für die kollaborative Wissensarbeit hingegen nicht geeignet (s. ebd., S. 87) – die Kontingenz kollaborativer Wissensarbeit (s. Kapitel 2.1.1 auf Seite 17) erfordert flexible Systeme, die mit individuell unterschiedlichen und in kontinuierlicher Veränderung begriffenen Arbeitsprozessen umgehen können.

Gruppenarbeit am gleichen Ort

Gruppenarbeit am gleichen Ort, wie sie in der kollaborativen Wissensarbeit z. B. in Besprechungen stattfindet, zeichnen sich durch das Vorhandensein und die extensive Nutzung multimodaler Interaktionsmöglichkeiten aus. Verschiedenste Medien unterstützen und ergänzen die Kommunikation von Angesicht zu Angesicht: Das Spektrum reicht von "Papier und Bleistift" über "klassische" Medien der Gruppenmoderation wie z. B. Flipcharts und Whiteboards bis zu unterschiedlich komplexen IuK-Technologien wie vernetzte Arbeitsplatzrechner, Shared Workspaces, synchrone Groupware und Roomware (vgl. Mark 2002; Olson et al. 2002; Streitz et al. 2001). Dabei sind unmittelbare und medial vermittelte Interaktionen zwischen den Teammitgliedern eng miteinander verwoben, die Verflechtung "menschlicher und elektronischer Netzwerke" (Mark, 2002; *eigene Übers.*) generiert einen Mehrwert, indem sie zugleich die Koordination unterstützt und einen Zugriff auf Informationen ermöglicht, der über die Möglichkeiten einer nicht medial unterstützen Kommunikation von Angesicht zu Angesicht hinausgeht (vgl. ebd.). Diese enge Kopplung sozialer und technischer Systeme ist charakteristisch für Gruppenarbeit am gleichen Ort, die sich weiterhin dadurch auszeichnet, dass der Kontext der gemeinsamen Arbeit für alle Beteiligten stets unmittelbar sichtbar ist (ebd.). Workspace Awareness (vgl. Gutwin & Greenberg 1996) ist unter Verwendung verschiedenster Aspekte des gemeinsamen Kontexts wie z. B. von Position, Gestik und mitgehörten Äußerungen der übrigen Gruppenmitglieder leicht zu erzielen (vgl. Teasley et al. 2000; Olson et al. 2002). Kontextinformation wird dabei durch die Produktion gemeinsamen Materials expliziert und geschaffen (vgl. Schwabe 2001b, S. 447-451). Die Artefakte sind dabei in der Regel für alle Gruppenmitglieder sichtbar, in der Kommunikation wird auf sie Bezug genommen.

Electronic Meeting Systems (EMS)

Sitzungsunterstützungssysteme (engl.: *Electronic Meeting Systems – EMS;* Krcmar et al. 2001) werden eingesetzt, um die zeitgleiche Zusammenarbeit einer Gruppe an einem Ort zu unterstützen (ebd., S. 238). Zu ihren Aufgaben gehört es, das Protokollieren (und damit einhergehend: den Aufbau eines Gruppengedächtnisses, vgl. Schwabe 2001b) der Besprechung und eine parallele und anonyme

Kommunikation (z. B. im Rahmen eines Brainstormings) zu ermöglichen.[1] Großflächige Gruppenanzeigen sind Teil eines EMS und erlauben die kollaborative Nutzung gemeinsamen Materials. Mit Blick auf die Gestaltung dieser Systeme ist festzuhalten, dass die Technik nicht im Vordergrund stehen darf: Das bedeutet unter anderem, auf eine leichte Erreichbarkeit der angebotenen Funktionen zu achten (vgl. Krcmar et al. 2001, S. 243).

ABBILDUNG 13. Besprechungsunterstützung im IMTM Moderationslabor

Abbildung 13 auf Seite 122 zeigt am Beispiel des IMTM Moderationslabors[2] wesentliche Elemente einer für informationstechnisch unterstützte, synchrone Besprechungen am gleichen Ort typischen Umgebungskonfiguration.[3] Auf einer für alle Teilnehmer sichtbaren Gruppenanzeige (1) können neben der Agenda unterstützende Dokumente dargestellt und unmittelbar bearbeitet werden. Im Zuge dieser Bearbeitung lassen sich auch Notizen zu Dokumenten erstellen. Die

1. Das Protokollieren einer Sitzung erfordert nicht unbedingt den Einsatz eines EMS, selbst dann nicht, wenn während der Besprechung *gemeinsam* an dem Protokoll gearbeitet werden soll. Wie die in Kapitel 5.4 auf Seite 137 beschriebene Infrastruktur-Exploration zeigt, können zu diesem Zweck unter Einsatz der Gruppenanzeige auch Standardapplikationen verwendet werden, die ursprünglich für die individuelle Nutzung vorgesehen waren.
2. Weiterführende Informationen zum Moderationslabor des Lehrstuhls für Informations- und Technikmanagement (IMTM) am Institut für Arbeitswissenschaft der Ruhr-Universität Bochum finden sich unter http://www.imtm-iaw.ruhr-uni-bochum.de/projekte/modlab/index.html
3. Auch Mark (2002, S. 90 *Abbildung*, S. 91) und Olson et al. (2002, S. 118-124) identifizieren in ihren Analysen von Situationen der synchronen Zusammenarbeit am gleichen Ort individuell bzw. in Kleingruppen genutzte Rechnerarbeitsplätze sowie öffentliche Displays als typische Elemente der Infrastruktur.

Anzeige bietet die Möglichkeit, IuK-repräsentierte, gemeinschaftliche Artefakte zu visualisieren und zu editieren (vgl. Olson et al. 2002, S. 127-130). Der Zugriff auf individuell wie gemeinsam genutzte Dokumente ist des Weiteren von vernetzten Rechnerarbeitsplätzen (2) aus möglich. Die Infrastruktur wird genutzt, um gemeinsame Dokumente zugleich von Individualarbeitsplätzen als auch von der Gruppenanzeige aus zu bearbeiten und dabei beide Repräsentationen zu synchronisieren: Zu diesem Zweck werden u. a. ein serverseitig bereitgestelltes, gemeinsames Notizbuch und Dateifreigaben auf einem Netzwerkrechner eingesetzt.

Dokumente finden und verschlagworten

Auch für die fragmentierte Multiprojekt-Wissensarbeit sind Funktionen zur Unterstützung des Umgangs mit elektronisch repräsentierten Dokumenten relevant. Der Fokus dieser Funktionen liegt darauf, Dokumente auffindbar zu machen (vgl. Kidd 1994, S. 187ff.), insbesondere indem Möglichkeiten zur individuellen Verschlagwortung von Informationen geschaffen werden (ebd., S. 190).

Tagging

Vor dem Hintergrund einer um Dokumente herum organisierten Zusammenarbeit ist die Funktion des *Taggings* (vgl. Golder & Huberman 2006) von besonderem Interesse. Mit dem Begriff des Taggings wird die freie Verschlagwortung von Inhalten bezeichnet: welche Schlagworte ein Nutzer z. B. einem Dokument zuordnet, unterliegt also keinen Regeln. Tagging unterstützt das individuelle Erstellen und die gemeinsame Nutzung inhaltsbezogener Schlagworte auf äußerst leichtgewichtige Weise (vgl. Grudin 2006) und kann auch zur Unterstützung der Koordination beitragen. Wie diverse Arbeiten zeigen, stößt Tagging in der Praxis der Wissensarbeit auf Akzeptanz und wird verbreitet eingesetzt (vgl. z. B. Farrell et al. 2007, Muller et al. 2007). Anhand von Tags zu Dokumenten, die gerade von einer Person bearbeitet werden, kann auf deren gegenwärtige Aktivität geschlossen werden: Tags verweisen teils unmittelbar auf Aufgaben oder Termine (vgl. Kipp 2007); aufgrund ihres gemeinsamen Begriffsverständnisses[1] können die Mitglieder einer kooperierenden Kleingruppe auch anhand inhaltsbezogener Schlagworte (bzw. Tags) Rückschlüsse auf den zugrunde liegenden Arbeitsbereich ziehen. Zusammenfassende Darstellungen von Textdokumenten in Form sogenannter *Tag Clouds*[2] können dabei helfen, übergeordnete Themen dieser Dokumente schneller zu erfassen (vgl.

1. Ein solches gemeinsames Begriffsverständnis ist Teil des common ground der kooperierenden Gruppe, vgl. Kapitel 2.2.3 auf Seite 39.

Viégas & Wattenberg 2008; Rivadeneira et al. 2007, S. 996). Tagging setzt Kernfunktionen des Wissensmanagements um (vgl. z. B. Grudin 2006, Wu et al. 2006, Prilla 2008) und berührt damit einen Kernaspekt der IuK-Unterstützung kollaborativer Wissensarbeit.

Verschränkung von Funktionen

Bei der IuK-Unterstützung kooperativer Arbeit kommt es auf den kombinierten Einsatz unterschiedlicher Funktionen der Koordinations- und Kooperationsunterstützung an. Möglichen Transitionskosten, die aus der Notwendigkeit des Wechselns zwischen verschiedenen Werkzeugen der Kommunikations-, Koordinations- und Kooperationsunterstützung resultieren, wird durch das Zusammenführen entsprechender Funktionen in generischen CSCW-Plattformen (s. Borghoff & Schlichter S. 126-130), Applikationsverbünden (Vogel et al. 2004) oder domänenspezifischen Applikationen begegnet. Für den Bereich der Softwareentwicklung illustrieren Collaborative Development Environments (Booch & Brown 2003, s. a. Cheng et al. 2004, 2005), die kommunikations- und koordinationsunterstützende Funktionen in integrierte Entwicklungsumgebungen einbetten, diese letztgenannte Strategie. Die Verbindung unterschiedlicher funktionaler Gruppen bleibt dabei auf Werkzeuge gleicher Lokalitätsunterstützung (vgl. Tabelle 1 auf Seite 35) beschränkt. Für die kollaborative Multiprojektwissensarbeit ergeben sich jedoch auch aus Übergängen zwischen Phasen der IuK-unterstützten Zusammenarbeit am gleichen Ort und an verschiedenen Orten Transitionskosten: Hier kann eine Verschränkung entsprechender Werkzeuge helfen, Übergänge zu erleichtern.

2. Eine Tag Cloud stellt eine (gewichtete) Darstellung mehrerer Tags (hier: Schlagworte) dar.

5.1.3 Wissensarbeit im Spannungsfeld von CSCW, Groupware und Web 2.0

Gestaltungsziele CSCW, Groupware, Web 2.0

Systeme, die Kooperation und kollaborative Wissensprozesse unterstützen, bewegen sich im Spannungsfeld zwischen CSCW, Groupware und Anwendungen des Web 2.0. Diese Bereiche unterscheiden sich hinsichtlich ihres jeweils vorrangigen Gestaltungsziels voneinander (Prilla & Ritterskamp 2008, S. 69-70). So ist der Bereich des CSCW auf die Unterstützung von Arbeitsprozessen in Gruppen fokussiert, wohingegen Groupware verstärkt auf die Unterstützung generischer Prozesse der Kommunikation und Koordination abhebt und damit nicht zwingend auf Arbeit bezogen ist. Anwendungen des Web 2.0 letztlich rücken motivationale Aspekte, die Leichtigkeit der Benutzung und das Nutzungserlebnis in den Mittelpunkt, sie sind nicht zwingend auf die Unterstützung von Arbeitsprozessen, Kooperation oder Kommunikation orientiert (ebd.).

ABBILDUNG 14. Beziehung zwischen CSCW, Groupware und Web 2.0 (aus: Prilla & Ritterskamp 2008)

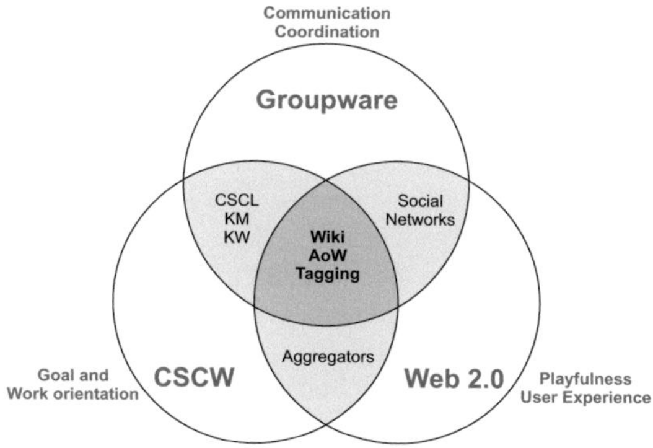

Verbindung der Bereiche

Die unterschiedlichen Zielsetzungen der drei Domänen schließen sich nicht wechselseitig aus: Damit ist es möglich, in Anwendungen der Kollaborationsunterstützung[1] Synergien durch die Nutzung von Funktionen verschiedener Applikationsklassen zu erzielen. Abbildung 14 auf Seite 125 illustriert die Beziehung zwischen CSCW, Groupware und Web 2.0 und zeigt vorhandene Überschneidungen der Bereiche auf.

1. Collaboration Support Systems

IuK-Unterstützung kollaborativer Wissensarbeit in der Schnittmenge

Für die Unterstützung der kollaborativen Multiprojekt-Wissensarbeit erscheint die Schnittmenge dieser drei Bereiche von besonderem Interesse zu sein: Hier sind Basistechnologien verortet, die sowohl kollaboratives Arbeiten, Kommunikation, Koordination und eine leichtgewichtige Nutzung unterstützen und damit auf wesentliche Aspekte der IuK-Unterstützung kollaborativer Wissensarbeit bezogen sind.

Wikis[1] illustrieren, wie der gemeinschaftliche Aufbau einer dokumentzentrierten Informationssammlung unterstützt werden kann; *Applications on the Web* (AoW) verdeutlichen, wie kollaborative Wissensprozesse wie bspw. das gemeinschaftliche Erstellen einer Publikation durch Konvergenzbildung auf funktionaler Ebene umfassend unter Verwendung einer einheitlichen Schnittstelle zu unterstützen sind und wie dabei Medienbrüche vermieden werden können (vgl. Prilla & Ritterskamp 2008, S. 70-72, Prilla & Ritterskamp 2006).

Bewertung. Im Fokus der informationstechnischen Unterstützung kollaborativer Wissensarbeit stehen Systeme aus der Schnittmenge von CSCW, Groupware und Web 2.0. Dabei erfordert kollaborative Wissensarbeit sowohl die informationstechnische Unterstützung von Gruppenarbeit am gleichen Ort als auch von örtlich verteilter Arbeit. In beiden Fällen steht die Handhabung gemeinsamen Materials im Mittelpunkt: Wie bei der individuellen Wissensarbeit trägt auch hier die Verschlagwortung der Inhalte zu ihrer Auffindbarkeit bei und erlaubt es, Rückschlüsse auf den zugehörigen Arbeitsbereich zu ziehen. Die Koordination der Zusammenarbeit wird vor allem durch Gruppenterminkalender, gemeinsam genutztes Material wie z. B. Aufgabenlisten oder Protokolle und Awareness unterstützt. Für die Handhabung von Unterbrechungen stellen die beteiligten Systemklassen Ausgangspunkte dar: Keine von ihnen ist *explizit* auf eine Unterstützung des Umgangs mit Unterbrechungen ausgerichtet.

1. Wikis ermöglichen es einer Nutzergruppe, beliebig aufeinander verweisende Hypertext-Seiten gemeinsam zu erstellen. Diese Seiten bestehen i. d. R. aus Texten und Bildern sowie Verweisen auf Binärdateien, die heruntergeladen werden können. Zum Erstellen einer Wiki-Seite wird eine einfache Markup-Sprache verwendet, ein Wiki-System stellt darüber hinaus grundlegende Funktionen zur Verwaltung der Inhalte zur Verfügung.

5.2 Informationstechnische Unterstützung der Handhabung von Unterbrechungen

Die einschlägige Literatur beschreibt eine Reihe von Systemen, die bestimmte Aspekte der Handhabung von Unterbrechungen unterstützen sollen. Im Folgenden werden unterschiedliche Ansätze der Unterstützung am Beispiel relevanter Arbeiten überblicksartig vorgestellt. Die Betrachtungen folgen den in Kapitel 4 auf Seite 85 identifizierten Handlungsfeldern und beinhalten Anmerkungen zu beteiligten Systemklassen und Entwicklungslinien, die auf neuartigen Lösungsideen für weitere Arbeiten hinführen. Dabei wird auch auf Anforderungen verwiesen, die diese Entwicklungslinien fortschreiben: Eine nach Handlungsfeldern geordnete Übersichtsdarstellung dieser Anforderungen, die für die Belange dieser Arbeit den Rahmen der Prototypkonzeption und -entwicklung definieren, findet sich im nachfolgenden Kapitel 6 auf Seite 141.

5.2.1 Projektübersicht bewahren

Aufgaben und beteiligte Systemklassen. Sollen Entwicklungen aus unterschiedlichen Arbeitsbereichen im Blick behalten werden, dann bilden Awarenessfunktionen den Mittelpunkt der informationstechnischen Unterstützung. Aus verschiedenen Quellen stammende Informationen über den (aktuellen, aktivitätsbezogenen) Status einer Person werden genutzt, um Rückschlüsse auf den dahinterliegenden Arbeitsbereich zu ermöglichen. Aufzeichnungen des erfassten Interaktionsverhaltens unterstützen des Weiteren die Orientierung eines Nutzers über zurückliegende Aktivitäten (vgl. Kapitel 5.2.3 auf Seite 131).

Nutzung von Sensor- und Metadaten

Bestehende Ansätze. Eine Reihe von Arbeiten versucht, aus Sensordaten (z. B. Begole et al. 2004) und Informationen über gegenwärtig genutzte Applikationen (z. B. Scupelli et al. 2007) auf den aktuellen Kontext und die gegenwärtige Verfügbarkeit eines Nutzers zu schließen (vgl. Kapitel 3.3.1 auf Seite 60). Dabei funktionieren Ansätze, die ein proaktives Verhalten des Nutzers erfordern, um über Präsenzinformationen hinausgehende Informationen zur Verfügbarkeit bereitstellen zu können, häufig nur unzureichend: Oftmals unterbleibt ihre Nutzung, in der Folge gibt der Mechanismus fehlerhafte Statusinformationen preis (vgl. Avrahami & Hudson 2004, S.

516; Begole et al. 2004, S. 512; Fogarty et al. 2004, S. 13). Scupelli et al. (2007) schließen über den Namen der von einem Nutzer geöffneten Dokumente auf dessen aktuellen Projektkontext. Dokumente werden damit auch von Scupelli et al. als Träger koordinationsrelevanter Kontextinformation angesehen (vgl. Kapitel 2.1.2 auf Seite 20).

Protokollieren des Nutzungsverlaufs

Wideroos & Pekkola (2006) kombinieren eine Aufzeichnung der Nutzerinteraktion in einer Desktopumgebung mit einem Zugriffsprotokoll des Dateisystems, um Rückschlüsse auf übergeordnete Aktivitäten wie bspw. das Bearbeiten eines Dokuments ziehen zu können. Die Historie solcher Aktivitäten und des Zugriffs auf Dokumente wird applikationsübergreifend sowohl in einer Verlaufsdarstellung (Journal) als auch in einem Kalender zusammenfassend dargestellt. Meilensteine oder Wendepunkte wie z. B. der Abschluss einer Aufgabe, das Auftreten einer unvorhergesehenen Unterbrechung sowie der Wechsel zwischen unterschiedlichen Aufgaben (Wideroos & Pekkola 2006, S. 2) können von den Nutzern des Systems als Ereignisse besonderer Relevanz explizit markiert und mit Metadaten versehen werden. Anhand dieser Informationen kann ein zurückliegender Kontext zu einem späteren Zeitpunkt rekonstruiert werden, wodurch auch die Wiederaufnahme unterbrochener Aktivitäten unterstützt wird. Der von Wideroos & Pekkola (2006) vorgestellte Ansatz bleibt dabei allerdings auf die Perspektive eines einzelnen Nutzers beschränkt: Informationen über den Kontext anderer Nutzer stehen nicht zur Verfügung. Des Weiteren werden Dokumente zwar als relevanter Träger von Kontextinformationen identifiziert, eine über das Protokollieren des Zugriffs auf einzelne Dateien hinausgehende Nutzung von Metadaten findet jedoch nicht statt: Den Kontext beschreibende Schlüsselbegriffe werden nicht automatisiert aus den Dokumenten gewonnen sondern müssen von einem Nutzer explizit vergeben werden.

Verbindung von Metadaten und Statusinformationen

Entwicklungslinien. Die umfängliche Verknüpfung koordinations/ relevanter Statusinformationen, die aus der Nutzung verschiedener (Standard-)Anwendungen gewonnen werden (Anforderung 9.3, 9.5, Tabelle 17 auf Seite 147) und die nahtlose Integration von Awareness-Funktionen zur Unterstützung der Projektübersicht in bereits etablierte Koordinations- und Kommunikationswerkzeuge (Anforderung 10.1, 11.1, ebd.) stellen Entwicklungslinien mit Innovationspotenzial dar. Mit der Verbindung von dokumentbezogenen Metadaten und Statusinformationen aus der vorhandenen Kooperationsinfrastruktur verfolgt die vorliegende Arbeit dabei einen neuartigen Lösungsweg (vgl. Kapitel 7.2.2 auf Seite 172 sowie Kapitel 7.2.3 auf Seite 176). Für die kollaborative Multiprojekt-Wissensarbeit sind des Weiteren Awarenessfunktionen relevant, die das Ausmaß möglicher Überschneidungen zwischen dem eigenen Arbeitsbereich und den Arbeitsbereichen anderer Personen erkennbar werden lassen (Anforderung 10.2, ebd.). Hier geht die vorliegende Arbeit über bestehende Ansätze hinaus, indem sie Metadaten gerade in Benutzung befindlicher Dokumente zur Beschreibung eines Arbeitsbereichs verwendet und Schnittmengen solcher Beschreibungen darstellt (vgl. Kapitel 7.2.2 auf Seite 172) – insbesondere ist keine explizite, vorherige Zuordnung eines Dokuments zu einem Arbeitsbereich erforderlich.

5.2.2 Unterbrechungen anbahnen und bewerten

Aufgaben und Systemklassen. Unterbrechungen sollten von einem Interruptor planvoll und zu möglichst passenden Zeitpunkten veranlasst werden. Ein Interruptee sollte dann in der Lage sein, Bedeutung und Auswirkungen einer Unterbrechung möglichst gut einzuschätzen, um sein weiteres Handeln angemessen zu planen (s. Kapitel 4.2.2 auf Seite 95). Für beide Aufgaben stellt die Übersicht über Arbeitsbereiche eine Vorbedingung dar – auch im Handlungsfeld *Unterbrechungen anbahnen und bewerten* kommt Awarenessfunktionen deshalb ein hoher Stellenwert zu. Dabei sind für das planvolle Veranlassen einer Unterbrechung zu einem möglichst günstigen Zeitpunkt vor allem Informationen zur tatsächlichen Verfügbarkeit einer Person relevant; die Bewertung einer Unterbrechung benötigt u. a. Informationen zu den betroffenen Arbeitsbereichen und eine Orientierung über zu erwartende Aufgaben. Neben Funktionen, die eine entsprechende Projektübersicht unterstützen, treten Koordinationswerkzeuge und Kommunikationswerkzeuge: Koordinationswerkzeuge unterstützen Interruptor und Interruptee dabei, den Umgang mit einer Unterbrechung abzustimmen. Kommunikationswerkzeuge können genutzt werden, um einem Interruptee im Vorfeld einer Unterbrechung Informationen über die erwarteten Tätigkeiten zukommen zu lassen (vgl. McFarlane & Latorella 2002).

Verfügbarkeit erkennen

Bestehende Ansätze. Fogarty et al. (2004) bestimmen anhand der Netzwerkeinbuchung eines Computers den Aufenthaltsort eines Nutzers, verwenden das eingebaute Mikrofon eines Laptops, um verbale Kommunikation zu erkennen und schließen anhand von Kalendereinträgen auf aktuelle Termine (Fogarty et al. 2004, siehe Fogarty et al. 2005, Horvitz et al. 2002, 2004, Horvitz & Apacible 2005, Gievska & Sibert 2005, Bailey & Konstan 2006 für weitere Beispiele). Diese Informationen werden genutzt, um automatisiert auf die Verfügbarkeit eines Nutzers zu schließen.

Unterstützung von Aushandlungen

Eine symmetrische Entscheidungsfindung zur Handhabung einer Unterbrechung wird durch Aushandlungsfunktionen ermöglicht: Wiberg & Whittaker (2005) beschreiben einen leichtgewichtigen Mechanismus, der den Verursacher und den Adressaten einer Unterbrechung dabei unterstützt, einen für beide Parteien geeigneten Zeitpunkt zur Bearbeitung der Unterbrechung zu vereinbaren (vgl. auch Rodenstein et al. 1999). Die Aushandlung des Unterbrechungszeitpunkts eröffnet allerdings keine universelle Lösungsperspektive: Beispielsweise können Unterbrechungen im Fall der Bearbeitung zeitkritischer Aufgaben nicht immer aufgeschoben werden, auch der Aushandlungsprozess selbst kann hier zu langwierig sein.

Kombination unterschiedlicher Informationsquellen

Entwicklungslinien. Neben den vorausgehend diskutierten Fragestellungen zur Unterstützung einer projektübergreifenden Awareness (Kapitel 5.2.1 auf Seite 127, Anforderung 2.1 in Tabelle 18 auf Seite 149) stellt sich die Frage, wie unterschiedliche Informationsbestände aus der in Nutzung befindlichen informationstechnischen Infrastruktur kombiniert genutzt werden können, um ein reichhaltiges Bild der gegenwärtigen Aktivität und Verfügbarkeit einer Person zu zeichnen. Einfache Verfügbarkeitsanzeigen, wie sie z. B. im Instant Messaging zur Anwendung gelangen, reichen nicht aus, um die Handhabung von Unterbrechungen zu unterstützen. Die in dieser Arbeit vorgenommene Kombination unterschiedlicher Statusinformationen (Termin- und Anwesenheitsinformationen) mit dokumentbezogenen Metadaten stellt einen neuartigen Ansatz zur Unterstützung verfügbarkeitsbezogener Awareness dar (vgl. Kapitel 7.2.2 auf Seite 172). Die Orientierung eines Interruptee im Vorfeld einer Unterbrechung wirft darüber hinaus die Frage nach der Gestaltung leichtgewichtiger Funktionen auf, die einen schnellen Einstieg in den neuen Arbeitsbereich fördern (Anforderung 3.1, Tabelle 18 auf Seite 149). Eine weitere Entwicklungslinie ist durch die Frage gegeben, welche weiteren Kriterien die Verfügbarkeit beeinflussen und wie diese für informationstechnische Werkzeuge nutzbar zu machen sind. Beispielsweise kann die Verfügbarkeit vom Partnerbild des Interruptees vom Interruptor (Harr & Kaptelinin 2007) oder dem Arbeitsbereich, aus dem eine Unterbrechung stammt, abhängen.

5.2.3 Wiederaufnahme und Orientierung ermöglichen

Aufgaben und Systemklassen. Die Wiederaufnahme einer unterbrochenen Aktivität und die Orientierung über den aktuellen Stand der Zusammenarbeit beinhalten vielfältige Aufgaben, zu denen das Erstellen und Wahrnehmen von Hinweisen, das Erkennen relevanter Veränderungen in gemeinsam genutzten Dokumenten und das Rekonstruieren des Bearbeitungsstands eines unterbrochenen Projekts zählen (s. Kapitel 4.2.3 auf Seite 102). An der informationstechnischen Unterstützung des Handlungsfelds sind entsprechend viele Systemklassen beteiligt: Neben Awarenessfunktionen und Kommunikationswerkzeugen sind Anwendungen zur Bearbeitung gemeinsamen Materials und – im Falle der synchronen Zusammenarbeit am gleichen Ort – Electronic Meeting Systems involviert.

Kommentare in Dokumenten

Bestehende Ansätze. In der kollaborativen Multiprojekt-Wissensarbeit stehen Dokumente im Mittelpunkt der Zusammenarbeit: Hinweise zur Wiederaufnahme und Orientierung beziehen sich in der Regel auf Teile solcher Dokumente, die während der Abwesenheit eines Kooperationspartners verändert wurden. In klassischen Systemen zur Dokumentbearbeitung (z. B. Microsoft Word) stehen in der Regel Funktionen zur Verfügung, mit denen Hinweise in Form von Kommentaren bzw. Annotationen zu einzelnen Dokumentteilen festgehalten werden können (vgl. Zheng et al. 2006). Die Kommentare verbleiben dabei auf Dateiebene im Dokument und stehen den Nutzer außerhalb der zur Dokumentbearbeitung genutzten Anwendung selbst i. d. R. nicht zur Verfügung (s. Cadiz et al. 2000, S. 310).

Kontextualisierte Kommunikation und Feeds

Eine weitere Möglichkeit des Erstellens dokumentbezogener Hinweise ist durch das Konzept der kontextualisierten Kommunikation gegeben: kommunikationsunterstützende Funktionen werden im Kontext einzelner Teile eines Dokuments angeboten, Kommunikationsbeiträge und Dokumentteile erscheinen miteinander verschränkt (Kienle & Herrmann 2004; Kienle 2003; Kienle & Ritterskamp 2004, 2007; Prilla & Ritterskamp 2006, 2007, 2008). Das Konzept wurde in der webbasierten Kooperationsplattform KOLUMBUS 2 (ebd.) umgesetzt: Hier können Annotationen zu einzelnen Abschnitten eines in der Plattform erstellten Dokuments (bzw. Arbeitsbereichs) verfasst werden, die explizit an einen spezifischen

Teilnehmerkreis gerichtet sind. Solche Beiträge stellen einen möglichen Ausgangspunkt für vornehmlich asynchrone Kommunikationsvorgänge dar, die sich in Form hierarchisch strukturierter Diskussionsstränge niederschlagen. Auch KOLUMBUS 2 bietet alternative Repräsentationen zu Annotationen an: Nutzer können zu einem Arbeitsbereich (bzw. zu einzelnen Teilen eines solchen) Feeds abonnieren, in denen u. a. auf neue Annotationen im System hingewiesen wird.

Hervorheben von Schlüsselworten und Gesamtansicht

Die Orientierung über Veränderungen in einem Dokument muss nicht nur über Hinweise erfolgen: Es können auch Funktionen angeboten werden, die es einem Nutzer erlauben, veränderte[1] Teile eines Dokuments visuell hervorzuheben. In Systemen der Dokumentbearbeitung sind oftmals entsprechende Funktionen zur Nachverfolgung von Änderungen integriert: sie geben Aufschluss darüber, welche Teile eines Dokuments von welchem Nutzer im Vergleich zu einer vorausgehenden Version des Dokuments verändert wurden. Ein solcher Versionsvergleich impliziert, dass nur solche Veränderungen dargestellt werden, die sich zwischen zwei explizit gesetzten Zeitpunkten ereignet haben.[2] Die Nachverfolgung von Änderungen erfolgt also ereignisorientiert – die wahlfreie Auswahl eines Zeitraums (z. B.: *„die letzten zehn Minuten“)*, zu dem Veränderungen angezeigt werden sollen, wird in der Regel nicht unterstützt.

Darstellungsformen, die einen Nutzer darin unterstützen, einen bestimmten Teil eines elektronisch repräsentierten Artefakts (z. B. eines Dokuments) zu fokussieren und diesen Teil zugleich im Gesamtkontext des Artefakts zu verorten, werden im Feld der Informationsvisualisierung ausführlich diskutiert (vgl. z. B. Furans 2006 für eine Diskussion zum o. g. Verhältnis von Fokus und Kontext). Suh et al. (2002) nutzen Größen- und Farbveränderungen, um von einem Nutzer vorgegebene Schlüsselworte in Übersichtsdarstellungen von Webseiten hervorzuheben. Diese Schlüsselbegriffe werden

1. Dafür sind Kriterien anzugeben, welche Modifikationen eines Dokuments als Veränderung anzusehen sind und welche nicht. Beispielsweise könnten nur solche Modifikationen als hervorzuhebende Veränderungen angesehen werden, die während einer bestimmten Zeitspanne erfolgt sind.
2. Im Fall des gemeinsamen Editierens eines Dokuments ist der Startzeitpunkt dabei durch die Aktivierung der Änderungsnachverfolgung gegeben; in Versionskontrollsystemen, die z. B. in der kooperativen Softwareentwicklung zum Einsatz gelangen, sind die Zeitpunkte durch das Einstellen zweier Versionen gegeben.

innerhalb einer Thumbnail-Ansicht vergrößert angezeigt, wodurch Aufmerksamkeit für diese Elemente erregt wird (ebd., S. 254). Von (moderaten) geometrischen Verzerrungen abgesehen bleibt die Positionierung der Elemente innerhalb des Dokuments erhalten, was der Orientierung innerhalb des Dokuments zugutekommt. Cockburn et al. (2006) stellen mit dem Konzept der *Space Filling Thumbnails* eine Visualisierung vor, die es erlaubt, den gesamten Informationsraum auf einmal darzustellen und Scrolling zu vermeiden: Damit wird eine schnelle Orientierung und Navigation in Dokumenten ermöglicht (ebd., S. 9).

Montagen

MacIntyre et al. (2001) setzen periphere Anzeigegeräte ein, um mittels *Montagen* spezifischer Dokumente und Applikationen an zurückgestellte Arbeitsbereiche zu erinnern. Gruppenanzeigen eines EMS sind prinzipiell geeignet, die Rolle eines solchen peripheren Anzeigegeräts zu übernehmen.

Aufzeichnung von Ereignissen

Hinweise auf den relativen Zeitpunkt der Veränderung eines Dokuments geben Burmistrov & Leonova (1997) durch eine farbliche Markierung von Inhalten, die sich im Lauf der Zeit „abkühlt" (ebd. S. 79). Rattenbury & Canny (2007) zeichnen Systemaktivitäten auf und gewinnen daraus eine nach Aktivitäten geordnete Darstellung von Applikationen und Dokumenten. Auch Wideroos & Pekkola (2006) zeichnen aus verschiedenen Quellen stammende Ereignisse wie z. B. Veränderungen des Applikationsfokus auf: Diese Informationen können von einem Individuum zu einem späteren Zeitpunkt genutzt werden, um eine bestimmte Konfiguration von Dokumenten und Applikationen wiederherzustellen.

Hinweise zu fortgeführter Zusammenarbeit

Entwicklungslinien. Der überwiegende Teil der auf den Umgang mit Unterbrechungen bezogenen Arbeiten geht von Szenarien aus, in denen die unterbrochene Arbeit während der Abwesenheit des Interruptee ruht, also nicht von Proceedern fortgeführt wird. Demzufolge stellt die Unterstützung der Proceeder (vor allem Anforderung 8.1. und 8.2, Tabelle 19 auf Seite 150) sowie die übergeordnete Idee, die Wiederaufnahme einer *fortgesetzten* Zusammenarbeit durch Hinweise dieser Proceeder zu unterstützen (Anforderungen 13.2 und 15.1, ebd.), Neuland dar. Entsprechende Funktionen der Kommunikationsunterstützung sind – wie auch Funktionen zur Orientierung über Veränderungen gemeinsamen Materials (Anforderungen 5.2 und 5.3, ebd.) und zur Rekonstruktion einer Dokumentkonfiguration (Anforderungen 6.1 und 6.2, ebd.) – in bestehende Systeme einzubinden (Anforderungen 5.2 und 15.1, ebd.). Dabei stellt sich auch die Frage, wie diese Funktionen zugleich in einem EMS und am Individualarbeitsplatz angeboten werden können (Anforderungen 5.2 und 5.3, ebd.). Auch hier zeigt die Arbeit einen neuen Weg auf, wie im Rahmen einer Sitzung genutzte Standardapplikationen um orientierungsunterstützende Funktionen erweitert werden können (vgl. Kapitel 7.2.4 auf Seite 180).

5.2.4 Arbeitsabläufe unterbrechungstolerant gestalten

Aufgaben und Systemklassen. Wie bereits in Kapitel 6.3.4 auf Seite 151 verdeutlicht wurde, liegt der Kernbereich der informationstechnischen Unterstützung des Handlungsfelds *Arbeitsabläufe unterbrechungstolerant gestalten* darin, rechtzeitig auf anstehende Unterbrechungen aufmerksam zu machen und eine Gruppe darin zu unterstützen, Möglichkeiten zur Fortsetzung ihrer absehbar unterbrochenen Zusammenarbeit zu finden. Für beide Aufgaben sind Termininformationen aus Gruppenkalendern relevant.

Popup-Dialoge und alternative Visualisierung

Bestehende Ansätze. Automatisierte Terminerinnerungen stellen ein hinlänglich bekanntes Mittel zur Erinnerung an anstehende Ereignisse dar, in ihrer herkömmlichen Erscheinungsform als Popup-Dialog sind diese Erinnerungsfunktionen für den unterbrechungssensitiven Bereich der Wissensarbeit jedoch nur bedingt geeignet, da sie ihrerseits eine oftmals überraschend und als störend empfundene Ablenkung darstellen (vgl. Hodgetts & Jones 2006). Dragicevic & Huot (2002) stellen mit *SpiraClock* einen Prototyp vor, der mittels einer spiralförmigen Visualisierung einer Zeitschiene auf anstehende Ereignisse hinweist. *SpiraClock* blendet Informationen über anstehende Termine in das Ziffernblatt einer (analogen) Uhr ein, es werden aber ausschließlich Ereignisse aus dem Kalender eines einzelnen Nutzers berücksichtigt.

Leichtgewichtige Integration kooperationsunterstützender Funktionen

Entwicklungslinien. In der synchronen Zusammenarbeit einer Gruppe ist es erforderlich, Transparenz über möglicherweise als Unterbrechung auftretende Termine herzustellen (Anforderung 1.1, Tabelle 20 auf Seite 152): Dafür müssen Informationen aus den Kalendern aller Gruppenmitglieder berücksichtigt werden. Eine Entwicklungslinie besteht deshalb darin, die Visualisierung anstehender Termine in Abhängigkeit von der Gruppenzusammensetzung zu ermöglichen. Neben Hinweisen zu anstehenden Unterbrechungen sollten einer Gruppe außerdem Funktionen angeboten werden, die den weiteren Umgang mit ggf. resultierenden Terminkonflikten erleichtern, z. B., indem das Auffinden und Vereinbaren eines Folgetermins unmittelbar unterstützt wird. Die vorliegende Arbeit wählt hier einen neuen Lösungsweg, indem entsprechende Funktionen eines kooperationsunterstützenden Systems auf leichtgewichtige Weise in einer denkbar einfachen wie weitverbreiteten Anwendung – einer Systemuhr – angeboten werden (s. Kapitel 7.2.5 auf Seite 184).

5.3 Bewertung der vorhandenen Unterstützung

Die vorausgehende Analyse vorhandener informationstechnischer Werkzeuge hat gezeigt, dass die Unterstützung der Handhabung von Unterbrechungen in der Multiprojekt-Wissensarbeit auf vorhandenen Systemen aufsetzen kann. Es geht dabei nicht um den Entwurf komplett neuer Systemklassen sondern vielmehr darum, vorhandene Mechanismen und koordinationsrelevante Informationen aus verschiedenen Quellen miteinander zu kombinieren und zu neuartigen Funktionen *zusammenzuführen*.

Kombination von Statusinformationen aus unterschiedlichen Quellen

Für die Konstruktion entsprechender Funktionen stellt die kombinierte Nutzung aus unterschiedlichen Anwendungen stammender, (nutzerbezogener) Statusinformationen eine wichtige Grundlage dar. Welche informationstechnisch repräsentierten Informationen zur Beschreibung des Status des aktuellen Arbeitsbereichs einer Person herangezogen werden können, geht aus dem Datenmodell[1] in Abbildung 15 auf Seite 136 hervor. Mit Bezug auf die vorausgehend diskutierten Technologien stellt das Modell solche Elemente dar, die zur Unterstützung der Wissensarbeit von grundlegender Bedeutung sind und dabei Aufschluss über den aktuellen Arbeitsbereich einer Person geben können. Eine Zusammenstellung entsprechender Statusinformationen kann Schlagworte zu den aktuell in Bearbeitung befindlichen Dokumenten, Kommentare, aktuelle und anstehende Termine und auf die Anwesenheit (Presence) eines Nutzers bezogene Informationen beinhalten. Abbildung 15 verdeutlicht, welche Bestandteile der Anwendungsumgebung diese Informationen bereit-

1. Zur Modellierung wird auf die Notation der *Unified Modeling Language (UML)* zurückgegriffen.

halten und setzt damit einen geeigneten Rahmen für die spätere Prototypkonzeption (s. Kapitel 7 auf Seite 163).

ABBILDUNG 15. Beziehung zwischen Statusinformation und Anwendungsumgebung

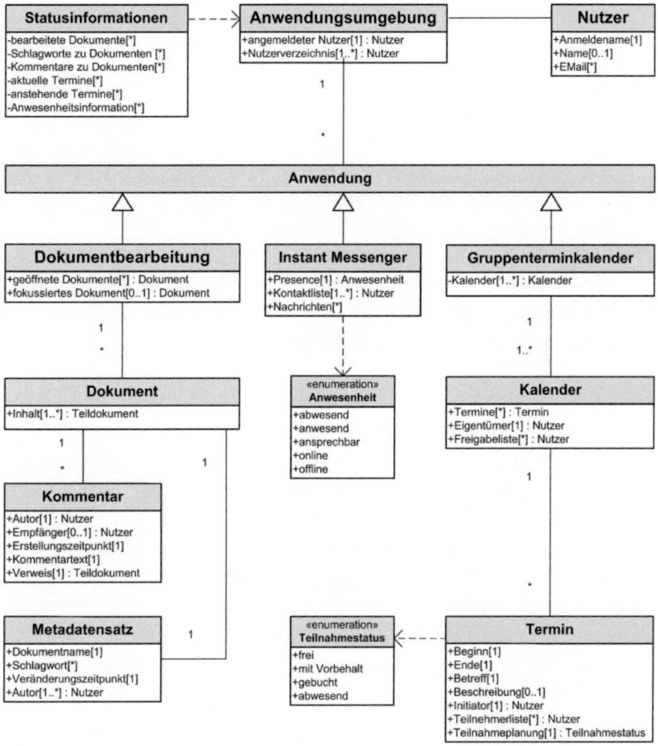

Integration in bestehende Infrastruktur

In Bezug auf die Überführung der neuen Funktionen in die Praxis der informationstechnisch unterstützten Wissensarbeit kommt es auch auf deren Integration in die etablierte, in Nutzung befindliche Infrastruktur an. Hier sind vor allem Systeme des persönlichen und des gruppenbezogenen Informationsmanagements relevant. Letztere stellen einen Teil der bereits in individuellen PIM-Systemen erfassten Informationen (z. B. Termineinträge) der gesamten Gruppe zur Verfügung (vgl. Erickson 2006, S. 74) und unterstützen neben koordinativen Aktivitäten auch kommunikative Prozesse. Als Koordinations- und Kommunikationswerkzeuge werden sie in der Multiprojektarbeit arbeitsbereichsübergreifend eingesetzt (s. Bedingung 6 auf Seite 28). Damit stellen sie einen geeigneten Ausgangspunkt für die Integration von Funktionen zur Unterstützung der Handhabung von Unterbrechungen dar (s. Bedingung 2 auf Seite 21).

5.4 Infrastrukturexploration

Im vorausgehenden Teil des Kapitels wurden informationstechnische Systeme vorgestellt, die prinzipiell zur Unterstützung der fragmentierten Multiprojekt-Wissensarbeit zum Einsatz kommen können. Um ein zu den infrastrukturellen Randbedingungen einer bestimmten Organisation passendes Design vornehmen zu können, ist es erforderlich, das Bild der Ausgangslage weiter zu konkretisieren. Diesem Zweck dient eine der Prototypkonzeption vorgelagerte Exploration der vorhandenen Infrastruktur.

Stichprobe zur Werkzeugnutzung

Die vorliegende Arbeit hat im Rahmen einer exemplarischen Exploration solche Anwendungen und Applikationsklassen identifiziert, die zur Unterstützung typischer Aktivitäten der Wissensarbeit eingesetzt werden. Als Stichprobe (n=9) diente eine wissenschaftliche Arbeitsgruppe, deren Angehörige in verschiedenen Konstellationen in unterschiedlichen Projekten zusammenarbeiten. Diese Gruppe, deren Angehörige mit kollaborativer, polychroner Multiprojekt-Wissensarbeit befasst sind (s. Kapitel 6.2.2 auf Seite 143), dient auch im Rahmen weiterer Schritte der Anforderungsbestimmung und der Evaluation als Bezugssystem.

5.4.1 Methode

Beobachtende Teilnahme und Arbeitsplatzbesuche

Um Informationen über die in Nutzung befindliche Infrastruktur aufzudecken, wurden in Abhängigkeit von der Form der Multiprojekt-Wissensarbeit unterschiedliche Verfahren eingesetzt. Informationen über die Beschaffenheit der in Situationen der synchronen Zusammenarbeit am gleichen Ort eingesetzten IuK-Infrastruktur wurden im Rahmen einer beobachtenden Teilnahme (vgl. Blomberg et al. 2003, S. 969) erhoben. Applikationen, die von den Wissensarbeitern im Rahmen individueller Arbeitstätigkeiten (im eigenen Büro, keine weiteren persönlich anwesenden Personen) eingesetzt werden, ließen sich mittels wiederholter, unangekündigter Arbeitsplatzbesuche identifizieren.[1]

5.4.2 Ergebnis

In Tabelle 15 auf Seite 138 sind die Applikationen aufgeführt, die von der betrachteten Arbeitsgruppe in mindestens 50% der betrachteten Fälle synchroner Zusammenarbeit am gleichen Ort *gemeinschaftlich* (d. h. auf einem für die Gesamtgruppe sichtbaren Display) genutzt wurden; Tabelle 16 auf Seite 138 verzeichnet die Applikationen, die in typischen Arbeitssituationen von mindestens 50% der beobachteten Wissensarbeiterinnen auf ihrem eigenen Rechner eingesetzt wurden.[1] Für jede Applikation ist angegeben, mit welcher Häufigkeit sie im Rahmen der synchronen Zusammenarbeit und zur Unterstützung individueller Arbeitstätigkeiten eingesetzt wurden. Beide Tabellen nehmen darüber hinaus eine Zuordnung der einzelnen Applikationen zu Applikationsklassen vor.

TABELLE 15. Werkzeuge zur Unterstützung synchroner Wissensarbeit am gleichen Ort (Auswahl)

Werkzeug	Kategorie	Anteil
OneNote	Dokumentbearbeitung	100%
Firefox	Web-Browser	57%

TABELLE 16. Werkzeuge zur Unterstützung der Wissensarbeit am Einzelarbeitsplatz (Auswahl)

Werkzeug	Kategorie	Anteil
Outlook (Exchange)	PIM & GIM	88%
Firefox	Web-Browser	69%
Word	Dokumentbearbeitung	63%
Sidebar (Uhr)	Widget	56%
Miranda, Spark / (Skype)[a]	Instant Messaging	44% (63%)[b]

a. Applikationen der Kategorie Instant Messaging werden aufgrund des nahezu identischen Nutzungszwecks und weitestgehend vorhandener Interoperabilität aggregiert betrachtet.

b. Der Anteil von 63% ergibt sich, wenn man die ebenfalls als Instant Messenger zu nutzende Vocie-Over-IP-Anwendung *Skype* der Kategorie des Instant Messaging zuschlägt.

1. Um Hinweise auf Applikationen zu erhalten, die routinemäßig im Rahmen der Wissensarbeit genutzt werden, wurden die Teilnehmer im Rahmen der Exploration auch danach gefragt, ob die gerade von ihnen verfolgte Aufgabe als typisch für die eigene Arbeit angesehen werden kann.

1. Eine vollständige Darstellung findet sich in Anhang III auf Seite 269.

5.4.3 Übertragbarkeit

Erkennen von Applikationsklassen

Die Ergebnisse der Infrastrukturexploration sind für das Feld der kollaborativen Multiprojekt-Wissensarbeit zwar nicht repräsentativ, dennoch weisen sie auf besonders relevante Applikationsklassen hin und unterstreichen die Beobachtung, dass die informationstechnische Unterstützung der Wissensarbeit auf der Kombination verschiedener (kooperationsunterstützender) Werkzeuge beruht. Die Infrastrukturexploration hat eine Gewichtung dieser Applikationsklassen zur Folge. Damit nimmt sie auch eine sinnvolle Eingrenzung des Problemraums vor: Indem sie besonders häufig genutzte Anwendungen erkennen lässt, definiert sie einen geeigneten Ausgangspunkt für die Prototypkonzeption. Mit Blick auf die literaturgeleitete Analyse informationstechnischer Unterstützungspotenziale in den Kapiteln 5.1 und 5.2 ist hervorzuheben, dass die Infrastrukturexploration mit der Kategorie der Widgets auf eine zuvor unberücksichtigte Klasse von Systemen aufmerksam gemacht hat, die im Rahmen kollaborativer Multiprojekt-Wissensarbeit zum Einsatz kommt.

5.4.4 Auswirkungen auf den Prototypentwurf

Die Ergebnisse der Infrastrukturexploration geben dem Prototypentwurf einen technologischen Rahmen vor. Sie benennen Anwendungen und Applikationsklassen, auf die sich der Entwurf konzentrieren muss, wenn er die Integration der Prototypen in die etablierte Infrastruktur zum Ziel hat.

Bearbeitende Nutzung gemeinsamen Materials im Fokus

Die im Rahmen dieser Arbeit entwickelten Prototypen werden auf den überwiegenden Teil der in Kapitel 5.4.2 identifizierten Applikationsklassen Bezug nehmen. Eine Ausnahme stellt die Kategorie *Web-Browser* dar: Die beobachtende Teilnahme hat gezeigt, dass Browser zwar oftmals genutzt werden, um auf gemeinsames Material zuzugreifen – zur weiteren Bearbeitung dieses Materials kommen dann aber recht schnell Anwendungen aus der Kategorie *Dokumentbearbeitung* zum Einsatz. Für den Prototypentwurf liegt der Fokus klar auf der bearbeitenden Nutzung gemeinsamen Materials – der Kategorie der Dokumentbearbeitung kommt deshalb ein stärkeres Gewicht zu.

Zwar nimmt der Prototypentwurf die am häufigsten genutzten Applikationen in den Blick, dies allein garantiert aber noch nicht die spätere Nutzung der Prototypen. Das Feld der im Rahmen der Infrastrukturexploration identifizierten Basisapplikationen ist immer noch heterogen: So nutzen nicht alle der beobachteten Wissensarbeiter Instant Messaging Anwendungen, auch wenn Systeme dieser Kategorie eine hohe Verbreitung in der Gesamtgruppe aufweisen.

5.5 Zusammenfassung

Auf Grundlage einer Analyse der einschlägigen Literatur wurden in diesem Kapitel informationstechnische Werkzeuge zur Unterstützung der kollaborativen Multiprojekt-Wissensarbeit und der Handhabung von Unterbrechungen vorgestellt. Dabei konnten Entwicklungslinien einer auf die Belange der kollaborativen Multiprojekt-Wissensarbeit zugeschnittenen Unterbrechungsunterstützung identifiziert werden und es wurde darauf hingewiesen, an welchen Stellen die Lösungsansätze der vorliegenden Arbeit über bestehende Konzeptionen hinausweisen.

Für jede der betrachteten Systemklassen wurde des Weiteren hinterfragt, welche Rolle sie bei der Handhabung von Unterbrechungen wahrnehmen kann. Eine Gewichtung der Systemklassen gemäß ihrer praktischen Bedeutung für die kollaborative Multiprojekt-Wissensarbeit konnte im Rahmen einer exemplarischen Infrastrukturexploration ermittelt werden. Gemeinsam mit den identifizierten Entwicklungslinien stellen die Ergebnisse dieser Exploration einen geeigneten Ausgangspunkt für den Entwurf und die Implementierung von Prototypen dar.

KAPITEL 6 Anforderungsbestimmung

Gegenstand dieses Kapitels ist die Bestimmung von Anforderungen an informationstechnische Systeme, die den Umgang mit Unterbrechungen in der fragmentierten Multiprojekt-Wissensarbeit erleichtern sollen. Zu diesem Zweck werden Anforderungen aus verschiedenen Quellen zusammengeführt und den Aufgaben der in Kapitel 4 auf Seite 85 identifizierten Handlungsfelder zugeordnet. Des Weiteren werden für den Prototypentwurf relevante Bedingungen der fragmentierten Multiprojekt-Wissensarbeit in Form nichtfunktionaler Anforderungen zusammengetragen. Das Kapitel schließt mit Betrachtungen zur Qualitätssicherung der ermittelten Anforderungen.

6.1 Anforderungen an die Vorgehensweise

Zielsetzung des Prototypings

Die vorliegende Arbeit strebt die Konzeption neuartiger Unterstützungsfunktionen an, die helfen sollen, den Umgang mit Unterbrechungen in der kollaborativen Multiprojekt-Wissensarbeit zu erleichtern. Dabei ist es ein Ziel, diese Funktionen und zugehörige Designentscheidungen anhand von Systemprototypen zu überprüfen. Eine Inspektion der Prototypen (siehe Kapitel 8.2 auf Seite 206) soll eine erste Einschätzung der Wirksamkeit ermöglichen und Hinweise auf Verbesserungsmöglichkeiten geben. Diese Zielsetzung stellt eine Reihe von Bedingungen an die zur Konzeption der Prototypen eingesetzte Vorgehensweise:

Anforderungen an das Vorgehen

- Der Konzeption sollen Anforderungen zugrunde liegen, die sich auf charakteristische Merkmale des Problembereichs beziehen und diesen gut überdecken.
- Die Prototypen sollen unterschiedliche Funktionen umsetzen, um vielversprechende Ansätze erkennen zu können.
- Anforderungen aus verschiedenen Quellen sollen miteinander abgeglichen werden, um die Konzeption von Beginn an auf ein möglichst solides Fundament zu stellen.

- Die Anforderungen sollen systematisch, einheitlich und in einer für den Entwurf von Architektur und Funktionen geeigneten Form dokumentiert werden.
- Anforderungen und Prototypen sollen den Erfordernissen der Praxis fragmentierter Multiprojekt-Wissensarbeit genügen.

In den Phasen der Bestimmung, Analyse und Überprüfung von Anforderungen können verschiedene Techniken miteinander kombiniert werden, um diesen Bedingungen zu genügen. In den folgenden Unterkapiteln wird genauer erklärt, auf welche Art und Weise eine bestimmte Technik zur Erfüllung dieser Bedingungen beiträgt.

6.2 Anforderungen erheben

Analytische und partizipative Bestimmung von Anforderungen

Die Anforderungsbestimmung ermittelt für den Prototypenentwurf wesentliche Eigenschaften und Randbedingungen. Anforderungen an die Unterstützung des Umgangs mit Unterbrechungen lassen sich sowohl analytisch aus der bereits vorhandenen Literatur zum Problembereich als auch partizipativ in einem *Requirements Workshop* mit Teilnehmern aus dem Feld kollaborativer Wissensarbeit (hier: wissenschaftliche Projektarbeit, s. Kapitel 6.2.2 auf Seite 143) gewinnen. In der vorliegenden Arbeit werden beide Verfahren kombiniert. Die Erhebung deckt so einen großen Teil des Problembereichs ab und liefert erste Hinweise auf das Gewicht und die Gültigkeit einzelner Anforderungen.

6.2.1 Wiederverwenden dokumentierter Anforderungen

Wiederverwenden von Anforderungen aus der Literatur

Für den Systementwurf wichtige Informationen können aus der Betrachtung bereits vorhandener Beschreibungen des Problembereichs und zugehöriger Lösungen gewonnen werden. Die Wiederverwendung von Anforderungen (Rupp et al. 2007, S. 110, 127-128) kann zur Verbesserung der Produktqualität beitragen, sofern auf bewährte und für den Problembereich gültige Anforderungen zurückgegriffen wird. Eine Reihe von Anforderungen und Randbedingungen der informationstechnischen Unterstützung des Umgangs mit Unterbrechungen lässt sich der bereits vorhandenen Literatur entnehmen, wie dies in den Kapiteln 2 bis 4 geschehen ist. In den vorausgehenden Kapiteln wurden solche Bedingungen fortlaufend festgehalten. Gemeinsam mit den in Kapitel 3 auf Seite 45 identifizierten Aufgaben setzen sie den Rahmen für die Gestaltung informationstechnischer Systeme, die die Handhabung von Unterbrechungen in der fragmentierten Multiprojekt-Wissensarbeit unterstützen sollen.

Grenzen der Wiederverwendung

Der Wiederverwendung von Anforderungen sind Grenzen gesetzt: Als vergangenheitsorientierte Technik der Anforderungsbestimmung unterstützt sie die Identifikation neuer oder veränderter funktionaler Anforderungen an das zu entwickelnde System nur bedingt. Entsprechend liegt das Ziel der literaturbasierten Anforderungsbestimmung vornehmlich darin, Aussagen über charakteristische Randbedingungen der Multiprojekt-Wissensarbeit treffen zu können. Aus diesen spezifischen Merkmalen lassen sich einerseits Problembereichsanforderungen (vgl. Sommerville 2007, S. 158) bestimmen, andererseits können sie auch zur Entwicklung von Kriterien genutzt werden die geeignet sind, im Rahmen der Anforderungsanalyse eine Gewichtung von Anforderungen vorzunehmen.

Zur Absicherung der Gültigkeit der gefundenen Anforderungen und um neue Anforderungen zu erheben, sollten vergangenheitsorientierte Verfahren mit anderen Erhebungsmethoden kombiniert werden (Rupp et al. 2007, S. 126). Dabei soll geprüft werden, ob die durch Wiederverwendung oder Systemarchäologie (ebd.) ermittelten Anforderungen eine gültige und ausreichend breite Grundlage für den Prototypenentwurf darstellen: So sind die in der Literatur beschriebenen Anforderungen beispielsweise nicht immer vor dem Hintergrund kooperativer oder polychroner Arbeit formuliert (vgl. Kapitel 3 auf Seite 45). Für den Problembereich der Multiprojekt-Wissensarbeit ist es beispielsweise fraglich, ob die Perspektive der Proceeder von bisherigen Arbeiten bereits genügend berücksichtigt wurde und ob auf das Unterdrücken oder Aufschieben von Unterbrechungen bezogene Funktionen uneingeschränkt anzuwenden sind.

6.2.2 Workshop zur Anforderungsbestimmung

Szenariobasiertes Brainstorming

Vorgehen. Zum Problembereich passende Anforderungen wurden in einem Workshop[1] mithilfe eines szenariobasierten[2] Brainstor-

1. Teilnehmer des Workshops waren 6 Personen aus ein und derselben Organisationseinheit, deren Aufgaben im Bereich der wissenschaftlichen Projektarbeit liegen. Die Arbeitstätigkeit der Workshopteilnehmer fällt damit in die Kategorie der kollaborativen Wissensarbeit.

mings erhoben. Die Kreativitätstechnik des Brainstormings ist gut geeignet, implizites Wissen über einen durch komplexe Abläufe gekennzeichneten Gegenstandsbereich abzufragen. Im Rahmen des Workshops wurden fünf kurze, aufeinander aufbauende Szenarien genutzt, um das Brainstorming auf verschiedene Ausprägungen der Multiprojekt-Wissensarbeit und unterschiedliche Aufgaben der Handhabung von Unterbrechungen (s. Kapitel 4 auf Seite 85) zu lenken.[1] So wurden verschiedene Konstellationen der Unterbrechung und der Wiederaufnahme örtlich verteilter sowie am gleichen Ort stattfindender Multiprojekt-Wissensarbeit angesprochen. Darüber hinaus wurde die Aufmerksamkeit der Workshopteilnehmer auf die Interaktion zwischen Interruptee und Proceeder gelenkt: Ziel war es, spezifische Anforderungen an die Unterstützung des Zusammenspiels dieser Akteure zu ermitteln.

Das Brainstorming zu jedem der Szenarien bestand aus zwei Phasen. In einer Divergenz ermöglichenden ersten Phase der individuellen Ideenfindung hielt jeder Teilnehmer zunächst genau eine Idee schriftlich auf einer Karte fest. Jede dieser Karten wurde am Ende dieser Phase von ihrem Autor kurz erläutert und für alle Teilnehmer sichtbar an eine Metaplanwand geheftet. In der zweiten Phase wurden in einer offenen Gesprächsrunde weitere Ideen gesammelt. Die Teilnehmer des Workshops nahmen auf bereits geschriebene Karten und auf mündlich vorgetragene Ideen Bezug und entwickelten diese weiter; neue Karten wurden direkt an die Metaplanwand geheftet. Dabei wurden neben neuen Anforderungen auch Beziehungen zwischen den gesammelten Aspekten erkannt. Die zweite Phase diente der Konvergenzbildung und damit der Identifikation grundlegender Anforderungen (vgl. Maiden et al. 2004, S.114 zur Ermöglichung von Konvergenz in Anforderungs-Workshops).

IPV Pretest zur Beurteilung der Güte

Qualitätssicherung. Für die Beurteilung der Güte der gesammelten Anforderungen und ihrer Verallgemeinerbarkeit ist es nicht unerheblich, inwieweit die in den Szenarien beschriebene, durch beständige Wechsel des Arbeitsbereichs und Unterbrechungen geprägte polychrone Situation der Multiprojekt-Wissensarbeit überhaupt von persönlichen Erfahrungen der Teilnehmer widergespiegelt wird. Ein entsprechender Erfahrungshintergrund der Teilnehmer kann als Indi-

2. Hintergrundinformationen zu szenariobasierten Vorgehensweisen finden sich in Carroll & Rosson 2003 sowie Kuutti 1995.

1. Die einzelnen Szenarien sind in Anhang II auf Seite 265 wiedergegeben.

kator dafür angesehen werden, dass ihr explizites wie implizites Wissen um den Umgang mit Unterbrechungen und Kontextwechseln praxiserprobt ist. Die Teilnehmer wurden deshalb vor Beginn des Workshops gebeten, das Verhältnis ihrer Arbeitsgruppe zu polychroner Arbeitsorganisation anhand einer ins Deutsche übersetzten Variante des auf Bluedorn et al. (1999) zurückgehenden *Inventory of Polychronic Values* (IPV, s. Anhang I auf Seite 261) zu bewerten: Wird die Arbeitsweise als polychron beschrieben, dann sollten die Teilnehmer die Szenarien zu eigenen Erfahrungen in Beziehung setzen können. Die Auswertung des Pretests zeigte, dass die Arbeitsweise der Organisation von den ihr angehörenden Workshopteilnehmern mit geringer Standardabweichung als deutlich polychron charakterisiert wurde.[1] Dieses Ergebnis kann als Indikator für die persönliche Vertrautheit der Workshopteilnehmer mit polychronen Szenarien der Multiprojektarbeit gewertet werden – in der Folge liegt es nahe, die gesammelten Anforderungen als gültig für den betrachteten Problembereich anzusehen.

6.3 Anforderungen an die Unterstützung der Handhabung von Unterbrechungen

Sowohl aus der Analyse der einschlägigen Literatur (vgl. Kapitel 5 auf Seite 115) als auch aus dem im vorausgehenden Kapitel beschriebenen Workshop konnten Anforderungen an die informationstechnische Unterstützung der Handhabung von Unterbrechungen gewonnen werden.

Kriteriengeleitete Bewertung

Die Passung aus der Literatur stammender Anforderungen zum Problembereich der fragmentierten Multiprojekt-Wissensarbeit wurde anhand der in Tabelle 2 auf Seite 41 verzeichneten Kategorien beurteilt. Maßgeblich für die Beurteilung war dabei, ob die im Hinter-

1. Die Einschätzung der Polychronität erfolgt anhand von zehn Items, die entlang einer siebenstufigen Likert-Skala bewertet werden. Mittels Medianbildung wird eine die Polychronität der Organisation zum Ausdruck bringende Punktzahl ermittelt: stark polychrone Szenarien sind durch hohe, schwach polychrone durch niedrige Punktzahlen gekennzeichnet. Bluedorn et al. (1999, S. 215) berichten von IPV-Punktzahlen von 5,78 für ein stark polychrones und 2,10 für ein schwach polychrones Szenario. Mit einer IPV-Punktzahl von 5 kann die hier betrachtete Organisation deshalb als deutlich polychron bezeichnet werden.

grund einer Anforderung stehenden (Arbeits-)Prozesse und Szenarien mit den in Tabelle 2 genannten Merkmalen im Einklang stehen oder aber mit diesen konfligieren.

Für die Prototypkonzeption direkt verwertbare Anforderungen an die Systemgestaltung wurden mit dem Ziel einer möglichst präzisen, vollständigen, überprüfbaren und einheitlichen Darstellung anhand von Anforderungsschablonen (vgl. Kapitel 6.4.2 auf Seite 159) formuliert. Jede Anforderung ist mit einer eindeutigen Identifikationsnummer versehen, um sie in den Phasen der Konzeption und Entwicklung nachverfolgen zu können.

Neben Anforderungen an technische Systeme lieferte die Anforderungsbestimmung auch Hinweise zur unterbrechungstoleranten Gestaltung von Abläufen der Multiprojekt-Wissensarbeit durch Vereinbarungen und Absprachen zwischen den beteiligten Akteuren. Diese Hinweise werden an entsprechender Stelle verzeichnet: Sie wirken sich mittelbar auf den Prototypentwurf aus, indem sie Rückschlüsse auf die Gestalt von Arbeitsabläufen erlauben, in denen die Prototypen zum Einsatz kommen.

Aufgabenzuordnung und Klassifikation nach Prozessphasen und Perspektiven

Mit der Entwicklung von Prototypen verfolgt die vorliegende Arbeit das Ziel, grundlegende Möglichkeiten der informationstechnischen Unterstützung der Handhabung von Unterbrechungen zu explorieren. Der Entwurf von Systemprototypen (s. Sommerville 2007, S. 443) muss deshalb auf charakteristische Merkmale des Problembereichs bezogen sein und nicht auf Insellösungen innerhalb des Problembereichs zusteuern. Aus diesem Grund standen bei der Anforderungsbestimmung die in den Handlungsfeldern *Projektübersicht bewahren* und *Wiederaufnahme und Orientierung ermöglichen* zusammengefassten Aufgaben im Mittelpunkt: Diese Handlungsfelder wurden in Kapitel 4 auf Seite 85 als grundlegend für die Handhabung von Unterbrechungen identifiziert.

Im Folgenden werden grundlegende Anforderungen an die (informationstechnische) Unterstützung der Handhabung von Unterbrechungen vorgestellt und diskutiert. Die Darstellung ist an den in Kapitel 4 identifizierten Handlungsfeldern ausgerichtet: Kapitel 6.3.1 auf Seite 147 nennt Anforderungen des Handlungsfelds *Projektübersicht bewahren*, in Kapitel 6.3.2 auf Seite 148 sind Anforderungen aus dem Handlungsfeld *Unterbrechungen anbahnen und bewerten* verzeichnet, Kapitel 6.3.3 auf Seite 149 ist Anforderungen aus dem Handlungsfeld *Wiederaufnahme und Orientierung ermöglichen* gewidmet und in Kapitel 6.3.4 auf Seite 151 werden abschließend auf das Handlungsfeld *Arbeitsabläufe unterbrechungstolerant gestalten* bezogene Anforderungen vorgestellt.

6.3.1 Anforderungen aus dem Handlungsfeld *Projektübersicht bewahren*

Die Aufgaben des Handlungsfelds *Projektübersicht bewahren* (s. Kapitel 4.2.1 auf Seite 90) beziehen sich primär darauf, Entwicklungen aus unterschiedlichen Arbeitsbereichen im Blick zu behalten, um die eigene Arbeitsplanung flexibel danach auszurichten. Tabelle 17 nennt Anforderungen zu den einzelnen Aufgaben des Handlungsfelds.

TABELLE 17. Anforderungen des Handlungsfelds *Projektübersicht bewahren*

Nr.		Aufgaben und zugehörige Anforderungen
9	Über Entwicklungen in zurückgestellten Arbeitsbereichen informiert bleiben.	
	9.1	Der Prototyp soll allen Nutzern die Möglichkeit bieten, Statusinformationen zu einem vom Benutzer ausgewählten Arbeitsbereich anzusehen.
	9.2	Der Prototyp soll dem Interruptee die Möglichkeit bieten, aus verschiedenen Arbeitsbereichen stammende Hinweise in einer Übersichtsdarstellung anzusehen.
	9.3	Der Prototyp muss in der Lage sein, aus verschiedenen IuK-Quellen stammende Statusinformationen der angemeldeten Nutzer zu aggregieren.
	9.4	Der Prototyp soll jedem Interruptee die Möglichkeit bieten, Informationen über den aktuellen Status seiner gegenwärtig aktiven und zurückgestellten Arbeitsbereiche anzusehen.
	9.5	Das System muss fähig sein, Statusinformationen über den aktuellen Kontext eines angemeldeten Nutzers aus verschiedenen IuK-Quellen zugleich entgegenzunehmen.
10	Über Status und Aktivitäten anderer Personen informiert bleiben.	
	10.1	Der Prototyp soll fähig sein, Informationen über den aktuellen Arbeitsbereich einzelner Personen in einem Instant Messaging Client abzubilden.
	10.2	Falls für zwei angemeldete Nutzer eine durch den Prototyp interpretierbare Beschreibung ihres jeweils aktuellen Arbeitsbereichs vorliegt, soll der Prototyp Überschneidungen der Arbeitsbereiche erkennbar machen.
	10.3	Der Prototyp soll dem Interruptee die Möglichkeit bieten, Entwicklungen aus dem für ihn unterbrochenen Arbeitsbereich nebenbei zu verfolgen.

TABELLE 17. Anforderungen des Handlungsfelds *Projektübersicht bewahren*

Nr.		Aufgaben und zugehörige Anforderungen
11	Eigene Arbeitsplanung kontinuierlich überprüfen und anpassen.	
	11.1	Der Prototyp soll fähig sein, seine auf die Unterstützung des Umgangs mit Unterbrechungen bezogenen Funktionen in allen Arbeitsbereichen eines Nutzers und in Verbindung mit den dort zur Koordination und Kommunikation eingesetzten Werkzeugen anzubieten.
	11.2	Der Prototyp soll seinen Nutzern die Möglichkeit bieten, Informationen zu einem Arbeitsbereich schnell zu explorieren und – daran anschließend – ebenso schnell zu ihrer ursprünglichen Aktivität zurückzukehren.

Die Anforderungen lassen erkennen, dass es für den Prototypentwurf wichtig ist, aus verschiedenen Quellen stammende Informationen über die aktuell von einer Person verfolgten Aktivitäten zu bündeln und als Statusinformationen zum gegenwärtigen Arbeitsbereich dieser Person zur Verfügung zu stellen.[1] Für die Projektübersicht ist es außerdem relevant, aktuelle Überschneidungen zwischen dem eigenen Arbeitsbereich und den Arbeitsbereichen anderer Personen einschätzen zu können – die Anforderung 9.2 greift dies auf. Prototypen, die zu einer koordinationsrelevanten Projektübersicht beitragen wollen, müssen mit den bereits zur Koordination und Kommunikation eingesetzten Werkzeugen zusammenspielen und mit diesen verbunden sein. Bei ihrem Entwurf ist darauf zu achten, dass der zu ihrer Nutzung erforderliche Zusatzaufwand gering bleibt, damit sie keine (zusätzlichen) Störungen bewirken (vgl. Anforderung 10.2).

6.3.2 Anforderungen aus dem Handlungsfeld *Unterbrechungen anbahnen und bewerten*

Tabelle 18 verzeichnet Anforderungen, die an die technische Unterstützung des Handlungsfelds *Unterbrechungen anbahnen und bewerten* zu stellen sind.

Wie bereits in Kapitel 4.2.2 auf Seite 95 argumentiert wurde, stellt das Vorhandensein von Projektübersicht eine Vorbedingung für die in diesem Handlungsfeld versammelten Aufgaben dar: Sie wird

1. Einen Überblick über die mögliche Zusammensetzung solcher Statusinformationen bietet das Datenmodell in Abbildung 15 auf Seite 136.

sowohl benötigt, um Unterbrechungen planvoll zu veranlassen als auch um angemessen auf sie zu reagieren.

TABELLE 18. Anforderungen des Handlungsfelds *Unterbrechungen anbahnen und bewerten*

Nr.		Aufgaben und zugehörige Anforderungen
2	Eine Unterbrechung planvoll veranlassen.	
	2.1	Der Prototyp soll dem Interruptor die Möglichkeit bieten, Informationen über den gegenwärtigen Arbeitsbereich und aktuell verfolgte Aktivitäten des Interruptee einzusehen.
	2.2	Das System soll jedem Interruptor die Möglichkeit bieten, anhand von Informationen zur aktuellen Aktivität des Interruptee einen günstigen Zeitpunkt dessen Unterbrechung zu erkennen.
3	Den Stand eines unterbrechenden Arbeitsbereichs nachvollziehen.	
	3.1	Der Prototyp soll dem Interruptee die Möglichkeit bieten, bei einem Wechsel des Arbeitsbereichs auf unterstützende Hinweise des Interruptors zuzugreifen, die seine Orientierung über die anstehenden Aufgaben unterstützen.

In diesem Sinne verlangen die Anforderungen des Handlungsfelds nach einer spezifischen Form der Projektübersicht: Die Anforderungen 2.1 und 2.2 haben zum Ziel, günstige Zeitpunkte für eine Unterbrechung erkennbar werden zu lassen; Anforderung 3.1 will den Interruptee in die Lage versetzten, den Gegenstand einer Unterbrechung im Vorfeld besser einschätzen zu können – sie steht im Zusammenhang mit der von McFarlane und Latorella (2002) formulierten Forderung, Metainformationen zu erwarteten Diensten und Tätigkeiten zur Verfügung zu stellen.

6.3.3 Anforderungen aus dem Handlungsfeld *Wiederaufnahme und Orientierung ermöglichen*

Dem Handlungsfeld *Wiederaufnahme und Orientierung ermöglichen* (s. Kapitel 4.2.3 auf Seite 102) kommt in der Prototypkonzeption ein hoher Stellenwert zu: Wenn Unterbrechungen in der Multiprojekt-Wissensarbeit als teils erforderliches Mittel der Koordination angesehen und deshalb zugelassen werden, dann rückt die informationstechnische Unterstützung der Wiederaufnahme einer vorübergehend unterbrochenen Aktivität und der Orientierung über den umgebenden Arbeitsbereich ins Zentrum des Gestaltungsinteresses.

Vielen der Anforderungen ist es gemein, dass sie die Einbettung der von ihnen geforderten Funktionen in die bereits in Nutzung befindliche Infrastruktur nahelegen (vgl. Bedingung 1 auf Seite 20).

TABELLE 19. Anforderungen des Handlungsfelds *Wiederaufnahme und Orientierung ermöglichen*

Nr.	Aufgaben und zugehörige Anforderungen	
5	Den Bearbeitungsstand eines unterbrochenen Arbeitsbereichs rekonstruieren.	
	5.1	Der Prototyp soll den Interruptees die Möglichkeit bieten, Informationen über den Gegenstand eines Arbeitsbereichs abzurufen, der einer Unterbrechung vorausging.
	5.2	Falls der Zugriff auf die jeweiligen Informationen erlaubt ist, soll der Prototyp allen Nutzern die Möglichkeit bieten, solche Inhalte eines Sitzungsunterstützungssystems visuell hervorzuheben, die während einer von ihnen zu bestimmenden Zeitspanne neu entstanden sind oder modifiziert wurden.
	5.3	Falls der Interruptee beim allein vollzogenen Wiedereinstieg unter Verwendung eines eigenen Rechners auf die gemeinsamen Inhalte zugreift, muss das System dem Interruptee die Möglichkeit bieten, die während einer vom Interruptee bestimmbaren Zeitspanne neu hinzugekommenen oder modifizierten Inhalte ausschließlich für ihn sichtbar hervorzuheben.
6	Relevante Teile des Dokumentkontexts beim Wechsel zwischen Projekten wiederherstellen.	
	6.1	Der Prototyp soll fähig sein, eine auf geöffnete Dokumente bezogene Beschreibung des aktuellen Kontexts festzuhalten.
	6.2	Der Prototyp soll dem Interruptee und den Proceedern die Möglichkeit bieten, anhand personalisiert abgelegter Verknüpfungen auf zuvor verwendete Dokumente zuzugreifen.
8	Hinweise zur Unterstützung der Wiederaufnahme für unterbrochene Personen festhalten.	
(4)	(Hinweise zur Unterstützung des Wiedereinstiegs festhalten.)	
	8.1	Der Prototyp soll den Proceedern die Möglichkeit bieten, Hinweise zur Unterstützung des Wiedereinstiegs des Interruptee in solchen Werkzeugen zu erstellen, die sie bereits im Rahmen ihrer Wissensarbeit einsetzen.
	8.2	Das System soll einem Proceeder die Möglichkeit bieten, einzelne Passagen eines Besprechungsprotokolls in einem projektübergreifenden Feed für einen Interruptee zugänglich zu machen.
12	Informationen über den eigenen Status bekannt geben.	
	12.1	Das System muss fähig sein, Informationen über den aktuellen Kontext eines angemeldeten Nutzers automatisch (d. h.: ohne Nutzerinteraktion) zu erfassen.

TABELLE 19. Anforderungen des Handlungsfelds *Wiederaufnahme und Orientierung ermöglichen*

Nr.		Aufgaben und zugehörige Anforderungen
	12.2	Der Prototyp muss einem Nutzer die Möglichkeit bieten, Einfluss auf die über ihn zur Verfügung gestellten Informationen zu nehmen.
13	Informationen über Entwicklungen im momentan bearbeiteten Projekt zur Verfügung stellen.	
	13.1	Falls der Interruptee aktuelle Informationen über seine gegenwärtigen Arbeitsbereiche zur Verfügung stellen kann, wird der Prototyp den Proceedern den Zugriff auf diese Informationen anbieten.
	13.2	Der Prototyp soll dem Interruptee die Möglichkeit bieten, auf Hinweise aus einem für ihn vorübergehend unterbrochenen Arbeitsbereich bereits während seiner Abwesenheit zuzugreifen.
15	Den Wiedereinstieg unter Nutzung von Hinweisen vollziehen.	
	15.1	Falls von den Proceedern für einen Interruptee unterstützende Hinweise zur Wiederaufnahme der Zusammenarbeit erstellt wurden, muss der Prototyp diesem Interruptee die Möglichkeit bieten, aus solchen Anwendungen heraus auf diese Hinweise zuzugreifen, die er bereits für Aufgaben der Koordination und Kommunikation verwendet.

Zur Unterstützung von Prozessen der Wiederaufnahme und der Orientierung sind automatisiert erfasste Statusinformationen und von Personen verfasste Hinweise gleichermaßen relevant (vgl. Bedingung 11 auf Seite 74). Dabei ist zu beachten, dass die betroffenen Akteure Kontrolle darüber haben sollten, welche Statusinformationen über sie preisgegeben werden.

6.3.4 Anforderungen aus dem Handlungsfeld *Arbeitsabläufe unterbrechungstolerant gestalten*

Die Aufgaben des Handlungsfelds *Arbeitsabläufe unterbrechungstolerant gestalten* beziehen sich auf Maßnahmen, die kooperative Arbeitsabläufe gegenüber Unterbrechungen widerstandsfähiger werden lassen (vgl. Kapitel 4.2.4 auf Seite 109). Diese Maßnahmen schlagen sich nicht immer direkt in der Gestaltung technischer Systeme nieder – das gilt auch für die auf sie bezogenen Anforderungen.

TABELLE 20. Anforderungen des Handlungsfelds *Arbeitsabläufe unterbrechungstolerant gestalten*

Nr.		Aufgaben und zugehörige Anforderungen
1	Anstehende Unterbrechungen nach Möglichkeit vorab ankündigen.	
	1.1	Das System soll fähig sein, Interruptees und Proceeder auf anstehende Unterbrechungen sowie mögliche Kontextwechsel hinzuweisen, falls Daten über solche anstehenden Wechsel im Vorhinein zur Verfügung stehen.
7	Eine gemeinsame Vorgehensweise der Handhabung von Unterbrechungen vereinbaren.	
	7.1	*Vereinbaren, welches Ausmaß von Unterbrechungen zu tolerieren ist*
14	Den Umgang mit einer anstehenden Unterbrechung gemeinsam planen.	
	14.1	Das System soll Interruptees und Proceedern die Möglichkeit bieten, einen geeigneten Termin für die Fortsetzung eines von Unterbrechung bedrohten Treffens zu finden und zu vereinbaren, wenn eine Unterbrechung auftritt.
	14.2	*Regeln über Protokollierung gemeinsam vereinbaren*
	14.3	*Vereinbaren, wo Cues später zu finden sind*
	14.4	*Vereinbaren, dass ein Dritter Bericht erstattet*
	14.5	*Stellvertreter benennen*
	14.6	*Der Interruptee hinterlässt eine Agenda mit seinen Belangen*
	14.7	*Vereinbaren, was während der Abwesenheit des Interruptee zu bearbeiten ist*

In Tabelle 20 beziehen sich *kursiv* gesetzte Anforderungen auf solche Maßnahmen zur Gestaltung von Arbeitsabläufen der Multiprojekt-Wissensarbeit und der diese prägenden Organisationskultur.

Für die Prototypkonzeption bleibt festzuhalten, dass eine Erleichterung des Umgangs mit Terminvereinbarungen und rechtzeitig gegebene Hinweise auf anstehende Unterbrechungen positiv zur Unterbrechungstoleranz von Arbeitsabläufen beitragen.

6.3.5 Nichtfunktionale Anforderungen an den Prototypentwurf

Nichtfunktionale Anforderungen

Im Zuge der Analyse des Problembereichs der Multiprojekt-Wissensarbeit wurden in den Kapiteln 2 bis 4 eine Reihe von Bedingungen identifiziert, die als nichtfunktionale Anforderungen an die Prototypkonzeption zu interpretieren sind. Nichtfunktionale Anforderungen beschreiben Randbedingungen, denen der Entwurf eines Systems (eines Prototyps) zu genügen hat. In diesem Sinne entziehen sie „dem Designer Freiheitsgrade [...] beim Erfüllen der funktionalen Anforderungen“ (Rupp et al. 2007, S. 259). Eine nichtfunktionale Anforderung kann verschiedenste Aspekte der Systementwicklung berühren. Beispielsweise kann sie sich auf die Architektur eines zu entwickelnden Systems, dessen Verbindung zu bestehenden Systemen, die Gestaltung der Benutzungsoberfläche oder den Entwicklungsprozess an sich beziehen (s. Rupp et al. 2007, S. 260-288 für eine ausführliche Darstellung).

Tabelle 21 auf Seite 154 fasst die nichtfunktionalen Anforderungen an den Prototypentwurf überblicksartig zusammen. Die genannten Bedingungen gehen auf Eigenschaften spezifischer Aufgaben und Prozesse der Multiprojekt-Wissensarbeit zurück und stehen aus Sicht der Prototypkonzeption deshalb vornehmlich zu den softwareergonomischen Kriterien der Aufgabenangemessenheit, der Erwartungskonformität und der Prozessangemessenheit[1] in Beziehung.

Die übrigen in den Grundsätzen der Dialoggestaltung aus Teil 10 der DIN EN ISO 9241 verzeichneten Kriterien – Selbstbeschreibungsfähigkeit, Steuerbarkeit, Individualisierbarkeit, Lernförderlichkeit und Fehlertoleranz – sind weniger stark auf die Einbettung eines Werkzeuges in umgebende Arbeitsprozesse bezogen. Sie werden deshalb hier nicht explizit zu den in Tabelle verzeichneten nichtfunktionalen Anforderungen in Beziehung gesetzt.

Aufgabenangemessenheit

Aufgabenangemessenheit bedeutet u. a., dass die Unterstützung des Nutzers ohne unnötige Belastungen durch Dialogeigenschaften (bzw. weiter gefasst: Eigenschaften des Systems) erfolgt. Aufgabenangemessenheit bedeutet ferner, dass die Gestaltung des Dialogs (bzw. des Systems) an die Arbeitsaufgabe angepasst erfolgt: Funktionalität und Dialog basieren auf den charakteristischen Eigenschaften der Arbeitsaufgabe (DIN EN ISO 9241-110), der Nutzer wird darin „unterstützt, seine Arbeitsaufgabe effektiv und effizient zu erledigen“ (ebd., vgl. Balzert 2000, S. 553). .

1. Das Kriterium der Prozessangemessenheit findet sich nicht in den *Grundsätzen der Dialoggestaltung* gemäß Teil 110 der DIN EN ISO 9241 wieder sondern stellt eine Ergänzung derselben dar, s. Holling et al. (2006).

TABELLE 21. Nichtfunktionale Anforderungen im Überblick

Nr.	Bedingung	S.
N1	Der Systementwurf beruht auf der in Nutzung befindlichen Infrastruktur.	20
N2	Vorhandene Quellen koordinationsrelevanter Informationen werden beim Systementwurf berücksichtigt und übergreifend genutzt.	21
N3	Dokumente stehen im Mittelpunkt des Systementwurfs.	22
N4	Die Unterstützung der Orientierung über Arbeitsbereiche erfolgt durch Werkzeuge geringer Synchronität.	26
N5	Die Unterstützung der Wiederaufnahme (andauernder) kooperativer Aktivitäten erfolgt mit Werkzeugen hoher Synchronität.	27
N6	Die Unterstützung der Multiprojektkoordination erfolgt projektübergreifend.	28
N7	Der Systementwurf hat die Unterstützung von Übergängen zwischen einzelnen Arbeitsbereichen zum Ziel.	28
N8	Die informationstechnische Unterstützung der Handhabung von Unterbrechungen wird in polychrone Abläufe der Multiprojekt-Wissensarbeit eingebettet.	34
N9	Funktionen zur Unterstützung der Kommunikation sind so zu gestalten, dass ihren Nutzern die Bezugnahme auf gemeinsame Informationsbestände erleichtert wird.	40
N10	Leitlinie des Systementwurfs ist die Erleichterung des Umgangs mit Unterbrechungen, nicht deren Vermeidung.	66
N11	Awareness-Funktionen und Funktionen zum Austausch von Hinweisen unterstützen die Handhabung von Unterbrechungen gemeinsam.	74
N12	Die Handhabung von Unterbrechungen ist so zu unterstützen, dass sie möglichst mit der fortgeführten Zusammenarbeit in einem Arbeitsbereich einhergehen kann.	80

Der Zugriff auf die vom System angebotenen Informationen und Funktionen zur Unterstützung von Unterbrechungen erfolgt aus einer heterogenen Werkzeuginfrastruktur heraus, die von Wissensarbeitern gemäß individueller Erfordernisse um neue Werkzeuge ergänzt werden kann. Aufgrund der Querschnittscharakteristik der Unterbrechungsunterstützung bedeutet Aufgabenangemessenheit in diesem Zusammenhang also auch, den Zugriff auf die o. g. Funktionen und Informationen aus verschiedenen Werkzeugen heraus zu ermöglichen. Die Einbettung zugehöriger Prototypen in die bestehende Systemlandschaft ist für die Aufgabe der Unterstützung einer auf die Handhabung von Unterbrechungen gerichteten Multiprojektkoordination angemessen.

Erwartungskonformität

Erwartungskonformität meint, dass die Dialoggestaltung (bzw. allgemeiner: die Gestaltung des Systems) den u. a. durch gewohnte Arbeitsabläufe geprägten Erwartungen des Nutzers entspricht und dass das Verhalten des Systems in sich stimmig bzw. einheitlich ist (vgl. Balzert 2000, S. 553). Bezüglich des letztgenannten Aspekts kann zwischen innerer, äußerer und metaphorischer Konsistenz unterschieden werden: Innere Konsistenz bezieht sich auf die Stimmigkeit der Gestaltung innerhalb der Systemgrenzen, äußere Konsistenz thematisiert eine zu anderen Anwendungssystemen konsistente Gestaltung (bspw. durch die Wahl gleicher Metaphern und Dialogstrukturen), metaphorische Konsistenz beschreibt letztlich die Passung des Systems zur "realen", physikalischen Arbeitswelt. Für die hier zu konzipierenden Prototypen bedeutet äußere Konsistenz, eine einheitliche Metaphorik zu verwenden, u. a., indem Metaphern der bereits in Nutzung befindlichen Systemlandschaft aufgegriffen werden.

Prozessangemessenheit

Das Kriterium der Prozessangemessenheit bezieht sich auf die Frage, ob die von einem System angebotenen Funktionen zur Unterstützung eines Prozesses in einem realen Arbeitsumfeld geeignet sind, einen Bezug zu übergeordneten Prozesszielen aufweisen und auf den Qualifikationen sowie Erfahrungen der Nutzer aufbauen (vgl. Holling et al. 2006). Prozessangemessenheit ist somit weiter gefasst als Aufgabenangemessenheit; ein Prozess kann und wird im Allgemeinen aus mehreren Aufgaben bestehen. Die im Umfeld der Multiprojekt-Wissensarbeit auftretenden Prozesse lassen sich als nur bedingt formalisierbare, polychrone Kooperationsprozesse beschreiben, die von nicht vermeidbaren, teils koordinativ notwendigen Unterbrechungen durchzogen sind und deren IuK-Unterstützung an den Erfordernissen einer dokumentzentrierten Zusammenarbeit ausgerichtet ist. Prozessangemessenheit herzustellen bedeutet vor diesem Hintergrund, Dokumente als Träger koordinationsrelevanter Informationen über einzelne Arbeitsbereiche und Projekte wahrzunehmen. In Bezug auf Ort und Zeit sind Prozesse der Multiprojekt-Wissensarbeit nicht eindeutig festgelegt: Sie beinhalten synchrone wie asynchrone Phasen der Zusammenarbeit am gleichen Ort wie an verschiedenen Orten, in denen Wissensarbeiter jeweils unterschiedliche IuK-Systeme zur Unterstützung ihrer Zusammenarbeit einsetzen können. Diese unterschiedlichen Modalitäten der Multiprojekt-Wissensarbeit legen es u. a. nahe, einen möglichst geräteunabhängigen Zugriff auf Funktionen und Informationen der Unterbrechungsunterstützung vorzubereiten. Als Teil der Multiprojektkoordination stellt die Handhabung von Unterbrechung einen Querschnittsprozess dar. Den Prototypentwurf auf diese Querschnittsprozesse auszurichten und dafür Sorge zu tragen, dass die angebotenen Funktionen arbeitsbereichsübergreifend zu nutzen sind, bedeutet, Prozessangemessenheit herzustellen.

Einige der in Tabelle 21 aufgeführten Bedingungen haben Implikationen für das zur Prototypkonzeption und -entwicklung eingesetzte Vorgehen (vgl. Rupp et al. 2007, S. 278-280). Aus der in Bedingung 1 thematisierten Bezugnahme der Prototypen auf die bestehende informationstechnische Infrastruktur folgt z. B. die Notwendigkeit, die Bestandteile derselbigen zunächst einmal zu erfassen. Genau dies ist die Aufgabe der in Kapitel 5 beschriebenen Infrastruktur-Exploration, die der eigentlichen Prototypkonzeption vorangeht.

6.4 Anforderungen überprüfen: Qualitätssicherung und Validierung

Aufgaben der Validierung

Nach Sommerville (2007) soll die Validierung von Anforderungen zeigen, „dass die Anforderungen wirklich das System definieren, das der Kunde erwartet“ (Sommerville 2007, S. 191). Sie dient darüber hinaus dazu, Probleme und Defekte in der Anforderungsspezifikation aufzudecken, die – bleiben sie unerkannt – schlimmstenfalls zur Implementierung eines nicht zur Problemstellung passenden Systems führen können. In der vorliegenden Arbeit dienen Maßnahmen der Qualitätssicherung und Validierung dazu, die Prototypentwicklung auf gültigen und korrekten[1] Anforderungen hoher Qualität zu fundieren. Die Qualitätssicherung und Validierung soll sicherstellen,

- dass die Anforderungen in einer Form dokumentiert sind, die den Architektur- und Funktionalitätsentwurf ermöglicht und
- dass die Anforderungen für den Bereich der Multiprojekt-Wissensarbeit angemessen sind und die auf den IuK-unterstützten Umgang mit Unterbrechungen bezogenen Vorstellungen typischer Systembenutzer korrekt wiedergeben.

1. Eine Anforderung ist gültig, wenn sie benötigte Aspekte des zu entwickelnden Systems beschreibt; eine Anforderung ist korrekt, wenn sie den Vorstellungen der Interessengruppe, die sie formuliert hat, entspricht (vgl. Sommerville 2007, S. 192; Rupp et al. 2007, S. 28-29).

6.4.1 Kriterien zur Beurteilung der Qualität einer Anforderung

Qualitätskriterien

Die *Software Requirements Specification* der IEEE nennt mit den Merkmalen der Eindeutigkeit, Gewichtbarkeit, Konsistenz, Korrektheit, Modifizierbarkeit, Prüfbarkeit, Verfolgbarkeit und Vollständigkeit acht Qualitätskriterien zur Beurteilung einer Anforderungsspezifikation (vgl. IEEE 830-1998, Kap. 5.3). Rupp et al. (2007) schlagen vor, diesen Kriterienkatalog auch zur Beurteilung der Qualität einzelner Anforderungen heranzuziehen und ihn um die Kriterien der Gültigkeit, Klassifizierbarkeit, Notwendigkeit, Umsetzbarkeit und Verstehbarkeit zu erweitern (Rupp et al. 2007, S. 27-31).

Maßnahmen der Qualitätssicherung

Auf diese Kriterien bezogene Maßnahmen zur Qualitätssicherung durchdringen von der Anforderungsbestimmung bis zum Änderungsmanagement sämtliche Prozesse, in denen mit Anforderungen umgegangen wird. Tabelle 22 auf Seite 157 beinhaltet eine Übersicht aller im Rahmen der vorliegenden Arbeit getroffenen Vorkehrungen zur Qualitätssicherung von Anforderungen und Randbedingungen. Es wird deutlich, dass ein Großteil der genannten Qualitätskriterien im Zuge der Dokumentation und Validierung der Anforderungen überprüft und abgesichert werden kann. Die diesen Phasen zufallenden Maßnahmen werden im Folgenden vorgestellt. Dabei liegt das Augenmerk auf konstruktiven Maßnahmen der Qualitätssicherung im Zuge der Anforderungsdokumentation, der Absicherung der Qualität inhaltlicher und fachlicher Aspekte im Rahmen eines Anforderungsreviews.

TABELLE 22. Maßnahmen zur Qualitätssicherung

Kriterium	Maßnahmen	Phase
Eindeutigkeit	Vermeiden sprachlich unvollständiger Spezifikationen von Systemaktivitäten und Bedingungen durch Anforderungsschablonen Überprüfen des gemeinsamen Verständnisses im Rahmen des Anforderungsreviews	Dokumentation Validierung
Gewichtbarkeit	Priorisierung anhand von Handlungsfeldern der Multiprojekt-Wissensarbeit	Analyse
Gültigkeit	Review der ausgewählten Anforderungen	Analyse Validierung

TABELLE 22. Maßnahmen zur Qualitätssicherung

Kriterium	Maßnahmen	Phase
Klassifizierbarkeit[a]	Systematische Berücksichtigung von Akteuren, Systemaktivität, Ressourcen sowie zeitlichen Bedingungen durch Anforderungsschablonen	Dokumentation
Konsistenz	Prüfen der inneren Widerspruchsfreiheit jeder einzelnen Anforderung durch Review Prüfen auf konfligierende Anforderungen	Dokumentation
Korrektheit	Semantische Prüfung von Inhalt und Fachlichkeit im Rahmen des Anforderungsreviews Überprüfung der Prototypen im Rahmen von Anwenderworkshops (s. Kapitel 8.3 auf Seite 210)	Validierung
Modifizierbarkeit[b]	Zusammenführen redundanter Anforderungen Strukturierte Dokumentation der Anforderungen (tabellarische Darstellung)	Dokumentation
Notwendigkeit	Anforderungsbestimmung entlang empirisch fundierter Literatur und Workshop mit Multiprojekt-Wissensarbeitern (vgl. „Anforderungen erheben" auf Seite 142)	Erhebung Analyse
Prüfbarkeit	Systematische Konstruktion der Anforderungen mit Anforderungsschablonen gewährleistet die Dokumentation von Informationen zu Akteuren, Systemaktivität, Ressourcen und Nebenbedingungen und ermöglicht die Definition von Testkriterien (vgl. Konstruktion des Fragebogens zur Prototypevaluation, Anhang IV auf Seite 271)	Dokumentation
Umsetzbarkeit	Bewertung der Umsetzbarkeit im Zuge der Erhebung Prototyping gibt Aufschluss über Möglichkeiten der Umsetzung	Erhebung (Prototyping)
Verfolgbarkeit	Vergabe einer eindeutigen Nummer je Anforderung Querverweise auf Anforderungen in der Prototypkonzeption	Erhebung (und alle weiteren Phasen)

TABELLE 22. Maßnahmen zur Qualitätssicherung

Kriterium	Maßnahmen	Phase
Verstehbarkeit	Konstruktion anhand von Anforderungsschablonen stellt als Vorbedingung der Verstehbarkeit das Vorhandensein wichtiger syntaktischer Bestandteile sicher Prüfen der Verständlichkeit im Anforderungsreview	Dokumentation Validierung
Vollständigkeit[c]	Anforderungsschablonen helfen, illegitime Tilgungen zu identifizieren und zu vermeiden Anforderungsreview	Dokumentation Validierung

a. Das Kriterium der Klassifizierbarkeit ist ursprünglich auf die rechtliche Verbindlichkeit von Anforderungen bezogen (vgl. Rupp et al. 2007, S. 28). Hier geht es darum, die Voraussetzungen für die Klassifikation von Anforderungen nach Funktionsgruppen, Perspektiven und Prozessphasen zu ermöglichen.

b. Das Kriterium der Modifizierbarkeit bezieht sich gemäß IEEE 830-1998 auf die gesamte Anforderungsspezifikation.

c. Vollständigkeit ist hier auf die Formulierung einer einzelnen Anforderung bezogen und meint, dass eine Anforderung alle relevanten Informationen für die aktuelle Entwurfsphase beinhaltet. Die Vollständigkeit der gesamten Anforderungsspezifikation wird hingegen nicht unterstellt.

6.4.2 Qualitätssicherung durch Anforderungsschablonen

Präzisierung und Vereinheitlichung durch Schablonen

Die im Zuge der Anforderungsbestimmung gesammelten natürlichsprachlichen Anforderungen stellen Prosaanforderungen dar (Rupp et al. 2007, S. 196-197), deren Darstellung keiner einheitlichen Systematik folgt und die sich bezüglich Syntax, Detaillierungsgrad und Spezifikationsniveau voneinander unterscheiden. Solche Anforderungen sind oftmals mehrdeutig oder von Auslassungen relevanter Informationen betroffen. Ziel der Qualitätssicherung ist deshalb die Präzisierung und formelle Vereinheitlichung der Anforderungsdarstellung. Während der Dokumentation von Anforderungen stellen Anforderungsschablonen ein dazu geeignetes Instrument dar.

Aufbau von Anforderungsschablonen

Anforderungsschablonen legen im Sinne eines Bauplans die syntaktische Struktur einer einzelnen Anforderung fest (Rupp et al. 2007, S. 228): Die syntaktischen Vorgaben begrenzen das Auslassen notwendiger Informationen und führen zugleich zu einer angemessenen Detaillierung der Dokumentation. Anforderungsschablonen erlauben es, informale textuelle Beschreibungen regelgeleitet in formalisierte Beschreibungen (s. Balzert 2000, S. 110) zu überführen. In einem sechs Schritte umfassenden Prozess werden Informationen zur geforderten Funktionalität, zum Typ der Systemaktivität, der rechtlichen Verbindlichkeit, den beteiligten Ressourcen (und ggf. Akteuren) sowie zu logischen und zeitlichen Bedingungen systematisch in einer Anforderung zusammengefasst, die auf sprachliche Defekte wie z. B. Unvollständigkeiten geprüft ist.

Auswirkungen auf die Qualität

Die regelgeleitete Konstruktion dient in erster Linie dazu, eindeutige, vollständige und überprüfbare Anforderungen zu erhalten (ebd., S. 227) – wie Tabelle 22 auf Seite 157 zeigt, ist das schablonenbasierte Vorgehen aber auch für die Berücksichtigung weiterer Qualitätskriterien hilfreich. Es trägt darüber hinaus dazu bei, zunächst auf einem niedrigen Spezifikationslevel (Rupp et al. 2007, S. 423-425) vorliegende Beschreibungen der Systemziele auf ein für den Architekturentwurf und die Konzeption von Funktionen geeignetes Niveau detaillierter Anwender- und Systemanforderungen zu heben.

6.4.3 Semantische Prüfung der Anforderungen: Review

Identifikation von Mängeln und Fehlern

In einem Anforderungsreview (Sommerville 2007, S. 193, Rupp et al. 2007, S. 312) wurde eine zufällig bestimmte Stichprobe[1] der Anforderungen von fünf Gutachtern auf Verständlichkeit, Korrektheit, Gültigkeit und Eindeutigkeit überprüft. Der Begriff des *Reviews* bezeichnet einen „mehr oder weniger formalisierte[n] Prozess zur Überprüfung von schriftlichen Dokumenten durch Gutachter, um Stärken und Schwächen des Dokuments festzustellen“ (Balzert 1998, S. 317). Zwei der Gutachter waren bereits am Workshop zur Anforderungsbestimmung beteiligt (siehe Seite 143), alle verfügten über Erfahrungen mit polychroner Multiprojekt-Wissensarbeit. Im Verlauf des Reviews konnten Mängel in den Anforderungsbeschreibungen behoben und Fehler identifiziert werden. Eine Anforderung weist einen Mangel auf, wenn sie unvollständig, nicht präzise genug oder unverständlich formuliert ist. Sie ist fehlerhaft, wenn sie den Vorstellungen der sie ursprünglich formulierenden Interessengruppe zuwiderläuft oder aber auf fachlich falschen

1. Die Stichprobe umfasste 26 % der in diesem Kapitel genannten funktionalen und nichtfunktionalen Anforderungen. Das Prüfen von Stichproben ist geeignet, die Qualität einer Anforderungsspezifikation einzuschätzen – beispielsweise nutzt das Verfahren der *Agile Specification Quality Control* Stichproben zur Qualitätskontrolle, vgl. Gilb (2005).

Annahmen über die Domäne basiert. Für die Güte der Spezifikation ist insbesondere die Anzahl der Fehler relevant: In der überprüften Stichprobe wurde eine fehlerhafte Anforderung gefunden, woraus insgesamt auf eine Fehlerrate unter 10% geschlossen werden kann – dieser Wert ist für den Beginn einer iterativen Konzeption und Entwicklung von Systemprototypen tolerabel.

Beurteilung der semantischen Qualität

Die Ergebnisse des Reviews lassen es zu, die in diesem Kapitel genannten funktionalen und nichtfunktionalen Anforderungen insgesamt als gültig und hinreichend korrekt zu klassifizieren.

6.5 Zusammenfassung

In diesem Kapitel wurden funktionale und nichtfunktionale Anforderungen an die informationstechnische Unterstützung der Handhabung von Unterbrechungen in der Multiprojekt-Wissensarbeit beschrieben. Diese Anforderungen bilden das Fundament für den Entwurf von Prototypen, dem der nachfolgende Teil der Arbeit gewidmet ist.

Durch das gewählte Vorgehen der Anforderungsbestimmung und Anforderungsanalyse wurde sichergestellt, dass

- Zum Problembereich passende Anforderungen erhoben wurden,
- Relevante Handlungsfelder des Problembereichs von Anforderungen überdeckt werden,
- Nichtfunktionale Anforderungen auf die Aufgaben- und Prozessangemessenheit der zu entwickelnden Prototypen hinwirken und dass
- Die Anforderungen einer ausreichenden Qualitätssicherung unterzogen wurden.

Die in diesem Kapitel dokumentierten Anforderungen stellen somit eine solide Basis für die Prototypkonzeption und -entwicklung dar.

KAPITEL 7

Konzeption und Entwicklung prototypischer Funktionen zur Handhabung von Unterbrechungen

In diesem Kapitel werden Prototypen vorgestellt, die auf unterschiedliche Art und Weise dazu beitragen, die Handhabung von Unterbrechungen in der fragmentierten Multiprojekt-Wissensarbeit zu unterstützen. Zu Beginn werden allgemeine Entwurfsziele formuliert. Die anschließende Vorstellung der Prototypen zeigt auf, wie Aufgaben aus den Handlungsfeldern der unterbrechungsbezogenen Multiprojektkoordination unterstützt werden. Im Anschluss diskutiert das Kapitel die Umsetzung der Entwurfsziele: Ressourcenorientierte Architekturen erweisen sich als geeignete Rahmenarchitektur für die informationstechnische Unterstützung der Unterbrechungshandhabung. Das Kapitel geht auch auf Hürden ein, die bei der Entwicklung von Funktionen zur Unterstützung der Handhabung von Unterbrechungen und deren Integration in die bestehende Systemlandschaft zu überwinden sind. Am Ende des Kapitels werden daraus Gestaltungsempfehlungen für Basissysteme abgeleitet.

7.1 Richtlinien des Entwurfs

Prototypische Erweiterung bestehender Systeme

In Kapitel 5 auf Seite 115 wurden unterschiedliche Kategorien informationstechnischer Systeme identifiziert, die zur Unterstützung der Multiprojekt-Wissensarbeit eingesetzt werden. Viele dieser Systeme können als Basissystem für die Integration von Funktionen zur Unterstützung der Handhabung von Unterbrechungen dienen. Um das Potenzial einer solchen Integration beurteilen zu können, werden im Rahmen dieser Arbeit *mehrere* Prototypen entwickelt, die auf *verschiedenen* Basissystemen aufsetzen. Dabei geben die Ergebnisse der in Kapitel 5.4 auf Seite 137 beschriebenen Infrastrukturexploration einen Rahmen für die Konzeption und Entwicklung vor, indem sie mögliche Basissysteme konkret benennen.

Bedeutung funktionaler und nichtfunktionaler Anforderungen

Die in Kapitel 6.3 auf Seite 145 vorgestellten Anforderungen beeinflussen den Prototypentwurf auf unterschiedlichen Ebenen. Die den einzelnen Handlungsfeldern zugeordneten Anforderungen weisen einen stark funktionalen Charakter auf: Sie werden schwerpunktmäßig von einem der Prototypen umgesetzt. Für jeden der Prototypen kann also ein Handlungsfeld bestimmt werden, dass er primär[1] unterstützt. Die in Kapitel 6.3.5 auf Seite 152 zusammengefassten nichtfunktionalen Anforderungen prägen hingegen den Entwurf aller Prototypen. Sie geben Randbedingungen vor, die aus übergreifenden Eigenschaften der Multiprojekt-Wissensarbeit resultieren und deshalb Prototyp übergreifend zu berücksichtigen sind (vgl. Rupp et al. 2007, S. 260).

Ableiten von Entwurfszielen

Um die Menge nichtfunktionaler Anforderungen für den Entwurf zu operationalisieren, werden sie im Folgenden in vier *Entwurfszielen* zusammengefasst. Kapitel 7.3 auf Seite 188 diskutiert die Umsetzung dieser Entwurfsziele vor dem Erfahrungshintergrund der Prototypentwicklung. In Kapitel 8.4 auf Seite 220 werden die Entwurfsziele auch zu den Ergebnissen der Prototypevaluation in Beziehung gesetzt.

Integration und Verbindung

7.1.1 Integration in bestehende Infrastruktur und Verbindungshaftigkeit ermöglichen

Damit die Prototypen von den Nutzern angenommen werden, müssen sie in die zur Unterstützung der Multiprojekt-Wissensarbeit bereits im Einsatz befindliche informationstechnische Infrastruktur integriert werden (Anforderung N1)[2]. Um etablierte Arbeitsvorgänge nicht unnötig zu beeinträchtigen, sollte diese Integration möglichst unaufdringlich erfolgen (vgl. Redmiles et al. 2007, S. 31 ff.).

1. Die Umsetzung der Anforderungen aus den Handlungsfeldern erfolgt nicht disjunkt: Ein Prototyp kann durchaus Anforderungen aus verschiedenen Handlungsfeldern berücksichtigen. Eine Schwerpunktsetzung ist aber dennoch möglich.
2. Nichtfunktionale Anforderungen sind am Präfix N zu erkennen und in Tabelle 21 auf Seite 154 zusammenfassend aufgeführt.

Verbindungshaftigkeit

Unter dem Begriff der Verbindungshaftigkeit (engl.: *connectedness*) ist zu verstehen, dass (unterschiedliche) Ressourcen und deren Repräsentationen miteinander verknüpft sind und aufeinander verweisen (vgl. Richardson & Ruby 2007, S. 108).[1] Für den Prototypentwurf bedeutet das Herstellen von Verbindungshaftigkeit, Dokumente und auf diese bezogene Informationen zur Unterstützung der Multiprojektkoordination miteinander verknüpft darzustellen (Anforderungen N3, N9). Eine Möglichkeit dazu ist durch Verweise auf Basis von URIs[2] gegeben (z. B. Hyperlinks). Verbindungen zwischen Ressourcen und Repräsentationen ermöglichen es, angebotene Informationen schnell zu explorieren: Dies ist z. B. relevant, wenn Hinweise zur Unterstützung des Wiedereinstiegs in eine fortlaufende Zusammenarbeit genutzt werden sollen (Anforderung N 12). .

TABELLE 23. Anforderungen des Entwurfsziels *Integration und Verbindungshaftigkeit*

Nr.	Anforderung	S.
N1	Der Systementwurf beruht auf der in Nutzung befindlichen Infrastruktur.	20
N3	Dokumente stehen im Mittelpunkt des Systementwurfs.	22
N9	Funktionen zur Unterstützung der Kommunikation sind so zu gestalten, dass ihren Nutzern die Bezugnahme auf gemeinsame Informationsbestände erleichtert wird.	40
N12	Die Handhabung von Unterbrechungen ist so zu unterstützen, dass sie möglichst mit der fortgeführten Zusammenarbeit in einem Arbeitsbereich einhergehen kann.	80

Für den Prototypentwurf legen diese Zielgrößen einen modularen Aufbau sowie den Einsatz standardisierter Protokolle zur Unterstützung des Datenaustauschs zwischen einzelnen Modulen nahe. Letzterer begünstigt insbesondere die Verbindungshaftigkeit der Prototypen. Aus Perspektive der Nutzerinteraktion ist zu berücksichtigen, dass Dokumente die grundlegende Ressource kollaborativer Multiprojekt-Wissensarbeit darstellen.

1. Zur Definition der Begriffe *Repräsentation* und *Ressource* siehe Kapitel 7.3.1 auf Seite 188.
2. *Universal Resource Identifier*

Tabelle 23 fasst die dem Entwurfsziel der Integration und Verbindungshaftigkeit zugeordneten nichtfunktionalen Anforderungen zusammen

7.1.2 Koordination multimodal unterstützen

Wechselnde Modi der Zusammenarbeit

Die Zusammenarbeit in der Multiprojekt-Wissensarbeit kann synchron wie asynchron und am gleichen wie auch an verschiedenen Orten erfolgen. Unterschiedliche Modi der Zusammenarbeit folgen dabei aufeinander und werden teilweise durch das Wechseln eines Arbeitsbereichs bedingt. Zwischen Arbeitsbereichen zu wechseln und Unterbrechungen zu handhaben sind Aufgaben der Multiprojektkoordination. Diese stellt in der Multiprojekt-Wissensarbeit einen Querschnittsbelang dar (vgl. Kapitel 2.1.3 auf Seite 22): Aufgaben der Multiprojektkoordination betreffen naturgemäß alle (projektbezogenen) Arbeitsbereiche einer Person.

Arbeitsbereichsübergreifende Unterstützung

Für den Prototypentwurf ergibt sich daraus, dass insbesondere *Koordinationswerkzeuge* als Basissysteme in Betracht zu ziehen sind (Anforderung N6): Sie werden *arbeitsbereichsübergreifend* eingesetzt. Des Weiteren sind Unterstützungsfunktionen anzubieten, die unterschiedliche Modalitäten der Zusammenarbeit abdecken (Anforderung N8).

In Tabelle 24 sind die nichtfunktionalen Anforderungen des Entwicklungsziels aufgeführt.

TABELLE 24. Anforderungen des Entwurfsziels *Koordination multimodal unterstützen*

Nr.	Anforderung	S.
N6	Die Unterstützung der Multiprojektkoordination erfolgt projektübergreifend.	28
N8	Die informationstechnische Unterstützung der Handhabung von Unterbrechungen wird in polychrone Abläufe der Multiprojekt-Wissensarbeit eingebettet.	34

7.1.3 Interoperabilität und Adressierbarkeit anstreben

Die zur Unterstützung der Handhabung von Unterbrechungen angebotenen Funktionen sollten flexibel und in Kombination genutzt werden können, um individuellen Präferenzen und situativen Erfordernissen (wie z. B. der Nutzung unterschiedlicher Endgeräte) begegnen zu können.

Interoperabilität

Interoperabilität zu gewährleisten bedeutet für den Prototypentwurf zweierlei: Erstens meint Interoperabilität, die Prototypen an vorhandene Systeme anzuschließen, z. B., indem für die Multiprojektkoordination bedeutsame Informationsbestände dieser Systeme genutzt werden (Anforderung N2). Zweitens ist darauf zu achten, dass die von den Prototypen angebotenen Funktionen und Informationen ihrerseits von anderen Systemen genutzt werden können. Um dieses Ziel zu erreichen, ist es sinnvoll, zu einer Ressource (z. B. Hinweise zum Wiedereinstieg in ein unterbrochenes Projekt) *unterschiedliche Repräsentationen* (z. B.: Darstellung als HTML-Dokument, Hinweise als Elemente eines Nachrichtenfeeds) anzubieten. Unter anderem wird so der Zugriff auf ein und denselben koordinationsrelevanten Informationsbestand von unterschiedlichen Clients aus ermöglicht. Aus der Zielgröße der Interoperabilität resultiert des Weiteren die Notwendigkeit einer *einheitlichen Schnittstelle,* in der eine wohldefinierte Menge anwendungsübergreifend zur Verfügung stehender Operationen beschrieben ist. Eine von unterschiedlichen Applikationen implementierte einheitliche Schnittstelle stellt die Grundlage für das Zusammenspiel und die integrierte Nutzung dieser Applikationen dar.

Adressierbarkeit

Adressierbarkeit bedeutet, dass die von einer Anwendung bzw. einem Dienst gelieferten Informationen als Ressource zur Verfügung gestellt werden, d. h. über einen URI oder ein äquivalentes Konstrukt eigenständig und eindeutig anzusprechen sind. Die Adressierbarkeit durch einen URI stellt sicher, dass das Angebot eines Dienstes auf einfache, standardisierte Art und Weise einer Vielzahl von Clients zur Verfügung steht und einzelne Dienste als Bausteine in einem Netzwerk aus Kommunikations-, Koordinations- und Kooperationswerkzeugen verwendet werden können. Adressierbarkeit ist somit nicht unabhängig von Interoperabilität zu sehen.

In Tabelle 25 ist die für das Entwurfsziel *Interoperabilität und Adressierbarkeit* vorrangig relevante nichtfunktionale Anforderung N2 wiedergegeben.

TABELLE 25. Anforderungen des Entwurfsziels *Interoperabilität und Adressierbarkeit*

Nr.	Anforderung	S.
N2	Vorhandene Quellen koordinationsrelevanter Informationen werden beim Systementwurf berücksichtigt und übergreifend genutzt.	21

7.1.4 Eigenverantwortliche Handhabung von Unterbrechungen ermöglichen

Unterbrechungen zulassen

Eine eigenverantwortliche Handhabung von Unterbrechungen zum Entwurfsziel zu erheben bedeutet, Entscheidungen über den Umgang mit einer Unterbrechung beim Nutzer zu belassen und nicht durch einen Prototyp vorwegzunehmen. Unterbrechungen werden also grundsätzlich zugelassen (Anforderung N10). Die Prototypen unterstützen einen Nutzer beim Umgang mit einer Unterbrechung, indem *sie informierte* Entscheidungen zum weiteren Vorgehen ermöglichen, Übergänge zwischen Arbeitsbereichen unterstützen (Anforderung N7) oder den Wiedereinstieg erleichtern. Sie sind damit auf Prozesse bezogen, die der Multiprojektkoordination zuzuordnen sind.

Tabelle 26 nennt Anforderungen, die zum Entwurfsziel der eigenverantwortlichen Handhabung von Unterbrechungen in Beziehung stehen.

TABELLE 26. Anforderungen des Entwurfsziels *Eigenverantwortliche Handhabung von Unterbrechungen*

Nr.	Anforderung	S.
N7	Der Systementwurf hat die Unterstützung von Übergängen zwischen einzelnen Arbeitsbereichen zum Ziel.	28
N10	Leitlinie des Systementwurfs ist die Erleichterung des Umgangs mit Unterbrechungen, nicht deren Vermeidung.	66

7.1.5 Kombination von Awareness- und Kommunikationsunterstützung anbieten

Möglichkeiten der Kombination

Die Analyse des Problembereichs der Multiprojekt-Wissensarbeit deutet an verschiedenen Stellen darauf hin, dass der Umgang mit Unterbrechungen durch eine kombinierte Nutzung von Awareness- und Kommunikationswerkzeugen zu unterstützen ist (Anforderung N11). In der Prototypkonzeption kann diesem Entwurfsziel auf zwei Arten begegnet werden: Erstens können Funktionen zur Awareness- und Kommunikationsunterstützung in einem einzelnen Prototyp kombiniert werden. Zweitens kann sichergestellt werden, dass durch die kombinierte Nutzung mehrerer Prototypen unterbrechungsbezogene Funktionen der Awareness- und Kommunikationsunterstützung zur Verfügung stehen. Im letztgenannten Fall ist es also möglich, dass ein einzelner Prototyp entweder zur Unterstützung von Awareness oder aber zur Kommunikationsunterstützung beiträgt.

Synchronität unterstützender Werkzeuge

Auf welche Art und Weise Kommunikation unterstützt wird, richtet sich nach der Aufgabe, die ein Prototyp primär unterstützt: Die unterbrechungsbezogene Multiprojektkoordination erfordert Medien unterschiedlicher Reichhaltigkeit und Synchronität (Anforderungen N4, N5)

Tabelle 27 fasst die im Hintergrund dieses Entwurfsziels stehenden nichtfunktionalen Anforderungen zusammen.

TABELLE 27. Anforderungen des Entwurfsziels *kombinierte Awareness- und Kommunikationsunterstützung*

Nr.	Anforderung	S.
N4	Die Unterstützung der Orientierung über Arbeitsbereiche erfolgt durch Werkzeuge geringer Synchronität.	26
N5	Die Unterstützung der Wiederaufnahme (andauernder) kooperativer Aktivitäten erfolgt mit Werkzeugen hoher Synchronität.	27
N11	Awareness-Funktionen und Funktionen zum Austausch von Hinweisen unterstützen die Handhabung von Unterbrechungen gemeinsam.	74

7.2 Entwurf und Umsetzung der Prototypen

Um verschiedene Möglichkeiten zur informationstechnischen Unterstützung der Handhabung von Unterbrechungen erproben zu können, werden im Rahmen dieser Arbeit unterschiedliche Prototypen entwickelt. Nach einer kurzen Orientierung über wesentliche Merkmale des methodischen Hintergrunds der Prototypentwicklung (Kapitel 7.2.1) ist der verbleibende Teil des Kapitels 7.2 der Vorstellung der Prototypen gewidmet. In der Beschreibung eines jeden Prototyps wird jeweils geklärt,

- Welche *Aufgaben* der Prototyp unterstützt und auf welches Handlungsfeld er primär bezogen ist,
- Welche *Lösungsidee* der Gestaltung des Prototyps zugrunde liegt,

- Welches *Anwendungsbeispiel* für den Einsatz des Prototyps existiert,
- Wie die *Umsetzung* des Prototyps erfolgte und in welcher Beziehung er zu vorhandenen informationstechnischen Systemen zur Unterstützung der Multiprojekt-Wissensarbeit steht und
- Welche *Alleinstellungsmerkmale* den Prototyp auszeichnen.

Die Ausführungen zur Lösungsidee und zur Umsetzung verweisen dabei auf umgesetzte Anforderungen aus dem primären Handlungsfeld eines Prototyps. In den Tabellen 17 bis 20 des Kapitels 6.3 auf Seite 145 sind diese Anforderungen verzeichnet.

7.2.1 Methodischer Hintergrund: zur Bedeutung von Prototypen im Entwicklungsprozess

Bedeutung von Prototypen

Sommerville (2007, S. 443) versteht unter einem Prototyp „die Anfangsversion eines Softwaresystems, die dazu verwendet wird, Konzepte zu demonstrieren, Entwurfsmöglichkeiten auszuprobieren und – grundsätzlich – Erkenntnisse über das Problem und seine möglichen Lösungen zu gewinnen". Anhand von Prototypen können Systemanforderungen ermittelt und validiert werden (Sommerville 2007, S. 443), Abläufe lassen sich überschaubar und vorstellbar dokumentieren (Rupp et al. 2007, S. 67). Im Rahmen nutzerzentrierter Designprozesse unterstützen Prototypen eine frühzeitige Evaluation und Auswahl von Umsetzungsalternativen (vgl. Beaudouin-Lafon & Mackay 2003, S. 1009-1010; Erickson 1995, S. 50-52). Als Bestandteil des Designprozesses ermöglichen es Prototypen, den zugrunde liegenden Problemraum zu explorieren und dabei den Gestaltungsspielraum der Lösungserbringung in einem Wechselspiel gleichermaßen kreativ zu erweitern und zielgerichtet einzugrenzen (vgl. Beaudouin-Lafon & Mackay, S. 1010-1013).

Repräsentationen von Prototypen

Beaudouin-Lafon & Mackay (2003, S. 1007) unterstreichen, dass es sich bei einem Prototyp stets um ein Artefakt handelt, dessen Charakteristika konkret erfahrbar sind: Ein Prototyp unterscheidet sich somit insbesondere von einer abstrakten Beschreibung eines Systems oder Vorgangs, die der Interpretation bedarf. Prototypen lassen sich auf Grundlage verschiedener Medien erstellen: Vornehmlich werden Papier- und elektronische Prototypen voneinander unterschieden (z. B. Beaudouin-Lafon & Mackay 2003, S. 1007-1008; Rupp et al. 2007, S. 67). Prototypen lassen sich weiterhin dahin gehend differenzieren, welche Teilmenge von Systemanforderungen sie in welchem Detailgrad zu welchem Zweck abbilden (vgl. Beaudouin-Lafon & Mackay 2003, S. 1008, 1013; Rupp et al. 2007, S. 67-68; Sommerville 2007, S. 443):

Zuschnitt von Prototypen

- *Horizontale Prototypen* setzen eine Schicht eines Softwaresystems (wie z. B. die Nutzerschnittstelle) vollständig um (vgl. Balzert 1998, S. 116). Sie werden typischerweise in größeren Entwicklungsvorhaben eingesetzt, in denen unterschiedlich spezialisierte Teams horizontale Prototypen für die einzelnen Schichten des Systems erstellen. Ein horizontaler Prototyp erlaubt es, übergreifende Entwurfsprinzipien (wie z. B. Konsistenz des Designs) in einer Schicht zu überprüfen.
- *Vertikale Prototypen* implementieren „ausgewählte Teile des Zielsystems vollständig durch alle Ebenen hindurch" (Balzert 1998, S. 116). Sie werden oftmals eingesetzt, um die Tragfähigkeit von Architekturentscheidungen zu überprüfen. Sie erlauben es, Umsetzungsalternativen miteinander zu vergleichen und einzelne Funktionalitäten eines Gesamtsystems isoliert umzusetzen. Entsprechend implementieren vertikale Prototypen zwar alle Schichten eines Softwaresystems, sind aber auf eine klar umrissene Teilmenge des Anforderungskatalogs bezogen: zur Prüfung der Konsistenz und Widerspruchsfreiheit einer Anforderungsspezifikation sind sie somit nicht geeignet.
- *Aufgabenorientierte Prototypen* setzen genau die Menge von Funktionalität eines Systems um, die von einem Nutzer zur Bearbeitung einer klar umrissenen, spezifischen Aufgabe benötigt werden. Wie ein vertikaler Prototyp berücksichtigt ein aufgabenorientierter Prototyp alle Schichten eines Systems, ist aber breiter aufgestellt, da in der Bearbeitung einer einzelnen Aufgabe i. d. R. nicht nur eine isolierte sondern mehrere Funktionen im Zusammenspiel genutzt werden.
- *Szenariobasierte Prototypen* sind ähnlich zu aufgabenorientierten Prototypen, anstelle isolierter Aufgaben liegt ihrem Design aber realistische, ganzheitliche Einsatzszenarien zugrunde, in denen mehrere Aufgaben miteinander kombiniert auftreten.

Ziele des Prototypings

Die Prototypentwicklung im Rahmen der vorliegenden Arbeit hat das Ziel, unterschiedliche Ideen der informationstechnischen Unterstützung der Handhabung von Unterbrechungen der Bewertung zugänglich zu machen (s. Kapitel 8.3 auf Seite 210) und Möglichkeiten zur Integration entsprechender Funktionen in eine bestehende

Infrastruktur zu erproben. Sie dient damit vorrangig dem Klären von Problemen und dem Überprüfen von Ideen (vgl. Balzert 1998, S. 116). Vor diesem Hintergrund werden auf einzelne Handlungsfelder der unterbrechungsbezogenen Multiprojektkoordination zugeschnittene, *vertikale Prototypen* entworfen. In Summe decken die Prototypen den Problemraum der unterbrechungsbezogenen Multiprojektkoordination weiträumig ab. Für die nachfolgende Evaluation (Kapitel 8 auf Seite 205) verhält sich die Kombination der Prototypen also äquivalent zu einem *szenariobasierten Prototyp.*

7.2.2 SphereView[1]

Aufgaben. In der Multiprojektarbeit ist es erforderlich, über aktuelle Ereignisse, gegenwärtige Aktivitäten und momentan bearbeitete Themen informiert zu bleiben. Dies gilt sowohl für aktiv verfolgte als auch für zurückgestellte Arbeitsbereiche. Wissensarbeiter überprüfen vor dem Hintergrund einer solchen Projektübersicht ihre eigene Arbeitsplanung und passen sie gegebenenfalls an aktuelle Erfordernisse an. Dazu gehört auch, Chancen zur themenbezogenen Zusammenarbeit erkennen und nutzen zu können. SphereView unterstützt Wissensarbeiter dabei, die aktuell von ihren Kollegen verfolgten Aktivitäten und Themen im Blick zu behalten und ermöglicht so Rückschlüsse auf die jeweiligen Arbeitsbereiche. Damit unterstützt SphereView primär Aufgaben des Handlungsfelds *Projektübersicht bewahren* (s. Kapitel 4.2.1 auf Seite 90).

Lösungsidee. Die personalisierte Kombination von Anwesenheitsinformationen, Termininformationen und Schlagworten zu aktuell bearbeiteten Dokumenten zeichnet ein reichhaltiges Bild der gegenwärtigen Aktivität einer Person und erleichtert es, auf ihren aktuellen Arbeitsbereich zu schließen. SphereView stellt solche Informationen kombiniert in einem Instant Messenger zur Verfügung (Anforderungen 9.3, 9.4): Kontakte können anhand ihrer gegenwärtigen Termine gruppiert werden; zusätzlich stehen Tag Clouds (vgl. Kapitel 5.1.2 auf Seite 117) mit Schlagworten zu den aktuell von einem Kontakt genutzten Dokumenten zur Verfügung. Anhand dieser Informationen können miteinander kooperierende

1. SphereView steht als Kurzwort für *Working Sphere Overview* und bezieht sich damit auf die bereits in Kapitel 2.1.3 auf Seite 22 genannte Aufgabe, Entwicklungen aus verschiedenen Arbeitsbereichen zugleich im Blick zu behalten.

Wissensarbeiter einzuschätzen, welche Personen gerade zusammenarbeiten und welche Themen sie verfolgen (Anforderungen 9.1, 9.2, 10.1).

Anwendungsbeispiel. Die nachfolgende Variante[1] der Szenen 4, 6 und 9 aus den Kapiteln 4.2.1 und 4.2.2 illustriert, wie SphereView zur Unterstützung der Projektübersicht beitragen kann:

> Für den Termin ist noch eine Präsentation vorzubereiten: dazu muss Marie Rücksprache mit Claus und Vera, den übrigen Mitarbeitern des Projekts, halten. Im SphereView Prototyp sieht Marie, dass Vera augenblicklich an einer Besprechung zu einem anderen Projekt teilnimmt. Sie beschließt daraufhin, zunächst mit anderen Aufgaben fortzufahren und zu einem späteren Zeitpunkt auf Vera zurückzukommen. [...] Während Marie die Präsentation für den Kundentermin am folgenden Tag vorbereitet, fällt ihr auf, dass ihr nicht alle Informationen zur Budgetierung der vom Kunden angefragten Modifikationen vorliegen. Marie weiß, dass ihr Anna als Projektleiterin Auskunft zur aktuellen Kalkulation des Projekts geben kann. In SphereView kann Marie Schlagworte zu den Dokumenten einsehen, die Anna gerade bearbeitet. Anhand der Schlagworte erkennt Marie, dass Anna gerade an einem Memo über mögliche Umstrukturierungsmaßnahmen in der von ihr geleiteten Entwicklungsabteilung arbeitet. Marie beschließt daraufhin, Anna vorerst nicht zu stören. Sie bemerkt, dass Claus noch arbeitet: Anhand der zu Claus' gegenwärtigem Arbeitsbereich zur Verfügung gestellten Schlagworte erkennt Marie, dass Claus gerade an einem Bericht über den bisherigen Verlauf des Projekts arbeitet, zu dem sie die Präsentation vorbereitet. Daraufhin kontaktiert sie Claus über den Instant Messenger.

Umsetzung. SphereView ist als Erweiterung eines bestehenden Instant Messengers[2] konzipiert (Anforderung 10.1). Als kommunikationsunterstützende Basissysteme werden Instant Messenger in der Regel arbeitsbereichsübergreifend (Anforderung 11.1) und

1. Veränderungen gegenüber der Fassung aus Kapitel 4 erscheinen hier und in den nachfolgenden Anwendungsbeispielen in serifenloser Schrift.

nebenläufig zu anderen Tätigkeiten eingesetzt (Anforderung 10.3). Informationen aus einem Gruppenterminkalender erlauben es, die Kontaktliste nach Terminen sortiert darzustellen: Das Erkennen aktuell bearbeiteter Projekte und gegenwärtig kooperierender Gruppen wird so erleichtert (Abbildung 16 auf Seite 174).

ABBILDUNG 16. Nach Terminen sortierte Kontaktliste in SphereView

Tag Clouds zu genutzten Dokumenten

Eine Tag Cloud (s. Abbildung 18 auf Seite 175), die sich auf die aktuell von einer Person bearbeiteten Dokumente bezieht, gibt weiteren Aufschluss über das momentane Betätigungsfeld. Voraussetzung ist, dass Dokumente zunächst durch Tags in den Kontext von Projektaktivitäten und Themen gesetzt wurden – zu einem Dokument vergebene Schlagworte erfüllen diese Vorbedingung. Fasst man diese Tags für die aktuell von einer Person bearbeiteten Dokumente in einer (gewichteten) Tag Cloud zusammen, dann werden dadurch Rückschlüsse auf den zugehörigen Arbeitsbereich unterstützt.

Abbildung 17 auf Seite 175 zeigt ein für Microsoft Word[1] entwickeltes Add-in[2], dass die Schlagworte eines Dokuments den in diesem Kapitel vorgestellten Prototypen zugänglich macht.[3] Die

2. Basis für die Prototypentwicklung ist der Instant Messaging Client *Spark* (http://www.igniterealtime.org/projects/spark/). Spark zeichnet sich durch eine Schnittstelle für Plug-ins, die Möglichkeit zum plattformübergreifenden Einsatz und die Distribution als Open Source Produkt aus.

1. http://office.microsoft.com/de-de/word/

vergebenen Schlagworte können unmittelbar eingesehen und editiert werden, der Nutzer kann frei entscheiden, ob und falls ja welche Schlagworte öffentlich zur Verfügung gestellt werden (Anforderung 12.2).

ABBILDUNG 17. Add-in zur Veröffentlichung dokumentbezogener Schlagworte

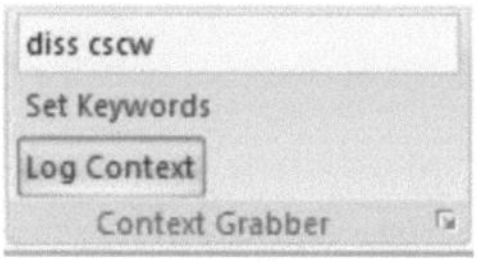

Überschneidungen zwischen Arbeitsbereichen

In Abbildung 18 auf Seite 175 ist eine personenbezogene Tag Cloud zu sehen. Diese wird von SphereView angezeigt, sobald der Mauszeiger über einen Eintrag aus der Kontaktliste bewegt wird (Anforderung 11.2). Einige der Tags erscheinen blau gefärbt: Diese Tags kommen auch in der Menge von Schlagworten vor, die sich auf den eigenen Arbeitsbereich eines Nutzers beziehen. Anhand blau gefärbter Tags kann ein Nutzer also Überschneidungen zwischen seinem eigenen Arbeitsbereich und dem einer anderen Person erkennen (Anforderung 10.2): je größer der Anteil blau gefärbter Tags, desto größer die Ähnlichkeit zwischen den Tätigkeiten.

ABBILDUNG 18. Personenbezogene Tag Cloud zum aktuellen Arbeitsbereich

SphereView nimmt keine Interpretation der anfallenden Daten vor: Diese bleibt den Nutzern überlassen, denen eine bessere Fähigkeit

2. Ein Add-in (alternativ: Plugin) ist eine Software-Komponente, die eine Anwendung um neue Funktionen erweitert. Der Begriff der Komponente bezeichnet einen „Software-Baustein, der eine anwendungsorientierte, semantisch zusammengehörende Funktionalität besitzt, die nach außen über Schnittstellen zur Verfügung gestellt wird" (Balzert 2000, S. 856).
3. Metadaten zu Dokumenten sind auch für andere Prototypen relevant (vgl. Kapitel 7.2.3 auf Seite 176). Sie werden deshalb *Prototyp übergreifend* zur Verfügung gestellt. Details zur Umsetzung nennt Kapitel 7.3 auf Seite 188.

zum Erschließen des Kontexts zugesprochen werden kann als dem technischen System (s. Erickson 2003, S. 847).

Alleinstellungsmerkmale. SphereView unterscheidet sich von bisherigen Arbeiten darin, dass über die Anwesenheit hinausgehende Informationen zum gegenwärtigen Arbeitsbereich aus anderen Applikationen gewonnen werden und von einer Person nicht explizit im Instant Messenger zur Verfügung gestellt werden müssen. Informationen, die zur Anzeige terminbezogener Kontaktgruppen erforderlich sind, werden aus einem Gruppenterminkalender bezogen. Informationen zum aktuellen Arbeitsbereich einer Person werden durch die Publikation öffentlicher Tags (Schlagworte) zu nichtöffentlichen Inhalten (Dokumenten) zugänglich gemacht.

7.2.3 ContextPane und CueSmarttag

Aufgaben. Die erfolgreiche Wiederaufnahme unterbrochener Zusammenarbeit erfordert es, den Bearbeitungsstand des unterbrochenen Arbeitsbereichs zu rekonstruieren und sich über den aktuellen Stand der Arbeiten zu orientieren. Wurde die Arbeit während der Abwesenheit des Interruptee fortgesetzt, dann kann diese Orientierung von Hinweisen der Proceeder abhängen. Die Prototypen ContextPane und CueSmarttag unterstützen Interruptee und Proceeder bei ihren jeweiligen Aufgaben aus dem Handlungsfeld *Wiederaufnahme und Orientierung ermöglichen* (Kapitel 4.2.3 auf Seite 102).

Lösungsidee. Zwischen verschiedenen Arbeitsbereichen zu wechseln und unterbrochene Aktivitäten fortzuführen stellt auch eine Aufgabe der Koordination von Terminen dar. Für den Interruptee werden entsprechende Unterstützungsfunktionen deshalb als Erweiterung seines elektronischen Terminkalenders (hier: Microsoft Outlook[1]) angeboten. Diese Funktionen ermöglichen es ihm, anhand einer Tag Cloud auf das Thema eines Termins zu schließen (Anforderung 5.1), die während dieses Termins verwendeten Dokumente aufzurufen (Anforderung 6.2) und ggf. zugehörige Hinweise der Proceeder einzusehen (Anforderung 15.1).

1. Mit Microsoft Outlook (http://office.microsoft.com/de-de/outlook/) wird eine der am weitesten verbreiteten Anwendungen zur Unterstützung des persönlichen Informationsmanagements als Basis für die Prototypentwicklung gewählt.

Einbettung des Erstellens von Hinweisen

Aus Sicht der Proceeder soll das Erstellen von Hinweisen parallel zu ihrer primären Arbeitsaktivität möglich sein und nur einen geringen Mehraufwand bedeuten (Anforderung 8.1). Deshalb werden Funktionen zum Erstellen solcher Hinweise in Applikationen integriert, die sowohl in Situationen der Zusammenarbeit am gleichen Ort als auch bei räumlich verteilter Arbeit zum Editieren von Dokumenten eingesetzt werden. Als Basissystem für die Prototypentwicklung dient gemäß der Infrastrukturexploration (s. Kapitel 5.4.2 auf Seite 138) Microsoft Word.

Anwendungsbeispiel. Die nachfolgende Variante der Szenen 11 und 12 (s. Seite 103) verdeutlicht, wie die Prototypen Aufgaben der Wiederaufnahme und der Orientierung unterstützen:

> Marie begibt sich mit ihrem Laptop in ein anderes Büro und teilt Vera und Claus im Gehen mit, dass sie dringend einige kurzfristig anstehende Aufgaben mit Lea besprechen muss und vermutlich in einer Viertelstunde zurück sein wird. In ihrem Kalender wählt sie den zurückliegenden Besprechungstermin aus. In der ContextPane – einer zusätzlichen Aufgabenleiste ihres Outlook-Kalenders – werden Marie Links zu ihren Besprechungsnotizen und dem in der Sitzung modifizierten Projektplan angeboten. Marie ruft beide Dokumente auf und informiert Lea anhand der darin festgehaltenen Notizen über den aktuellen Stand des Projekts. [...] Während Maries Abwesenheit arbeiten Vera und Claus weiter und ergänzen die gemeinsam genutzten Dokumente. Zu ihrer Meinung nach relevanten Veränderungen halten sie direkt im Dokument Hinweise fest, die sie Marie mithilfe des CueSmarttag Prototyps zukommen lassen. Nach einer Viertelstunde kehrt Marie zurück. Da Marie Schwierigkeiten hat, den aktuellen Stand der gemeinsamen Arbeit nachzuvollziehen, wählt sie in ihrem Kalender den Termin zum gerade laufenden Arbeitstreffen mit Vera und Claus aus. In der ContextPane erscheinen daraufhin Hinweise, die Vera und Claus für Marie während ihrer Abwesenheit verfasst haben. Marie geht die Hinweise der Reihe nach durch und kann sich so über den aktuellen Stand der Arbeiten orientieren. Danach setzen sie ihre Zusammenarbeit zu dritt fort.

Erweiterung von Outlook

Umsetzung. ContextPane ist eine Aufgabenleiste, die als Add-in zu Outlook hinzugefügt werden kann. In einer Tag Cloud dargestellte Tags (Schlagworte) beschreiben den Termin inhaltlich. Sie stammen. z. B. aus den Metadaten der Dokumente, die vom Benutzer des Prototyps während eines Termins geöffnet waren: Das Sammeln solcher Tags erfolgt automatisch – z. B. mithilfe des vorausgehend vorgestellten Word Add-ins – und setzt keine Aktion des Benutzers voraus (Anforderung 12.1). Die Tags werden in einer Tag Cloud gewichtet[1] dargestellt. Die Aufgabenleiste bietet außerdem Links zu Dokumenten an, die während eines Termins genutzt wurden. Auf diese Weise können relevante Teile des Projekts bei der Wiederaufnahme einer Tätigkeit schnell rekonstruiert werden (Anforderung 6.1, 6.2). Zu einem gemeinsamen Termin kann es des Weiteren Hinweise von anderen Personen geben, insbesondere dann, wenn die Zusammenarbeit von diesen Personen fortgesetzt wurde, während man selbst aufgrund einer Unterbrechung zu einer anderen Tätigkeit übergegangen ist.

ABBILDUNG 19. Aufgabenleiste mit terminbezogenen Tags, Dokumenten und Hinweisen

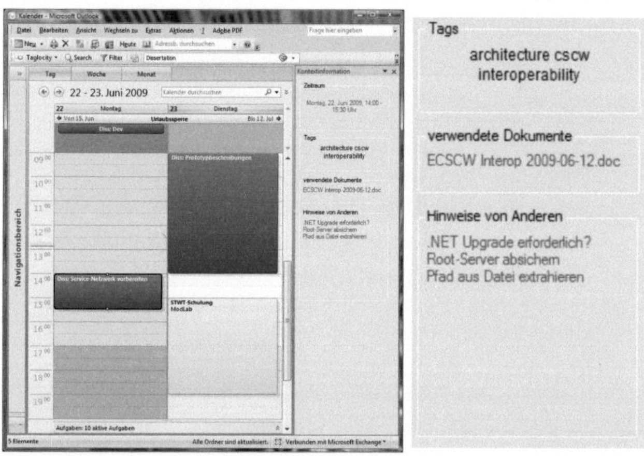

Solche Hinweise können aus verschiedenen Quellen stammen, sie werden in der Aufgabenleiste zusammengefasst dargestellt (Anforderung 15.1) und einem Termin über ihren Erstellungszeitpunkt

1. D. h.: je häufiger ein Tag vorkommt, desto größer wird es dargestellt.

zugeordnet. Hinweise können sich auf Dokumente beziehen: Jeder Hinweis kann deshalb einen Link zu einem Dokument beinhalten.

Abbildung 19 auf Seite 178 zeigt den Outlook Terminkalender mit aktiviertem ContextPane Prototyp. Das Thema des ausgewählten Termins wird durch die Tags *architecture, cscw, interoperability* umrissen; darüber hinaus existieren Links zu einem während des Termins verwendeten Dokument und zu drei Hinweisen (zur Beziehung zwischen Dokumenten und Hinweisen s. Seite 107).In der Aufgabenleiste erscheinen zunächst nur die Titel der Hinweise – Abbildung 20 auf Seite 179 zeigt die vollständige Darstellung eines Hinweises, die aus der ContextPane heraus mit einem Klick auf den jeweiligen Titel aufgerufen werden kann. Zu sehen ist auch, dass ein Hinweis Links zu weiteren Dokumenten beinhalten kann.

ABBILDUNG 20. Vollständige Darstellung eines Hinweises

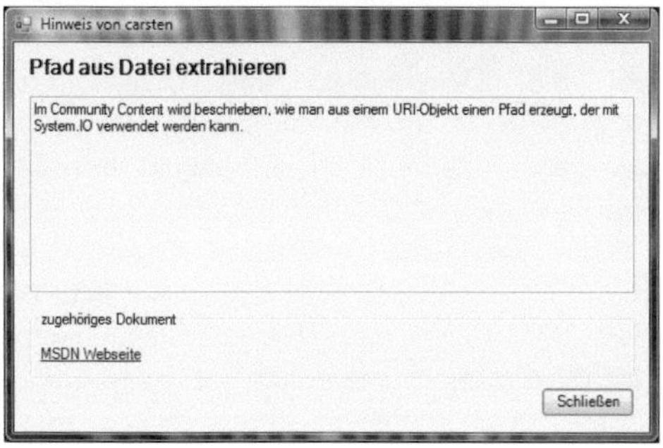

Hinweise in einem Dokument erstellen

Abbildung 21 auf Seite 180 zeigt, wie Hinweise an eine Person aus einer Textverarbeitung heraus publiziert werden können (Anforderung 8.1). Nach Eingabe der unmittelbar von einem in der Domäne[1] bekannten Benutzernamen gefolgten Zeichensequenz „cue:“ bietet ein *Smart Tag*[2] die Möglichkeit an, den vorausgehenden Absatz unmittelbar als personalisierten Hinweis zu publizieren (Anforderung 13.3). Der Hinweis verbleibt – durch Formatierung als Kommentar kenntlich gemacht – im editierten Dokument und ist von

1. Die betrachtete Infrastruktur verfügt über ein (serverbasiertes) Nutzerverzeichnis, in dem alle Mitglieder der Arbeitsgruppe eingetragen sind.
2. Smart Tags erlauben es, in Abhängigkeit von bestimmten Inhalten oder Aktionen kontextualisiert Optionen zur Bearbeitung spezifischer Elementen eines Dokuments anzubieten.

einem Interruptee im eigenen PIM-Client (z. B. Microsoft Outlook, s. Abbildung 19 auf Seite 178) einzusehen (Anforderung 8.2).[1]

ABBILDUNG 21. Publizieren von Hinweisen mit CueSmarttag

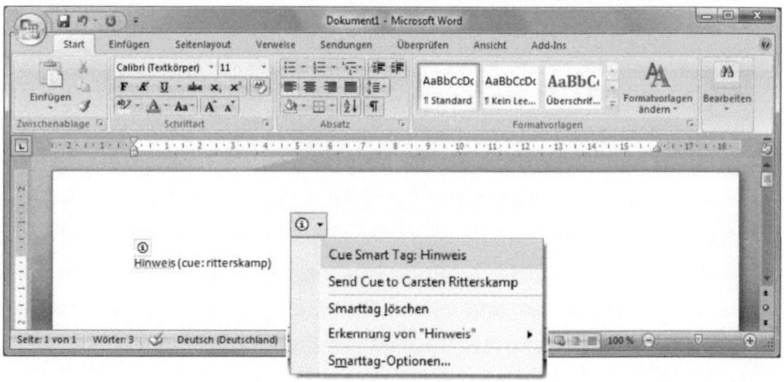

Alleinstellungsmerkmale. ContextPane ermöglicht durch die Verschränkung von Kalendereinträgen, Awarenessdaten, Kommunikationsbeiträgen und Dokumenten eine schnelle Exploration wiedereinstiegsrelevanter Informationen. CueSmarttag bettet unterbrechungsbezogene Funktionen der Kommunikationsunterstützung in bestehende Systeme zur Bearbeitung von Dokumenten ein und ermöglicht es den Proceedern, Hinweise an den Interruptee *beiläufig* zu verfassen. Im Unterschied zu bestehenden Ansätzen (vgl. Kapitel 5.2.3 auf Seite 131) stehen diese Hinweise dem Interruptee auch *außerhalb* des Ursprungsdokuments zur Verfügung. Auf diese Weise wird es dem Interruptee erleichtert, über zurückgestellte Arbeitsbereiche informiert zu bleiben, auch wenn sein Fokus gerade auf einem anderen Arbeitsbereich und damit i. d. R. auch auf anderen Dokumenten liegt. Wie auch TeamClock (s. Kapitel 7.2.5 auf Seite 184) zeigen die Prototypen, wie Funktionen zur Handhabung von Unterbrechungen als Querschnittsbelang in bestehende Koordinations- und Dokumentverarbeitungssysteme integriert werden können.

7.2.4 ReZoom

Aufgaben. Wenn man die Zusammenarbeit an einem gemeinsamen Dokument zeitweilig verlässt und später wieder aufnimmt, benötigt

1. Die der Prototypentwicklung zugrunde liegende Architektur sieht *unterschiedliche Abnehmer* für Hinweise und nutzerbezogene Tag Clouds vor, s. Kapitel 7.3.1 auf Seite 188.

man Hinweise auf die Stellen des Dokuments, die von den übrigen Teilnehmern während der eigenen Abwesenheit verändert wurden. ReZoom[1] unterstützt in solchen Fällen die Orientierung und nimmt damit Aufgaben aus dem Handlungsfeld *Wiederaufnahme und Orientierung ermöglichen* wahr (s. Kapitel 4.2.3 auf Seite 102).

Vorübergehende Veränderung der Darstellungsgröße

Lösungsidee. ReZoom ermöglicht die Orientierung in gemeinschaftlichen Notizseiten, wie sie z. B. während einer Besprechung erstellt werden. In einer bestimmten Zeitspanne neu erstellte oder modifizierte Inhalte können durch eine reversible Veränderung ihrer Darstellungsgröße hervorgehoben werden (Anforderung 5.2).

Anwendungsbeispiel. Die folgende Variante von Szene 12 (Seite 103) illustriert, wie ReZoom die Orientierung über Veränderungen gemeinsamer Dokumente in einer Kleingruppe unterstützen kann:

> Während Maries Abwesenheit arbeiten Vera und Claus weiter und ergänzen die gemeinsam genutzten Dokumente. Dabei verändern und erstellen sie eine Reihe von Notizen in einem gemeinsam genutzten elektronischen Notizbuch. Nach einer Viertelstunde kehrt Marie zurück. Da Marie Schwierigkeiten hat, den aktuellen Stand der gemeinsamen Arbeit nachzuvollziehen, weisen Vera und Claus auf ihrer Meinung nach relevante Veränderungen hin, die sie während Maries Abwesenheit an den Dokumenten vorgenommen haben. Dazu bringt Vera das gemeinsam genutzte Notizbuch auf der Gruppenanzeige des Besprechungsraums zur Anzeige. Mit dem ReZoom Prototyp hebt sie die Kopfzeilen der veränderten und neu erstellten Notizen hervor und informiert Marie kurz über die jeweiligen Veränderungen. Danach setzen sie ihre Zusammenarbeit zu dritt fort. Ab und an nutzt Marie den ReZoom Prototyp auf ihrem Laptop, um die von Claus und Vera veränderten Einträge erneut in der Notizsammlung verorten zu können.

ReZoom kann auch zur Unterstützung der (individuellen) Wiederaufnahme unterbrochener Zusammenarbeit eingesetzt werden: Dies

1. *ReZoom* steht als Kurzwort für *Resumption Zoom.*

wird durch die nachfolgende Variante der Szenen 5 und 7 (s. Kapitel 1.1.2 auf Seite 5) verdeutlicht[1]:

> Zurück im Besprechungsraum stellt Marie fest, dass die übrigen Teilnehmer gerade Pause machen: Um sinnvoll weiterarbeiten zu können, hätten sie von Marie eine Entscheidung zur Personalplanung gebraucht. [...]. An der Gruppenanzeige des Besprechungsraumes hebt Marie die zuletzt angefertigte Besprechungsnotiz hervor und findet darin einen Hinweis auf die erforderliche Entscheidung. Sie erkennt den vorhandenen Abstimmungsbedarf mit Sören: Im SphereView Prototyp sieht Marie, dass dieser augenblicklich an einer Besprechung teilnimmt und beschließt daraufhin, ihn per E-Mail zu kontaktieren. Noch bevor die übrigen Besprechungsteilnehmer zurückkehren, erhält sie eine Antwort auf ihre Anfrage und kann über den geplanten Personaleinsatz in Projekt C entscheiden. Die anderen kehren zurück und die Gruppe setzt ihre Arbeit fort.

Umsetzung. Gemäß den Ergebnissen der Infrastrukturexploration (s. Kapitel 5.4.2 auf Seite 138) wird Microsoft OneNote als Basissystem für die Prototypentwicklung eingesetzt. Eine Besonderheit dieses Notizbuchs ist es, dass auf jeder Seite Dokumente und Notizen wie auf einem Whiteboard in einem zweidimensionalen, nicht-hierarchischen und in seiner Ausdehnung nicht beschränkten Informationsraum angeordnet werden können. Funktionen zur Unterstützung der Orientierung stehen damit vor der Herausforderung, zugleich Hinweise auf den Inhalt und die Positionierung neuer oder modifizierter Elemente geben zu müssen. Der ReZoom Prototyp löst dieses Problem, indem er in einem bestimmten Zeitraum (die z. B. der Abwesenheitsdauer des Interruptee entspricht) neu erstellte oder modifizierte Elemente in der Gesamtansicht einer Seite durch eine vergrößerte Darstellung hervorhebt (s. Abbildung 22 auf Seite 183).

Zeitspanne festsetzen

Der Benutzer kann angeben, wie lange eine Veränderung höchstens zurückliegen darf, auf die er hingewiesen werden möchte. Ein Klick auf den Button „ReZoom“ bewirkt dann, dass die Überschriften der Notizen vergrößert werden, die in der fraglichen Zeitspanne verän-

1. Dabei wird auch auf die von SphereView angeboten Funktionen Bezug genommen, s. Kapitel 7.2.2 auf Seite 172.

dert wurden. Lässt man den Button wieder los, so wird die Vergrößerung zurückgenommen (Anforderung 5.2). ReZoom ist als Widget implementiert, da eine nahtlose Integration in die Benutzerschnittstelle des Basissystems aufgrund nicht vorhandener Schnittstellen nicht möglich war.

ABBILDUNG 22. Hervorheben veränderter Inhalte mit ReZoom

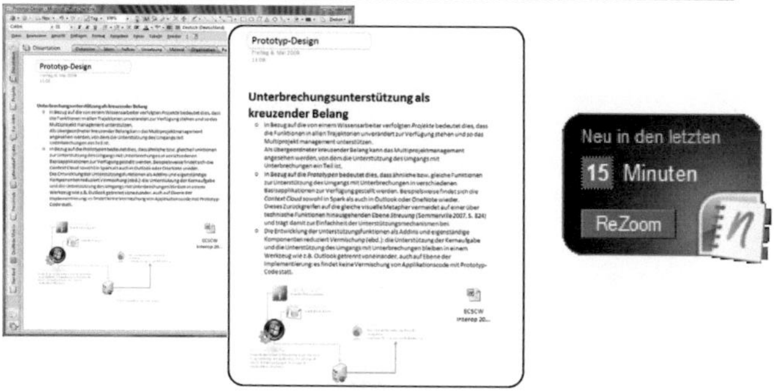

Anzeige von Veränderungen im Kontext

In Gegensatz zu einem linear und hierarchisch aufgebauten Report bleibt bei ReZoom die flächige Anordnung der Original-Informationssammlung weitestgehend[1] erhalten: Hinweise auf neue bzw. modifizierte Inhalte erscheinen kontextualisiert und die unmittelbare Nutzung des Original-Materials wird unterstützt. Das Design des Prototyps ermöglicht die schnelle Exploration von Veränderungen gemeinsam genutzter Inhalte. Dabei unterstützt ReZoom insbesondere die Wiederaufnahme einer kooperativen Aktivität durch einen wiederkehrenden Interruptee *zu deren Laufzeit*. Die Wiederaufnahme kann dabei sowohl individuell (z. B. am eigenen Laptop) als auch mit Unterstützung der Proceeder (z. B. an einer Gruppenanzeige) erfolgen (Anforderung 5.3).

Alleinstellungsmerkmale. ReZoom erweitert eine bestehende Applikation um eine Funktion, die vor allem in Situationen der synchronen Zusammenarbeit am gleichen Ort die Wiederaufnahme einer fortgesetzten Aktivität durch einen Interruptee und damit auch

1. Durch die Vergrößerung der modifizierten Inhalte entstehen geometrische Verzerrungen (s. Furnas 2006, S. 1003), die von einem Nutzer kognitiv zurückgenommen werden müssen, wenn eine Orientierung auf dem (nicht von Vergrößerungen betroffenen) Originalmaterial gelingen soll. Der ReZoom Prototyp strebt danach, das Ausmaß solcher solche Verzerrungen gering zu halten. Dazu trägt bei, dass nur die Überschriften modifizierter Inhalte vergrößert werden.

die Handhabung von Unterbrechungen unterstützt. Dabei bleibt die zweidimensionale, nicht-hierarchisch organisierte Struktur des Informationsraums des Basissystems erhalten. Die Integration des Prototyps in die bestehende Infrastruktur ermöglicht es Interruptees und Proceedern, ein und dasselbe Original-Dokument sowohl bei Aufgaben der Orientierung als auch im Rahmen der andauernden Zusammenarbeit parallel zu nutzen: Koordinative Prozesse der Wiederaufnahme können auf diese Weise leichter mit operativen Vorgängen der Zusammenarbeit verbunden werden. In Besprechungen, in denen Sitzungsunterstützungssysteme (vgl. Abbildung 5.1.2 auf Seite 117) zum Einsatz gelangen, kann ReZoom darüber hinaus Geräte übergreifend am Einzelplatz und am Gruppendisplay unter Verwendung der gleichen visuellen Metapher eingesetzt werden: Damit werden individuelle und kooperative Prozesse der Orientierung von ein und demselben Werkzeug unterstützt.

7.2.5 TeamClock

Aufgaben. Aufgabe des Prototyps ist es, auf anstehende Termine möglichst unaufdringlich hinzuweisen und Gruppen dabei zu unterstützen, Vereinbarungen zur Fortsetzung eines in Kürze unterbrochenen gemeinsamen Termins zu treffen. Der Prototyp soll dazu beitragen, Arbeitsabläufe in der Multiprojektarbeit toleranter gegenüber Unterbrechungen werden zu lassen. TeamClock unterstützt somit primär Aufgaben des Handlungsfelds *Arbeitsabläufe unterbrechungstolerant gestalten* (s. Kapitel 4.2.4 auf Seite 109).

Lösungsidee. In Kürze beginnende oder sich überschneidende Termine sind oft eine Ursache für Unterbrechungen. Solche anstehenden Unterbrechungen können vorab angekündigt werden: Wird eine Gruppe rechtzeitig darauf aufmerksam, dass zumindest einige ihrer Mitglieder in Kürze ihre Arbeit unterbrechen werden, so kann sie den weiteren Umgang mit der anstehenden Unterbrechung gemeinsam planen.

Hinweise auf anstehende Termine einer Gruppe geben

TeamClock stellt Informationen über anstehende Termine der Mitglieder einer Projektgruppe in einer analogen Systemuhr zur Verfügung. Diese wurde als Widget umgesetzt. Der Prototyp kann sowohl am Einzelarbeitsplatz als auch in zeitgleichen Besprechungen am gleichen Ort genutzt werden. Kontinuierlich präsente und unaufdringlich gestaltete Hinweise auf anstehende Termine, die eine

Unterbrechung der Zusammenarbeit bewirken könnten, helfen der Gruppe dabei, die spätere Wiederaufnahme ihrer Aktivität rechtzeitig zu planen. Dazu unterstützt der Prototyp das Vereinbaren eines Folgetermins.

Anwendungsbeispiel. Die nachfolgende Variante der Szene 8b aus Kapitel 4.2.4 auf Seite 109 verdeutlicht, wie der Prototyp eine Gruppe beim Umgang mit konfligierenden Terminen unterstützen kann:

> Im weiteren Verlauf der Sitzung stellt sich heraus, dass zwei Mitarbeiter – Tim und Lea – eine Stunde früher gehen müssen als ursprünglich vereinbart. Eine Viertelstunde bevor Lea und Tim aufbrechen müssen, weist der auf der Gruppenanzeige sichtbare TeamClock Prototyp durch eine bogenförmige Markierung auf dem Zifferblatt auf den konfligierenden Termin hin. Der Moderator der Sitzung ruft die von TeamClock angebotene Terminübersicht auf: Es ist zu erkennen, dass Lea und Tim die Sitzung aufgrund eines Folgetermins vorzeitig verlassen müssen. Die Gruppe nutzt die verbleibende Zeit, um das weitere Vorgehen abzustimmen. Gemeinsam werden Tagesordnungspunkte identifiziert, die auch ohne Tim und Lea zu besprechen sind. Es wird vereinbart, dass die verbleibenden Teilnehmer das Ergebnis ihrer diesbezüglichen Besprechung um Protokoll der Sitzung kenntlich machen und dieses am Abend Tim und Lea zukommen lassen. Da eine Reihe weiterer Themen die Teilnahme von Tim und Lea erfordert, wird auch ein Folgetermin zur Fortsetzung der Besprechung vereinbart. Dazu ruft der Moderator erneut die Terminübersicht auf: TeamClock schlägt einen möglichen Folgetermin passender Länge vor, dem die Gruppe zustimmt. Der Moderator nutzt daraufhin die von TeamClock angebotene Möglichkeit, den Folgetermin unmittelbar in die Kalender aller Sitzungsteilnehmer einzutragen.

Umsetzung. TeamClock ist eine Desktopuhr, die auf Termine aus den Outlook-Kalendern ihres Benutzers aufmerksam machen kann. Fünfzehn Minuten vor Beginn eines Termins beginnt der Prototyp damit, die verbleibende Zeitspanne kontinuierlich anzuzeigen. Dazu wird ein Bogen auf das Ziffernblatt der Uhr projiziert. Der Bogen führt vom Minutenzeiger zum Startpunkt des anstehenden Termins. Führt der Benutzer die Maus über das Ziffernblatt, stellt ihm TeamClock weitere Informationen zum anstehenden Termin zur Verfügung: Der Betreff des Termins und die Namen der teilnehmenden Personen werden eingeblendet. Abbildung 23 auf Seite 186 zeigt dies für einen um 15:00 Uhr beginnenden Termin (Anforderung 1.1).

Unaufdringliche Darstellung

Die Gestaltung des Terminhinweises folgt dem Prinzip der unaufdringlichen Integration (vgl. Redmiles et al. 2007): Der Hinweis ist im Hintergrund präsent und erfordert keine explizite Bestätigung der Kenntnisnahme durch den Nutzer. Die gewählte Form der Benachrichtigung stellt somit keine störende Unterbrechung dar.

ABBILDUNG 23. Hinweis auf einen anstehenden Termin in TeamClock

Terminkonflikt erkennen und Folgetermin ermitteln

Nimmt der Benutzer von TeamClock an einer Besprechung teil, dann achtet TeamClock auch auf Termine aus den Kalendern der übrigen Teilnehmer. Dazu wertet der Prototyp die zu diesem Termin abgelegte Teilnehmerliste aus und sucht in den zugehörigen Kalendern nach möglicherweise unterbrechenden Terminen. Mit einem Doppelklick auf das Ziffernblatt kann jederzeit eine Listendarstellung der an einem Arbeitstag noch anstehenden Termine aufgerufen werden. Sofern ein Terminkonflikt festzustellen ist, der zu einer Unterbrechung der laufenden Sitzung führen könnte, zeigt TeamClock hier außerdem einen möglichen Termin zur Fortsetzung der Sitzung an. Als Dauer für den Fortsetzungstermin wird die verbleibende Zeit des aktuellen Termins gewählt. Der Folgetermin beginnt zum frühestmöglichen Zeitpunkt, an dem alle aktuellen Teilnehmer für die benötigte Dauer zur Verfügung stehen können (Anforderung 14.1).

Abbildung 24 auf Seite 187 veranschaulicht dies für die bis 16:00 Uhr geplante Besprechung „Screenshots erstellen“ mit 2 Teilnehmern. Um 15:45 droht der halbstündige Termin „Pretest Fragebogen“ die laufende Sitzung „Screenshots erstellen“ zu unterbrechen.

ABBILDUNG 24. Terminübersicht mit Hinweis auf möglichen Folgetermin

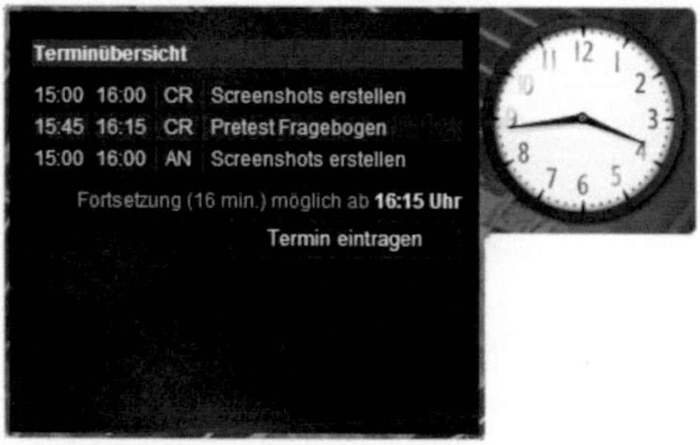

Würden sich die Teilnehmer um 15:44 auf eine spätere Fortsetzung einigen, so würde diese 16 Minuten dauern müssen. Ein Termin mit 16 Minuten Dauer ist für die Beteiligten frühestens ab 16:15 (dem Ende des unterbrechenden Termins) möglich. Team Clock schlägt diesen Zeitpunkt als Start für die Fortsetzung vor. Ein Klick auf die Schaltfläche „Termin eintragen“ bewirkt, dass der Fortsetzungstermin in den Kalendern aller Teilnehmer der gegenwärtigen Besprechung eingetragen wird.

Alleinstellungsmerkmale. Im Vergleich zu verwandten Arbeiten (z. B. Dragicevic & Huot 2002, vgl. Kapitel 5.2.4 auf Seite 134) zeichnet sich der TeamClock Prototyp durch seine Integration in die bestehende Infrastruktur, das leichtgewichtige Design des Benachrichtigungsmechanismus und die eingebetteten Funktionen zur Vereinbarung eines Nachfolgetermins aus. Die Möglichkeit, auf anstehende Ereignisse aus den Kalendern *aller* Kooperationsteilnehmer hinzuweisen, lässt TeamClock zu einem geeigneten Instrument werden, in zeitgleichen Sitzungen am gleichen Ort Awareness über absehbar anstehende Unterbrechungen herzustellen. Kooperierende Gruppen werden so in die Lage versetzt, ggf. erforderliche Maßnahmen zur Fortführung bzw. Wiederaufnahme einer Aktivität noch vor dem Eintritt einer Unterbrechung zu planen. Der Prototyp zeigt auch, wie Funktionen zur Unterstützung des Umgangs mit Unterbrechungen als Querschnittsbelang in bestehende Werkzeuge integriert werden können: Kernbelang der Systemuhr ist die Anzeige der aktuellen Uhrzeit, ihre Erweiterung um Funktionen zur Unterstützung der unterbrechungsbezogenen Multiprojektkoordination kann als Integration eines Querschnittsbelangs angesehen werden.

7.3 Diskussion des Entwurfs

Nachdem im vorausgehenden Teil des Kapitels die Funktionsweise der einzelnen Prototypen vorgestellt wurde, rücken nun erneut die eingangs identifizierten Entwurfsziele ins Blickfeld. Im Folgenden wird gezeigt, wie im Rahmen der Prototypkonzeption auf die Entwurfsziele eingegangen wurde. Ein Schwerpunkt liegt dabei auf der Auswahl einer passenden Rahmenarchitektur.

7.3.1 Integrationsfähigkeit, Verbindungshaftigkeit, Interoperabilität und Adressierbarkeit

Die Entwurfsziele der Integration, Verbindungshaftigkeit, Interoperabilität und Adressierbarkeit hängen maßgeblich von der Rahmenarchitektur ab, in die sich die Prototypen eingliedern. Als Grundlage bietet sich eine ressourcenorientierte Architektur an, in der einzelne Funktionen zur Unterstützung der Handhabung von Unterbrechungen als vernetzungsfähige Dienste (im Folgenden: *Web Services*) angeboten werden.

Architektur. Vor dem Hintergrund der Kriterien der Integrationsfähigkeit, Verbindungshaftigkeit, Adressierbarkeit und Interoperabilität bieten die auf Web Services orientierten Entwurfsprinzipien des *Representational State Transfer* (REST, s. Fielding 2000; Richardson & Ruby 2007) einen besonders geeigneten Rahmen. REST sucht durch eine Rückbesinnung auf grundlegende Web-Technologien die Implementierung verteilter, webbasierter Systeme zu vereinfachen. Von zentraler Bedeutung sind dabei „[...] das HTTP-Anwendungsprotokoll, der URI-Standard für Namen und die XML-Auszeichnungssprache" (Richardson & Ruby 2007, S. XII).

Integrationsfähigkeit und Interoperabilität

Die Interaktion zwischen Client und Server wird bei REST-konformen Web Services unter Verwendung der durch HTTP definierten, einheitlichen Schnittstelle abgewickelt. Unabhängig von der zugrunde liegenden Architektur und der eingesetzten Programmiersprache transportiert der Aufruf eines Web Services (bzw. allgemeiner: eines Dienstes) stets Methoden- und Fokusinformationen. Anhand der Methodeninformation ermittelt der aufgerufene Dienst, *was* er zu tun hat. Die Fokusinformation hingegen beantwortet die Frage, auf welchen Datenbestand eine Methode zur Anwendung gelangen soll. Die Methodeninformation wird vom Client durch die beim Request verwendete HTTP-Methode[1] an den Server übermittelt. Fokusinformation wird als Pfadinformation über einen URI einer Ressource (bzw. einer Repräsentation einer Ressource) übertragen. Der Einsatz standardisierter HTTP-Verben als einheitliche Schnittstelle begünstigt die Interoperabilität und *Integrationsfähigkeit* REST-konformer Systeme.

Adressierbarkeit und Verbindungshaftigkeit

REST-konforme Web Services weisen die grundlegenden Eigenschaften der Adressierbarkeit und Zustandslosigkeit auf. Adressierbarkeit meint, dass der Web Service die von ihm zur Verfügung gestellten Daten unter Verwendung von Ressourcen zugänglich macht. Dabei ist jeder Ressource ein spezifischer URI zugeordnet. Die Adressierbarkeit durch einen URI stellt sicher, dass das Angebot eines Web Service auf einfache, standardisierte Art und Weise einer Vielzahl von Clients zur Verfügung steht. Eine ausgeprägte Adressierbarkeit erleichtert es, einen Web Service als Bestandteil eines *Mashups*[1] zu verwenden. Die Identifikation von Ressourcen und ihrer Repräsentationen über URIs begünstigt außerdem die Verbindungshaftigkeit, da sie einen Standard für Verweise zwischen Ressourcen setzt.

Zustandslosigkeit

Zustandslosigkeit bedeutet, strikt zwischen den Kategorien des Ressourcenzustands und des Anwendungszustands zu differenzieren. Der Ressourcenzustand beinhaltet Informationen über eine Ressource, seine Verwaltung obliegt dem Server, der Client erhält Informationen über den Ressourcenzustand ausschließlich über die ihm zugestellten Repräsentationen einer Ressource. Der Anwendungszustand bezieht sich auf die Position eines Clients innerhalb der Anwendung, die Verwaltung des Anwendungszustandes obliegt dem Client. Im Gegensatz zu vielen RPC[2] Architekturen hält ein REST-konformer Web Service zu keinem Zeitpunkt Informationen über den Anwendungszustand auf der Seite des Servers – z. B. in einer Session – vor. Eine derartig strikte Trennung der Zuständigkeiten[3] zwischen Client und Server führt dazu, dass ein REST-konformer Web Service als zustandslos bezeichnet werden kann. Jede Anfrage

1. Die bekannten HTTP-Verben GET, PUT, POST, DELETE sowie HEAD und OPTIONS bilden das für REST gültige Vokabular.

1. Der Begriff des *Mashups* bezeichnet eine (web-basierte) Anwendung, die durch Kombination anderer, bestehender Anwendungen und Datenquellen erstellt wurde (s. Carl et al. 2008).

2. Remote Procedure Call. Eine Konkretisierung dieses Prinzips stellt das XML-basierte RPC im Kontext SOAP-basierter Web Services dar.

3. Separation of Concerns

eines Clients an den Server ist in dem Sinne in sich geschlossen, als dass sie sämtliche Informationen über den Anwendungszustand beinhaltet, die vom Server für die Verarbeitung der Anfrage benötigt werden. Dies gilt z. B. auch für Authentifizierungsinformationen. Zustandslosigkeit in der hier beschriebenen Form wirkt sich begünstigend auf die Skalierbarkeit eines Web Service aus. Beispielsweise können eingehende Anfragen im Zuge des Load Balancings unkompliziert auf beliebige Maschinen verteilt werden: Da jeder Request in sich geschlossen ist und Anwendungsinformationen somit ausschließlich auf der Seite des Clients vorgehalten werden, ist auf der Seite des Servers kein Session Handling erforderlich.

SOAP Web Services

Verwandte Ansätze und Arbeiten. Eine prominente Alternative zur REST-konformen Web Service Architektur stellen SOAP[1]-basierte Web Services dar (s. Dostal et al. 2005, S. 25-44 für einen Überblick). Die Konstruktion von Web Services dieser Spielart wird von modernen Entwicklungsumgebungen in der Regel zwar gut unterstützt, gleichwohl bringt das Architekturkonzept Nachteile insbesondere für kleinere, leicht wiederzuverwendende Dienste mit sich: Auf SOAP basierende Web Services definieren stets ein spezifisches Vokabular, unter dem sie ihre Funktionen anbieten, eine Dienst übergreifende einheitliche Schnittstelle existiert nicht, wodurch die Wiederverwendung und der Austausch eines Dienstes erschwert werden. Methoden- und Fokusinformationen werden darüber hinaus für jeden Funktionsaufruf in einem eigenen XML-Dokument codiert, wodurch in vielen Fällen unnötiger Ballast erzeugt wird, da der Aufruf einer einfachen HTTP-Methode bereits hinreichend für die Informationsübermittlung gewesen wäre (vgl. Richardson & Ruby 2007, S. 15-17).

Möglichkeiten der gewählten Rahmenarchitektur. Die in den Entwurfsrichtlinien gewünschte Integration unterbrechungsunterstützender Funktionen in bestehende Applikationen wird von einer auf REST basierenden, ressourcenorientierten Architektur insofern begünstigt, als dass übergreifend einsetzbare Funktionen in einem eigenständigen Dienst zu kapseln sind, der dann von REST-konformen, leichtgewichtigen Add-ins aus einer Vielzahl von Applikationen heraus angesprochen werden kann.

1. Simple Object Access Protocol

ABBILDUNG 25. Mögliche Verteilung der Komponenten

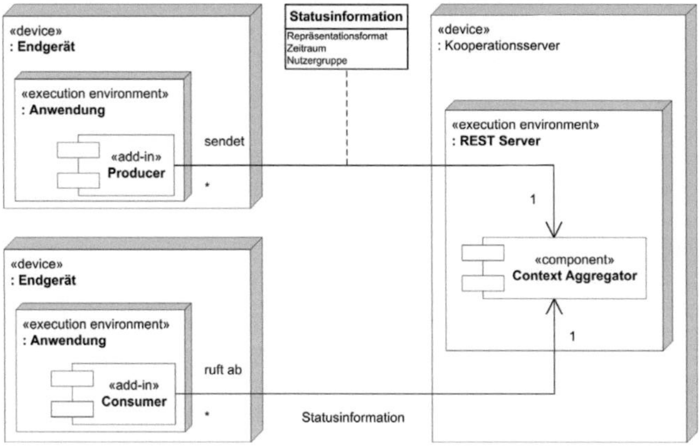

Zusammenspiel und Verteilung

In Abbildung 25 sind das Zusammenspiel und eine mögliche Verteilung grundlegender Komponenten der entwickelten Prototypen dargestellt. Zu diesen zählen:

- Add-ins, die Statusinformationen zu einem Arbeitsbereich bereitstellen.
- Ein Web Service (*Context Aggregator*), der Statusinformationen aus mehreren Quellen in einer Ressource zusammenführt und Repräsentationen anbietet, die einen Arbeitsbereich beschreiben.

Informationen zum Status eines Arbeitsbereichs (inkl. Hinweise) können aus einer Anwendung heraus durch Add-ins zur Verfügung gestellt oder abgefragt werden. Entsprechende Statusinformationen können in verschiedenen Repräsentationsformen übertragen werden (z. B. ATOM[1] und RTF[2]) und beziehen sich jeweils auf einen bestimmten Zeitraum sowie eine bestimmte Nutzergruppe[3]. Die einzelnen Komponenten können dabei physikalisch auf verschiedene Geräte verteilt werden. Der Context Aggregator wird in der Regel auf einem der Kooperationsunterstützung dienenden Server in einer REST-Laufzeitumgebung zum Einsatz gelangen. Add-ins, die als

1. Das XML-basierte ATOM Syndication Format erlaubt den plattformunabhängigen Austausch von Ressourcen.
2. Das Rich Text Format erlaubt die formatierte Darstellung von Texten in einer Vielzahl von Anwendungen auf verschiedenen Plattformen.
3. Diese kann hier auch aus einem *einzelnen* Nutzer bestehen.

Produzenten[1] (*Producer*) und Konsumenten (*Consumer*) von Statusinformation auftreten, können hingegen von Anwendungen auf verschiedenen Endgeräten (z. B. Arbeitsplatzrechner, Mobiltelefon) aufgenommen werden.[2]

Vermischung vermeiden

Die Entwicklung der Unterstützungsfunktionen als Add-ins und eigenständige Komponenten hilft, *Vermischung* zu vermeiden: „Vermischung tritt auf, wenn ein Systemmodul Code enthält, der unterschiedliche Systemanforderungen implementiert“ (Sommerville 2007, S. 824). Die Add-in-Architektur stellt sicher, dass die Unterstützung der Kernaufgabe und die Unterstützung des Umgangs mit Unterbrechungen in Werkzeugen wie z. B. Outlook und Word getrennt voneinander bleiben. Applikations- und Prototyp-Code sind klar voneinander getrennt, in zukünftigen Iterationen des Prototypings können Veränderungen und Erweiterungen somit einfacher umgesetzt werden.

Einsatz standardisierter Austauschformate

In ihrer Funktion als Dienste in einer REST-basierten Infrastruktur nutzen Add-ins standardisierte Austauschformate zur Kommunikation mit anderen Diensten. Beispielsweise verwendet das in Kapitel 7.2.2 auf Seite 172 beschriebene Add-in das ATOM Publishing Protocol zur Publikation von Metainformationen (Schlagworten) zu einem Dokument. Die Wahl eines standardisierten Formats trägt dazu bei, dass weitere Add-ins leicht implementiert und vorhandene Dienste mit ggf. nur minimalen Anpassungen als Producer nutzbar gemacht werden können. Für das Zusammenspiel der Dienste spielt es dabei keine Rolle, welche Programmiersprachen zur Umsetzung der einzelnen Add-ins (bzw. Komponenten) gewählt wurden.

Informationen zu Arbeitsbereichen in verschiedenen Repräsentationen anbieten

Aufgabe des Context Aggregators ist es, die von den Producern stammenden Informationen zusammenzuführen und in verschiedenen Repräsentationsformen für andere Anwendungs-Add-ins zur Verfügung zu stellen. Beispielsweise nutzen sowohl SphereView als auch ContextPane eine Tag Cloud, deren Schlagworte auf Dokumente verweisen, die während einer bestimmten Zeitspanne von

1. Ein Producer stellt solche Informationen einer Applikation zur Verfügung, die Rückschlüsse auf die gegenwärtige Tätigkeit bzw. den gegenwärtigen Arbeitsbereich ihres Nutzers zulassen. Solche Informationen können beispielsweise Schlagworte eines gerade bearbeiteten Dokuments sein, vgl. Kapitel 7.2.2 auf Seite 172.
2. Aus Gründen der Übersichtlichkeit verzichtet Abbildung 25 auf Seite 191 auf die Darstellung einer Anwendungsumgebung.

einer Person genutzt wurden. Sie können sich dabei auf die gleiche Ressource beziehen (die z. B. durch den zu berücksichtigend Nutzerkreis und die zu berücksichtigende Zeitspanne identifiziert wird), benötigen aber unterschiedliche Repräsentationen (z. B. eine HTML-Stringrepräsentation im Falle von SphereView und ein in die Aufgabenleiste eingebettetes RTF-Dokument im Falle von ContextPane).

Streuung vermeiden

Das Zurückgreifen auf einen Dienst, der in verschiedenen Applikationen zur Darstellung von Kontextinformationen genutzt wird, vermeidet das Auftreten von *Streuung*: Unter Streuung wird im Kontext der aspektorientierten Softwareentwicklung eine über verschiedene Programmkomponenten verteilte Implementierung eines einzelnen Belangs verstanden (Sommerville 2007, S. 824). Das gewählte Architekturkonzept erlaubt es, Belange als Dienste umzusetzen, die von den sie verwendenden Applikationen mit minimalem Aufwand über eine einheitliche Schnittstelle aufgerufen werden können. Die Einbettung eines Dienstes erfolgt dabei – wenn möglich – über Add-ins, die eine bereits in Nutzung befindliche (Standard-)Applikation erweitern.

Geräteunabhängiger Zugriff

Auch Hinweise stehen in unterschiedlichen Repräsentationen zur Verfügung. Abbildung 26 auf Seite 194 zeigt eine mögliche Anwendung: Mittels eines Mobiltelefons wird hier eine ATOM-basierte Repräsentation eines Hinweises abgerufen. An diesem Beispiel wird deutlich, dass unterschiedliche Repräsentationen einer Ressource auch genutzt werden können, um einen geräteunabhängigen Zugriff auf Hinweise zu ermöglichen.

Insgesamt ermöglicht es die vorgestellte Architektur, Komponenten unabhängig von der gewählten Programmiersprache plattformübergreifend in einem (heterogenen) Netzwerk miteinander zu verbinden. Mit diesen drei Kriterien der Sprach- und Plattformunabhängigkeit sowie der Verteilbarkeit werden erfolgskritische Rahmenbedingungen komponentenbasierter Architekturen (vgl. Balzert 2000, S. 857) umgesetzt.

ABBILDUNG 26. ATOM-Feed mit Hinweisen auf einem Mobiltelefon

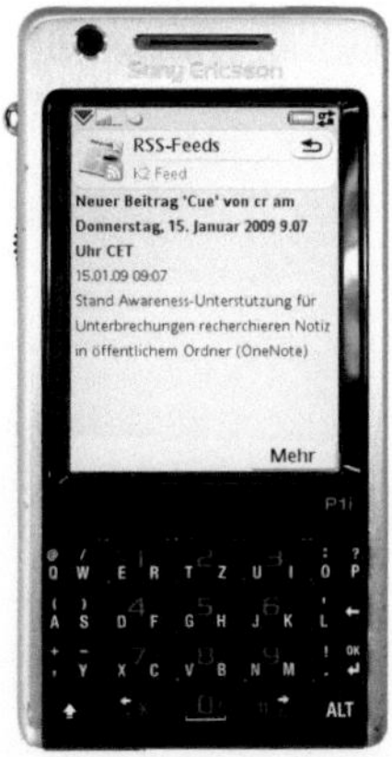

7.3.2 Eigenverantwortliche Handhabung von Unterbrechungen und Kombination von Awareness- und Kommunikationsunterstützung

Entscheidungen des Nutzers unterstützen

Der Entwurf sämtlicher Prototypen zielt darauf ab, den Nutzern solche Informationen zur Verfügung zu stellen, die ihnen bei der Handhabung verschiedener Aufgaben der unterbrechungsbezogenen Multiprojektkoordination helfen. Keiner der Prototypen nimmt seinen Benutzern die Entscheidung über den Umgang mit Unterbrechungen ab, statt dessen wird die Entscheidungsfindung durch das Angebot passender Informationen zu den Arbeitsbereichen eines Nutzers unterstützt. Dazu tragen unterschiedliche Ansätze der Kombination von Awareness- und Kommunikationsunterstützung in einem Prototyp bei. ContextPane (Kapitel 7.2.3 auf Seite 176) bietet entsprechende Funktionen parallel in einer Aufgabenleiste an, SphereView (Kapitel 7.2.2 auf Seite 172) setzt hingegen auf die Integration weiterer Awarenessinformationen in ein Werkzeug der Kommunikationsunterstützung.

Aufgabenabhängige Synchronität

Je nach Aufgabe bieten die Prototypen ein unterschiedliches Maß an Synchronität[1] an: Die Orientierung über zurückliegende Aktivitäten aus unterschiedlichen Arbeitsbereichen wird von den Prototypen SphereView und ContextPane durch Funktionen hoher Parallelität unterstützt. Zugleich unterstützt SphereView Instant Messaging und damit auch Interaktionsformen mit höherer Synchronität. Am Beispiel von SphereView wird deutlich, wie Funktionen unterschiedlicher Synchronität in einem Prototyp koexistieren können.

7.3.3 Koordination multimodal unterstützen

Unterstützung polychroner Arbeit

Die in Kapitel 7.2 auf Seite 169 vorgestellten Prototypen verhalten sich nicht redundant zueinander: In einer etablierten informationstechnischen Infrastruktur der Multiprojekt-Wissensarbeit können sie als Bausteine kombiniert genutzt werden, um verschiedene Aspekte der Handhabung von Unterbrechungen zu unterstützen. Dabei schlagen die Prototypen Brücken zwischen unterschiedlichen Modalitäten der kooperativen Zusammenarbeit und ergänzen die bestehende Infrastruktur um Funktionen zur Unterstützung polychroner Arbeit; im Sinne der auf Seite 34 gegebenen Definition der Polychronität informationstechnischer Werkzeuge sind die Prototypen geeignet, Individuen bei der simultanen Handhabung nebenläufiger Projekte zu unterstützen.

Die vorgestellten Prototypen erlauben es, Phasen der Zusammenarbeit mit unterschiedlichem Orts- und Zeitbezug miteinander zu verschränken. Transitionskosten, die beim Wechsel zwischen Arbeitsbereichen entstehen können, lassen sich dadurch verringern.

Übertragen von Mechanismen

Eine Verschränkung kann durch die Übertragung einer Funktion auf eine Modalität erfolgen, für die sie ursprünglich nicht vorgesehen war. Der Einsatz von Tag Clouds in den Prototypen SphereView und ContextPane veranschaulicht diese Strategie, indem sie sowohl synchrone als auch asynchrone Formen der Zusammenarbeit unterstützen. In SphereView bieten Tag Clouds einen Überblick über aktuelle Aktivitäten eines Nutzers (vgl. Kapitel 7.2.2 auf Seite 172). Im ContextPane Prototyp ermöglichen Tag Clouds die Orientierung über zurückliegende Themen und können so asynchrone Formen der Zusammenarbeit unterstützen. TeamClock und ReZoom sind sowohl zur Unterstützung räumlich verteilter Zusammenarbeit als auch für die Nutzung am gleichen Ort geeignet. Der ReZoom Prototyp ermöglicht es einem Interruptee darüber hinaus, von den Proceedern synchron in einer Sitzung vorgenommene Veränderungen zu einem

1. Wie in der Media Synchronicity Theory bezieht sich der Begriff der Synchronität an dieser Stelle auf das Verhältnis von Parallelität und Feedbackgeschwindigkeit. Medien mit hoher Synchronität zeichnen sich durch geringe Parallelität und schnelles Feedback aus, bei Medien geringer Synchronität verhält es sich genau entgegengesetzt; vgl. Kapitel 2.1.3 auf Seite 22.

späteren Zeitpunkt an einem anderen Ort individuell nachzuvollziehen.

Synchrone und asynchrone Nutzung

Eine weitere Form der Verschränkung liegt darin, Funktionen zur Unterstützung der Multiprojektkoordination anzubieten, die in nebenläufigen Prozessen zugleich synchron und asynchron einzusetzen sind. Der CueSmarttag Prototyp unterstützt die Proceeder in ihrer synchronen Zusammenarbeit am gleichen Ort dabei, Hinweise für einen abwesenden Interruptee zu erstellen. Diese Hinweise können vom Interruptee sowohl (pseudo-)synchron als auch asynchron genutzt werden, z. B. aus dem ContextPane Prototyp heraus (vgl. Kapitel 7.2.3 auf Seite 176).

7.3.4 Einfachheit der Handhabung: metaphorische Konsistenz

Passung zum Basissystem

Die Wahl einer schlüssigen Metapher ist für die einfache Benutzung der Prototypen bedeutsam. Jeder einzelne der vorausgehend vorgestellten Prototypen passt sich deshalb den Metaphern seines Basissystems an. Beispielsweise wählt TeamClock eine *analoge* Form der Visualisierung, um auf anstehende Termine hinzuweisen; ContextPane wird als *Aufgabenleiste* in das Basissystem eingebettet und für CueSmarttag werden die Grenzen eines Hinweises durch einen *Absatz* kenntlich gemacht.

Passung der Prototypen zueinander

Darüber hinaus wurde beim Entwurf auch auf eine Prototyp übergreifende *metaphorische Konsistenz* geachtet. Die informationstechnische Unterbrechungsunterstützung (bzw. allgemeiner: die informationstechnische Unterstützung des Multiprojektmanagements) als kreuzenden Belang aufzufassen, bedeutet, diese Funktionen in die bestehende informationstechnische Infrastruktur einzubetten. Im Sinne eines aspektorientierten Designs geht es hierbei aber nicht um die Einbettung *beliebiger, stets unterschiedlicher* Funktionen in bestehende Applikationen: Gewünscht ist vielmehr die Erweiterung dieser Anwendungen um *ähnliche bzw. gleiche* Funktionen, wobei an verschiedenen Stellen auf ein und dieselbe Umsetzung einer Funktion zurückgegriffen wird. Dieses Prinzip ist gleichermaßen auf den Ebenen von generisch einsetzbarem Programmcode, modular aufgebauten Diensten und visuellen Metaphern der Benutzerschnittstelle anwendbar. Beispielsweise setzen sowohl SphereView als auch ContextPane die gleiche visuelle Metapher der Tag Cloud ein. Diese applikationsübergreifende Wiederverwendung einer visuellen Metapher hält das Design der Nutzerschnittstelle konsistent und trägt damit zu deren Einfachheit bei. Auch die Gestaltung von ReZoom verhält sich konsistent zur Metapher der Tag Cloud. Das Hervorheben einzelner Textpassagen in einer Notizenseite durch Größenveränderung ist dem Erscheinungsbild einer gewichteten Tag Cloud nicht unähnlich: Auch hier werden relevante Inhalte durch ein größeres Schriftbild hervorgehoben.

7.4 Gestaltungsempfehlungen für Basissysteme

Anforderungen an Basissysteme

Die Integration neuer Funktionen zur Unterstützung der Handhabung von Unterbrechungen in eine bestehende informationstechnische Infrastruktur hängt entschieden von den gegebenen Erweiterungsmöglichkeiten der beteiligten Basissysteme (vgl. Kapitel 5 auf Seite 115) ab. In diesem Zusammenhang stellen sich folgende Fragen:

- Welche Voraussetzungen müssen in einer Infrastruktur erfüllt sein, damit eine informationstechnisch unterstützte Handhabung von Unterbrechungen überhaupt möglich ist?
- Welche Bedingungen müssen kommunikations-, koordinations- und kooperationsunterstützende Systeme erfüllen, damit sie als Grundlage für die Entwicklung unterbrechungstoleranter Systeme dienen können?
- Wie sind bestehende Systeme und Infrastrukturen vor diesem Hintergrund (zukünftig) zu gestalten?

Die Prototypentwicklung hat Einsichten zu diesen Fragestellungen ermöglicht, die in den nachfolgenden Abschnitten vorgetragen werden.

7.4.1 Add-in-Fähigkeit

API zur Erweiterung eines Basissystems

Damit Funktionen zur Unterstützung der Handhabung von Unterbrechungen in eine Anwendung (bzw. allgemeiner: in ein informationstechnisches System) integriert werden können, muss diese den *Zugriff* auf Anwendungsdaten und *Erweiterungen* ihrer Programmlogik auf verschiedenen Ebenen zulassen. Voraussetzung dafür ist zunächst einmal das Vorhandensein einer Schnittstelle (engl.: *API — Application Programming Interface*). Für den hier betrachteten Fall einer neue Funktionen bereitstellenden Erweiterung muss es diese Schnittstelle im Allgemeinen ermöglichen,

- auf aktuelle Anwendungsdaten zuzugreifen,
- auf Ereignisse (engl.: *Events*) innerhalb des Basissystems mit eigenen Methoden zu reagieren,
- die Benutzungsoberfläche des Basissystems um eigene Bedienelemente zu erweitern.

Notwendigkeit umfassender Zugriffsmöglichkeiten

Schwierigkeiten, die zur Identifikation dieser Anforderungen beitrugen, sind insbesondere bei der Implementierung des SphereView Prototyps aufgetreten (s. Kapitel 7.2.2 auf Seite 172). Zwar bietet der als Basissystem dienende Instant Messaging Client *Spark* eine recht umfangreiche API zur Integration von Erweiterungen (sog. *Sparkplugs*) an, in Bezug auf die Modifikation und Erweiterung der Benutzungsoberfläche werden aber nicht alle Teile des zugrunde liegenden Objektmodells in dem Sinne konsequent offengelegt, als dass eine Vermischung von Erweiterungs- und Applikationscode vermieden werden könnte. So ist es nicht möglich, das in Abbildung 18 auf Seite 175 dargestellte Informationsfenster zu erweitern oder zu ersetzen, ohne in den Code des Basissystems einzugreifen. Damit werden die Möglichkeiten zur Auslieferung und Installation einer Erweiterung dramatisch reduziert. Basissysteme müssen deshalb Erweiterungen in Form *gekapselter* Module aufnehmen können. Insbesondere darf es die Erweiterung einer Applikation nicht erforderlich machen, den bestehenden Programmcode des Basissystems zu modifizieren: Add-in und Basissystem dürfen also nur über wohldefinierte Schnittstellen miteinander kommunizieren. Diese Forderungen stellen sicher, dass neue Funktionen tatsächlich als *Erweiterung* in eine bestehende Applikation aufgenommen werden können und nicht etwa deren *Ersatz* durch eine proprietäre Version erforderlich machen.

Die o. g. Anforderungen an die von einer Schnittstelle anzubietenden Zugriffmöglichkeiten gelten gleichermaßen für Produzenten und Konsumenten unterbrechungsrelevanter Informationen (vgl. Kapitel 7.3.1 auf Seite 188).

Beispielsweise muss das in Kapitel 7.2.2 auf Seite 172 vorgestellte Microsoft Word Add-in als Produzent solcher Informationen auf das aktuell bearbeite Dokument zugreifen, um dessen Schlüsselworte auslesen zu können. Die Applikation muss in diesem Zusammenhang auch *Fokusinformationen* zur Verfügung stellen: Sind zu einem Zeitpunkt mehrere Dokumente in einer Applikation geöffnet, dann ist es relevant zu wissen, welches dieser Dokumente gerade bearbeitet bzw. aktiv genutzt wird. Wechselt der Fokus, dann muss das Add-in auf dieses Ereignis reagieren können, z. B., indem es die nun aktuellen Schlüsselworte ausliest und außerhalb der Anwendung zur Verfügung stellt. Letztlich muss der Nutzer die Funktionen des Add-ins steuern können, z. B., indem er das Übermitteln von Schlüsselworten unterbindet oder zulässt. Zu diesem Zweck ist die Erweiterung der Benutzungsoberfläche um entsprechende Schaltflächen erforderlich (s. Abbildung 17 auf Seite 175).

Für die Gruppe der Konsumenten kann der auf dem Instant Messenger Spark aufbauende SphereView Prototyp (Kapitel 7.2.2 auf Seite 172) zur Veranschaulichung dienen: Um eine personalisierte Tag Cloud zur gegenwärtigen Tätigkeit einer Person anzeigen zu können, muss die Erweiterung zunächst ermitteln, welches Kontaktelement des Basissystems gerade ausgewählt ist. Verändert sich diese Auswahl, dann muss auf dieses Ereignis reagiert werden. Die Benutzungsoberfläche wird von SphereView an zwei Stellen erweitert: Erstens wird die Darstellung der Detailinformationen zu einem Kontakt um eine Tag Cloud ergänzt (s. Abbildung 18 auf Seite 175), zweitens wird dem Instant Messenger eine nach Terminen gruppierte Ansicht der Kontaktliste hinzugefügt (s. Abbildung 16 auf Seite 174).

7.4.2 Einheitliche applikationsübergreifende Schnittstelle

Informationen, die für die unterbrechungsbezogene Koordination der fragmentierten Multiprojekt-Wissensarbeit relevant sind, stammen aus verschiedenen Applikationsklassen (vgl. Kapitel 5 auf Seite 115). Die Kombination von Informationen aus unterschiedlichen Quellen ermöglicht es, ein reichhaltiges Bild gegenwärtiger und zurückliegender Arbeitsbereiche einer Person zu zeichnen und damit die Handhabung von Unterbrechungen in kooperierenden Gruppen zu unterstützen. Jede der relevanten Applikationsklassen wird in der Praxis der fragmentieren Multiprojekt-Wissensarbeit durch spezifische Anwendungen repräsentiert (vgl. Kapitel 5.4.2 auf Seite 138 –

in der betrachteten Infrastruktur kommt Microsoft Outlook als kommunikations- und koordinationsunterstützendes Werkzeug zum Einsatz).

Einheitliche Repräsentationsformate, Schnittstellen und Vorgehensweisen der Integration

Bei der Prototypentwicklung lag eine der Herausforderungen darin, in proprietären Formaten vorliegende Statusinformationen bzw. Metadaten in standardisierte Repräsentationsformate (z. B. ATOM) zu transferieren, um die Möglichkeit eines späteren Austauschs einzelner Komponenten aufrecht zu erhalten. Um an die benötigten Daten zu gelangen, mussten funktional ähnliche Add-ins in unterschiedliche Applikationen integriert werden: diese Arbeit wird durch applikationsübergreifend einheitlich gestaltete Vorgehensweisen der Integration und entsprechende Schnittstellen deutlich erleichtert. In dieser Hinsicht wird die Erweiterung der Office-Anwendungen Word und Outlook durch die *Visual Studio Tools for Office* (VSTO)[1] und das .NET-Framework recht gut unterstützt. Die Erweiterungsmöglichkeiten der Notizbuchanwendung OneNote sind demgegenüber deutlich begrenzt, die Integration neuer Funktionen erfordert darüber hinaus eine andere Vorgehensweise. Des Weiteren ist anzumerken, das die entwickelten Add-ins nicht aufwandslos auf andere Anwendungen ein und derselben Applikationsklasse zu übertragen bzw. in deren Kontext lauffähig sind: Beispielsweise kann ein für Microsoft Word entwickeltes Add-in nicht als Erweiterung zum *OpenOffice Writer*[2] hinzugefügt werden, auch wenn der von beiden Anwendungen über APIs angebotene Funktionsumfang als äquivalent zu bezeichnen ist.

Funktionsumfang, Vokabular und Zugriffsprotokoll

Damit möglichst unterschiedliche kooperationsunterstützende Anwendungen mit geringem Aufwand in eine unterbrechungstolerante Infrastruktur aufgenommen werden können, ist eine applikationsübergreifend einheitlich gestaltete Programmierschnittstelle wünschenswert. Dabei sind folgende Merkmale relevant:

1. Die Anwendungen einer Applikationsklasse bieten APIs mit äquivalentem Funktionsumfang an.
2. Die APIs nutzen ein applikationsübergreifend einheitliches Vokabular[3] zur Bezeichnung äquivalenter Methoden.

1. http://msdn.microsoft.com/de-de/vsto/default(en-us).aspx
2. http://de.openoffice.org/product/writer.html

3. Der Zugriff auf die Methoden einer API ist über ein standardisiertes Protokoll möglich, das unabhängig von spezifischen Programmiersprachen und Laufzeitumgebungen zum Einsatz kommen kann.

Standardisierung als Ziel

Das erste Merkmal stellt sicher, dass die Erweiterung einer spezifischen Anwendung *prinzipiell* auf andere Anwendungen derselben Applikationsklasse übertragbar ist. Dass eine solche Übertragung möglichst aufwandslos möglich ist, wird durch die übrigen Merkmale sichergestellt: In Bezug auf ihre Wirkungsweise identische Methoden heißen applikationsübergreifend gleich und können auf einheitlichem Wege erreicht werden. Ziel der Vereinheitlichung ist letztlich auch eine Standardisierung solcher Schnittstellen, die eine Integration koordinationsunterstützender Funktionen in bestehende Anwendungen aus dem Umfeld der Wissensarbeit ermöglichen. Eine solche Standardisierung ist auch im Hinblick auf die Umsetzung einer komponentenorientierten Softwarearchitektur sinnvoll (vgl. Balzert 2000, S. 856). Aus konzeptioneller Sicht ist es dabei relevant, die vorgenannten (Basis-)Anwendungen konsequent als Komponenten einer umfassenden informationstechnischen Infrastruktur zur Unterstützung der (kollaborativen) Multiprojekt-Wissensarbeit anzusehen. In Kapitel 7.3.1 auf Seite 188 wurden mit REST und HTTP gut geeignete Bausteine zur Umsetzung einer applikationsübergreifend einheitlichen Schnittstelle vorgestellt.

7.4.3 Feingranulare Adressierbarkeit von Dokumenten

Dokumenten kommt in der informationstechnischen Unterstützung der Handhabung von Unterbrechungen eine tragende Rolle zu. Zunächst einmal lässt ihre Verwendung Rückschlüsse auf aktuelle Tätigkeiten und Arbeitsbereiche zu. Diesen Umstand machen sich z. B. die in Kapitel 7.2 auf Seite 169 vorgestellten Prototypen SphereView und ContextPane zunutze: Hier werden Bestandteile eines Dokuments (genauer: zugehörige Schlüsselworte) genutzt, um die Orientierung über Arbeitsbereiche und Tätigkeiten zu unterstützen. Dokumente sind in diesem Sinne also ein *Mittel* der Orientierung.

3. Im Idealfall werden identische Signaturen verwendet – die Forderung nach einem einheitlichen Vokabular ist schwächer, sie bezieht sich zunächst nur auf den Methodennamen und lässt Reihenfolge und Typ etwaiger Parameter unberücksichtigt.

Einzelne Bestandteile eines Dokuments referenzieren

Wenn Tätigkeiten in einem Arbeitsbereich nach einer Unterbrechung wieder aufgenommen werden, dann treten Dokumente zusätzlich als *Gegenstand* der Orientierung in Erscheinung: Gerade beim Wiedereinstieg in Situationen der Zusammenarbeit, die während der unterbrechungsbedingten Abwesenheit eines Einzelnen von Anderen zwischenzeitig fortgesetzt wurden, ist es für den Rückkehrer erforderlich, Veränderungen gemeinsamer Dokumente zu erkennen. In der Wissensarbeit korrespondieren diese Veränderungen i. d. R. zum aktuellen Stand der Zusammenarbeit (vgl. Kapitel 2.1.3 auf Seite 22). Die Handhabung von Unterbrechungen informationstechnisch zu unterstützen bedeutet deshalb auch, die Orientierung über Veränderungen an Dokumenten zu ermöglichen. Dazu ist es erforderlich, entsprechende Hinweise auf die jeweils betroffenen *Teile* eines Dokuments beziehen zu können. Sowohl ReZoom als auch das in Kapitel 7.2.3 vorgestellte Cue Smart Tag unterstützen diese Form der Kontextualisierung. Auch die Evaluation der Prototypen zeigt, dass eine möglichst *feingranulare* Referenzierung veränderter Teile eines Dokuments erforderlich ist (vgl. Kapitel 8.3.3 auf Seite 215).

Damit eine feingranulare Referenzierung möglich ist, müssen die beteiligten Basissysteme ihr Dokumentenmodell im Idealfall *vollständig* offenlegen und Methoden bereithalten, die den wahlfreien Zugriff auf Dokumentteile beliebigen Umfangs ermöglichen. Im Zuge der Entwicklung des ReZoom-Prototyps sind in diesem Zusammenhang hinderliche Einschränkungen des gewählten Basissystems OneNote offenkundig geworden: Veränderungszeitpunkte einer Notiz konnten mithilfe des vorhandenen Dokumentmodells nur auf der Ebene einzelner Absätze ermittelt werden, das Hervorheben von Modifikationen war über die zur Verfügung stehende Schnittstelle nur auf Ebene einzelner Notizen[1] möglich.

1. Das Problem liegt darin, dass die von ReZoom zum Zwecke der Hervorhebung veränderter Einträge vorgenommene Größenveränderung die Aktualisierung eines auf die gesamte Notiz bezogenen Zeitstempels erzwingt, der den Zeitpunkt der letzten Veränderung bezeichnet. In der Folge ist dann nicht mehr feststellbar, auf welchen Bestandteil einer Notiz die ursprüngliche Hervorhebung zurückzuführen ist.

7.4.4 Vereinheitlicher Zugriff auf nutzerbezogene Informationen

Uneinheitliche Referenzen auf Nutzer

Die Unterstützung der Handhabung von Unterbrechungen beruht darauf, reichhaltige Statusinformationen zum aktuellen Arbeitsbereich eines Nutzers zur Verfügung zu stellen. Die in diesem Kapitel vorgestellten Prototypen kombinieren zu diesem Zweck nutzerbezogene Informationen aus verschiedenen Basissystemen miteinander (vgl. z. B. Kapitel 7.2.2 auf Seite 172). Wie aus Abbildung 15 auf Seite 136 deutlich wird, ist die Identifikation der zugehörigen Nutzer dabei entweder direkt oder mittelbar möglich: Beispielsweise referenziert ein Termin seine Teilnehmer, wohingegen zur Bestimmung des Nutzers, der ein Dokument in einer Textverarbeitung editiert, auf die Kennung des an der umgebenden Anwendungsumgebung angemeldeten Nutzers zurückgegriffen werden muss. Wie auf einen Nutzer verwiesen wird, unterscheidet sich von Anwendung zu Anwendung: Beispielsweise werden in Outlook die Teilnehmer eines Termins durch ihren Vor- und Zunamen oder über eine E-Mail-Adresse identifiziert; der an einer Anwendungsumgebung angemeldete Nutzer ist über einen davon abweichenden Anmeldenamen bekannt und der Instant Messenger Spark greift auf ein eigenes, serverseitiges Nutzerverzeichnis zu, in dem jedem Nutzer eine anwendungsspezifische Kennung zugewiesen ist.

Einheitlicher Zugriff auf Nutzerdaten

Funktionen, die diese Varianten der Nutzeridentifikation aufeinander abbilden, stehen nicht flächendeckend zur Verfügung. Im Rahmen der Prototypentwicklung mussten deshalb eigene Funktionen zur applikationsübergreifenden Nutzerverwaltung zur Verfügung gestellt werden. Um die anwendungsübergreifende Kombination nutzerbezogener Informationen im Rahmen zukünftiger Entwicklungen zu erleichtern, sollten Basissysteme durchgängig ein einheitliches Modell des Referenzierens von Nutzern verwenden und dabei nach Möglichkeit auf ein *zentrales* Nutzerverzeichnis Bezug nehmen.[1]

1. LDAP-basierte Verzeichnisdienste können zu diesem Zweck eingesetzt werden. Um die Verarbeitung nutzerbezogener Daten zu erleichtern, kommt es auch hier darauf an, dass Verweise auf einen Nutzer anwendungsübergreifend mithilfe ein und desselben, eindeutigen Attributs (z. B.: Anmeldename) erfolgen.

7.5 Zusammenfassung

In diesem Kapitel wurden unterschiedliche Prototypen zur Unterstützung der Handhabung von Unterbrechungen vorgestellt. Dazu wurden zunächst übergreifende Entwurfsziele identifiziert, denen die Konzeption aller Prototypen folgt. Daran anschließend wurden die einzelnen Prototypen ausführlich vorgestellt, wobei jeweils auf die unterstützten Aufgaben, das zugehörige Handlungsfeld unterbrechungsbezogener Multiprojektkoordination, die Lösungsidee, Anwendungsbeispiele, Grundzüge der Umsetzung und Alleinstellungsmerkmale Bezug genommen wurde. Abschließend wurden Merkmale und Möglichkeiten der zugrunde liegenden Architektur sowie die Prototyp übergreifende Umsetzung von Entwurfszielen überblicksartig diskutiert.

Die Prototypentwicklung hat die prinzipielle Möglichkeit zur Erweiterung bestehender informationstechnischer Systeme um Funktionen der unterbrechungsbezogenen Multiprojektkoordination unter Beweis gestellt. Mit Blick auf die Integration dieser Funktionen in die vorhandene informationstechnische Infrastruktur musste dabei mit einer Reihe von Problemen umgegangen werden, deren Lösung zur Identifikation von Gestaltungsempfehlungen an (zukünftige) Basissysteme beigetragen hat.

KAPITEL 8

Evaluation der Prototypen und Ableitung von Gestaltungsempfehlungen

Das Kapitel ist der Evaluation der Prototypen und einer darauf aufbauenden Ableitung von Gestaltungsempfehlungen gewidmet. In einem Workshop mit 9 Teilnehmern aus der Praxis kollaborativer Multiprojekt-Wissensarbeit wurde die Passung der Prototypen zum Problembereich entlang der Kriterien der Nützlichkeit und Prozessangemessenheit beurteilt. Die Ergebnisse dieser Evaluation ermöglichen es, Schwachstellen der entwickelten Prototypen zu erkennen und zugehörige Verbesserungspotenziale zu identifizieren. Das Kapitel gelangt vor diesem Hintergrund zu einer Reihe von Empfehlungen, die an die unterbrechungstolerante Gestaltung künftiger (informationstechnischer) Infrastrukturen der kollaborativen Multiprojekt-Wissensarbeit gerichtet sind.

8.1 Zielsetzung und Vorgehensweise der Evaluation

Ziele der Evaluation

Die Evaluation der Prototypen verfolgt drei Ziele: Erstens sollen die Prototypen hinsichtlich ihrer Nützlichkeit bewertet werden. Zweitens soll ihre Prozessangemessenheit (s. Kapitel 6.3.5 auf Seite 152) eingeschätzt werden. Drittens sollen vorhandene Verbesserungspotenziale aufgedeckt und in Form von Gestaltungsempfehlungen aufgegriffen werden. Insgesamt geben die Ergebnisse der Evaluation Auskunft darüber, inwiefern die Prototypen bei Wissensarbeitern auf Akzeptanz stoßen. Um diese Ziele zu erreichen, setzt die Evaluation qualitative und quantitative Verfahren der Bewertung ein.

Bausteine der Evaluation

Baustein 1: qualitative Evaluation. Die qualitative Evaluation der Prototypen dient vor allem dazu, Aussagen zur Akzeptanz, zur subjektiv wahrgenommenen Nützlichkeit und zu Verbesserungspotenzialen zu sammeln. Hauptbestandteile des Bausteins ist das gemeinschaftliche Erproben, Diskutieren und Beurteilen der Prototypen im Rahmen einer Prototyp-Galerie (s. Kapitel 8.2.2 auf Seite 207).

Baustein 2: quantitative Stichprobe . Im Mittelpunkt der quantitativen Beurteilung steht die Frage nach der Prozessangemessenheit der Prototypen. Zur Erhebung wurde ein eigens entwickelter Fragebogen eingesetzt, der auf Elementen der *System Usability Scale* (SUS – Brooke 1996; Dumas 2003, S. 1095) aufbaut und Items zur Beurteilung der Prozessangemessenheit sowie der Handhabung und infrastrukturellen Passung eines Prototyps enthält. In die Beurteilung der Prozessangemessenheit gehen dabei auch Aussagen mit ein, die sich auf das primäre Handlungsfeld des Prototyps beziehen. Anhang IV auf Seite 271 stellt den Fragebogen im Detail vor.

Im Folgenden wird zunächst der Ablauf der Evaluation erläutert: Kernbestandteil ist ein Workshop, in dem die oben skizzierten Bausteine miteinander verbunden wurden. Kapitel 8.3 auf Seite 210 stellt dann die Ergebnisse der Evaluation für jeden der Prototypen vor und geht auf Fragestellungen des Zusammenspiels der Prototypen ein. Daran anschließend werden Prototyp übergreifende Kritikfelder identifiziert, denen das Kapitel 8.4 auf Seite 220 mit zusätzlichen Gestaltungsempfehlungen für die informationstechnische Unterstützung der Handhabung von Unterbrechungen in der Multiprojekt-Wissensarbeit begegnet.

8.2 Ablauf der Evaluation

Workshop zur Prototypevaluation

Die Evaluation der Prototypen fand im Rahmen eines vierstündigen Workshops mit 9 Teilnehmern statt. Sämtliche Teilnehmer sind in ihrer Arbeitstätigkeit mit kollaborativer Wissensarbeit befasst und gehören ein und derselben polychron organisierten Arbeitsgruppe an, zwei Drittel der Teilnehmer waren außerdem bereits an der Anforderungsbestimmung beteiligt (siehe Kapitel 6.2.2 auf Seite 143). Aufgrund der Anzahl der Teilnehmer ($n > 5$) kann darauf geschlossen werden, dass in der Evaluation mehr als 80% der vorhandenen Probleme zutage treten (Dumas 2003, S. 1098).

Ort. Der Workshop fand in einem multimedial ausgestatteten Besprechungsraum statt. Neben Arbeitsinseln für Kleingruppen mit jeweils einem fest installierten Rechner verfügt der Raum über eine großflächige interaktive Rückprojektionseinheit, die als Gruppenanzeige (vgl. Kapitel 5.1.2 auf Seite 117) genutzt werden kann.

8.2.1 Phase 1: Einführung und Orientierung

Aufbau. Phase 1 des Workshops diente dazu, die Teilnehmer auf den Problembereich der Multiprojekt-Wissensarbeit zu orientieren und die intendierte Nutzung der Prototypen zu erläutern. In dieser Phase wurde die Gruppenanzeige des Besprechungsraums zur Präsentation unterstützender Materialien genutzt.

Veranschaulichung der Handlungsfelder und Prototypfunktionen

Ablauf. Der Workshop begann mit einer Kurzvorstellung der Evaluationsziele und einer Orientierung über die Prototypen und die von ihnen zu unterstützenden Aufgaben. Zunächst fand eine Orientierung der Teilnehmer über die in Kapitel 4 beschriebenen Handlungsfelder der unterbrechungsbezogenen Multiprojektkoordination statt: SeeMe-Diagramme dienten dabei der Veranschaulichung typischer Szenen und Aufgaben eines jeden Handlungsfeldes, anhand von Screenshots und kurzen Videopräsentationen[1] wurde die grundlegende Funktionsweise der zum jeweiligen Handlungsfeld gehörenden Prototypen erläutert. Die Vorabinformation der Workshopteilnehmer erhöht die Qualität der Bewertung, indem das Risiko von Fehlannahmen über Aufgaben, Funktionsweisen und intendierte Nutzung der Prototypen reduziert wird (vgl. Cockton et al. 2003, S. 1120).

8.2.2 Phase 2: Prototyp-Galerie

Bewertungsstationen zu Handlungsfeldern

Aufbau. Phase 2 des Workshops diente der Einzelbewertung der Prototypen. Dazu wurde eine Prototyp-Galerie mit insgesamt drei Stationen eingerichtet, an denen jeweils die einem bestimmten Handlungsfeld zugeordneten Prototypen präsentiert wurden (Tabelle 28).

1. Bei den Videopräsentationen handelte es sich um Bildschirmaufnahmen (engl.: *Screencasts*), in denen die Verwendung der Prototypen veranschaulicht wurde. Jede Bildschirmaufnahme war mit einem begleitenden Audiokommentar versehen, die durchschnittliche Länge einer Aufnahme lag bei ca. einer Minute.

TABELLE 28. Stationen, Handlungsfelder und Prototypen

Station	Handlungsfeld	Prototypen	Seite
1	Projektübersicht bewahren	SphereView	172
2	Wiederaufnahme und Orientierung ermöglichen	ContextPane CueSmarttag	176
		ReZoom	180
3	Arbeitsabläufe unterbrechungstolerant gestalten	TeamClock	184

Materialien zur Bewertung

Zur Unterstützung der Teilnehmer und zur Präsentation der Prototypen standen an jeder der Stationen folgende Materialien bereit:

- Videopräsentation und lauffähige Installation des Prototyps auf einem Testsystem
- Poster mit Hintergrundinformationen zur Nutzung und Funktionsweise des Prototyps
- Elektronisches Notizbuch zur Dokumentation der Evaluationsergebnisse
- Prototypspezifischer Fragebogen zur individuellen Beurteilung von Prozessangemessenheit und infrastruktureller Passung (s. Anhang IV auf Seite 271)
- Handzettel zum Ablauf der Evaluation

Die zu den Prototypen gehörenden Materialien sind Hilfsmittel für die Evaluation: Sie unterstützen die Workshopteilnehmer dabei, tatsächliche Verbesserungspotenziale aufzudecken und reduzieren die Gefahr von Fehlannahmen über die Prototypen und den zugehörigen Problembereich (vgl. Cockton et al. 2003, S. 1120).

Bewertung durch die Gesamtgruppe in mehreren Runden

Ablauf. Die Prototyp-Galerie ist ein in Bewertungsrunden organisiertes Verfahren, das Bestandteile der Galeriemethode (Brunner 2008, S. 164-173) und der Ringtauschtechnik (ebd., S. 211-220) so miteinander kombiniert, dass die Evaluation auf ein konvergentes, in die Tiefe gehendes Ergebnis zusteuert. Die Workshopteilnehmer bildeten zunächst drei Kleingruppen mit jeweils drei Teilnehmern; jede der Gruppen wählt eine Station. Zu Beginn einer Bewertungsrunde sichtet die Kleingruppe das an ihrer Station zur Verfügung stehende Material und setzt den laufenden Prototyp selbstständig ein. Dabei wird erörtert, welche Stärken und Schwächen der Prototyp hat, welche Chancen er für die Multiprojekt-Wissensarbeit bietet und welche Störungen er dort verursachen könnte. Im Anschluss erarbeitet die Kleingruppe eine gemeinsame schriftliche Stellungnahme, in der ihre Einschätzung des Prototyps zum Ausdruck kommt. Dazu interviewen sich die Mitglieder der Kleingruppe zunächst gegenseitig, wobei ihnen die vorausgehend genannten Fragestellungen als Leitlinie dienen. Wichtige Aussagen aus den Interviews werden in einem elektronischen Notizbuch protokolliert. Nach Abschluss der Interviewphase verfasst die Kleingruppe ihre gemeinsame Stellungnahme zum Prototyp. Die während der Interviews angefertigten Mitschriften dienen dabei als Ausgangspunkt. Am Ende der Bewertungsrunde beurteilt jeder der Kleingruppeneilnehmer den an seiner Station vorgestellten Prototyp anhand des zur Verfügung gestellten Fragebogens.

Vertiefen vorhandener Stellungnahmen

Für die nachfolgenden Bewertungsrunden werden die Kleingruppen jeweils neu zusammengestellt. Dabei verbleibt jeweils ein Teilnehmer einer Kleingruppe an der ihm bereits aus der vorausgehenden Bewertungsrunde bekannten Station. Die übrigen Teilnehmer wenden sich neuen Stationen zu. Hintergrund dieses Verfahrens ist es, dass die Kleingruppen ab der zweiten Bewertungsrunde auf die Stellungnahmen ihrer Vorgängergruppen zugreifen und in ihre eigene Bewertung einfließen lassen: Auf diese Weise kann die Prototypevaluation von Bewertungsrunde zu Bewertungsrunde immer weiter in die Tiefe gehen. Die Aufgabe des an einer Station verbleibenden Teilnehmers ist es nun, die neu Hinzukommenden bei ihrer Orientierung über das bereits vorhandene Material zu unterstützen.

Im Rahmen des Workshops standen für jede Bewertungsrunde 45 Minuten zur Verfügung. Insgesamt erstreckte sich die Evaluation über drei Runden.

8.2.3 Phase 3: Brainstorming und Abschluss

Bewertung des Zusammenspiels der Prototypen

Aufbau. Die abschließende dritte Phase diente dazu, Prototyp übergreifende Nutzungseindrücke aller Workshopteilnehmer in einem Brainstorming zu erfassen. Die Beiträge der Teilnehmer wurden auf der Gruppenanzeige des Besprechungsraums visualisiert.

Ablauf. Thema des Brainstormings war das Zusammenspiel der Prototypen. Dabei wurde auch auf ihre Einbettung in die bestehende informationstechnische Infrastruktur eingegangen. In der abschließenden Phase konnten weitere Unterstützungsbedarfe und Integrationsstrategien identifiziert werden.

8.3 Ergebnisse der Evaluation

Die Evaluation hat eine detaillierte Einschätzung der Stärken und Schwächen eines jeden Prototyps ermöglicht. Im Folgenden werden die Ergebnisse der Evaluation zusammenfassend präsentiert. Das Kapitel geht zunächst einzeln auf die Prototypen ein, bevor ihr Zusammenspiel betrachtet wird. Die zusammenfassende Beurteilung stützt sich dabei auf die qualitative und quantitative Bewertung der Prozessangemessenheit, Stärken und Schwächen der einzelnen Prototypen.

8.3.1 SphereView

Information über Arbeitsbereiche, keine Vorwegnahme von Entscheidungen

Stärken und Schwächen. Positiv bewertet wurde, dass der Prototyp Informationen über den Arbeitsbereich anderer Personen in kompakter und schnell zu erfassender Weise zur Verfügung stellt und das Erkennen von Gelegenheiten zur Zusammenarbeit unterstützt. SphereView unterstützt damit die Projektübersicht. Als Vorteil des Prototyps wurde auch gesehen, dass er Entscheidungen bezüglich des Umgangs mit Unterbrechungen beim Nutzer belässt und nicht eigenständig trifft. In den Worten der Workshopteilnehmer:

> *"Entscheidung[en] über Unterbrechungen werden nicht vom System getroffen, sondern liegen im sozialen System".*

Informationspreisgabe, Notwendigkeit von Metadaten

Als problematisch wurde empfunden, dass der Prototyp persönliche Informationen preisgibt. In diesem Zusammenhang wurde gefordert, dass es transparent und steuerbar sein muss, welche Informationen man bei der Nutzung des Prototyps über sich preisgibt. Der Prototyp erzwingt nach Ansicht der Workshopteilnehmer die Eingabe und Kontrolle von Metadaten – dies wurde kritisch bewertet. In der Evaluation wurde auch bemängelt, dass die zu einer Person zur Verfügung gestellten Informationen noch kein hinreichendes Kriterium zur Beurteilung ihrer tatsächlichen Unterbrechbarkeit darstellten. In diesem Zusammenhang wurde weiterhin bemerkt, dass die angebotenen Informationen nicht absolut verlässlich seien. Nach Ansicht der Workshopteilnehmer besteht deshalb die Möglichkeit, zu Fragestellungen aus einem Arbeitsbereich unterbrochen zu werden, in dem man gerade nicht aktiv ist. Generell wurde die Gefahr eines Anstiegs der Unterbrechungshäufigkeit gesehen. Der Einsatz des

Prototyps setze etablierte Arbeitsweisen des Weiteren dem Risiko von Veränderungen aus.

Prozessangemessenheit hängt von Instant Messaging Nutzung ab

Prozessangemessenheit. Die Prozessangemessenheit des Prototyps wurde von der Gesamtgruppe als durchschnittlich bewertet (3).[1] Den Hauptkritikpunkt stellt die für einige Teilnehmer erforderliche Anpassung der eigenen Arbeitsweise dar. Die Gesamtgruppe bewertet auch das Ausmaß, in dem der Prototyp geeignet ist, relevante Vorgänge aus verschiedenen Projekten im Blick zu behalten (Projektübersicht) als durchschnittlich (3). Bei näherer Betrachtung des Datenmaterials fällt jedoch auf, dass die Gruppe in zwei Teile zerfällt. Ein Teil der Workshopteilnehmer (n = 3) lehnt die Nutzung des Prototyps kategorisch ab[2] und ist der Auffassung, dass er nicht zu den übrigen Anwendungen passt[3], die sie im Rahmen ihrer Arbeit nutzen. Diese ablehnende Haltung findet ihre Entsprechung in der nicht flächendeckenden Nutzung von Instant Messengern in der betrachteten Gruppe (s. Kapitel 5.4.2 auf Seite 138). Es ist nicht verwunderlich, dass die Prozessangemessenheit des Prototyps von solchen Personen schlecht bewertet wird, die in ihrer Arbeit keine Instant Messaging Applikation einsetzen. Berücksichtigt man bei der Auswertung nur solche Personen, die den Einsatz des Prototyps nicht kategorisch ablehnen und die der Auffassung sind, dass er halbwegs zu den von ihnen genutzten Anwendungen passt (n = 4), ergibt sich ein anderes Bild und die Prozessangemessenheit wird als gut (4) bewertet. Diese Tendenz setzt sich in der Beurteilung von Handhabung und infrastruktureller Passung fort.

Handhabung und Passung zur Infrastruktur. Die Handhabung des Prototyps und seine infrastrukturelle Passung wurden als gut (4) bzw. sehr gut (5) eingeschätzt. Hervorgehoben wurde insbesondere die einfache Nutzung des Prototyps. An der Passung zu den übrigen eingesetzten Applikationen (Item 11) zeigt sich die Spaltung der

1. Sofern nicht anders angegeben geben in runden Klammern erscheinende Zahlenwerte in diesem Kapitel den Median der Bewertung eines Items bzw. eines Prototyp-Merkmals wieder. Der Bewertung liegt eine fünfstufige Likert-Skala zugrunde. Eine positive Beurteilung oder Zustimmung kommt in hohen Zahlenwerten zum Ausdruck; entsprechend weisen niedrige Werte auf Negativbewertungen oder Ablehnung hin.
2. Bewertung des Items „*Ich würde den Prototyp regelmäßig verwenden*" mit 1.
3. Bewertung des Items „*Ich meine, dass der Prototyp gut zu den anderen Anwendungen passt, die ich im Rahmen meiner Arbeit nutze*" kleiner oder gleich 2.

Gruppe: drei Teilnehmer bewerten diese mit Median 1, der Median der vier übrigen Bewertungen liegt hingegen bei 4,5.

Zusammenfassende Beurteilung. SphereView ermöglicht es, über die Aktivitäten anderer Personen informiert zu bleiben. Die Beurteilung der Prozessangemessenheit des Prototyps scheint stark davon abzuhängen, ob Anwendungen des Instant Messaging für die eigene Arbeit als passend empfunden werden oder nicht. Insgesamt ist SphereView geeignet, die Projektübersicht in der Multiprojekt-Wissensarbeit zu unterstützen (Handlungsfeld *Projektübersicht bewahren,* Kapitel 4.2.1 auf Seite 90) und zum planvollen Umgang mit Unterbrechungen beizutragen (Handlungsfeld *Unterbrechungen anbahnen und bewerten,* Kapitel 4.2.2 auf Seite 95).

Entwicklungspotenzial. Von den Workshopteilnehmern wurde vor allem angeregt, dem Nutzer die Kontrolle der über ihn zur Verfügung gestellten Informationen zu erleichtern. In diesem Zusammenhang wurde u. a. vorgeschlagen, Tags zur Beschreibung der eigenen Aktivität direkt eingeben zu können, die Menge der Dokumente, aus denen Metadaten extrahiert werden, eingrenzen zu können und auf Ebene von Gruppen oder einzelnen Personen bestimmen zu können, welche Informationen preisgegeben werden. Generell wurde dem Prototyp ein gutes Unterstützungspotenzial zugeschrieben.

SphereView zeigt, wie stark die Akzeptanz einer Lösung von ihrer Passung zu etablierten Arbeitsweisen und der in Nutzung befindlichen Infrastruktur abhängt: Keiner der anderen Prototypen rief ein so geteiltes Stimmungsbild hervor. Die ablehnende Haltung einiger Teilnehmer ist indes kein Grund, das Prototypdesign zu verwerfen: Sie deutet nur darauf hin, dass die informationstechnische Unterstützung der Projektübersicht in der Multiprojekt-Wissensarbeit unterschiedliche Arbeitsweisen der Wissensarbeiter berücksichtigen muss und deshalb nicht von einem Werkzeug allein übernommen werden kann. Mit Davenport (2005):

> *"Knowledge Workers have different types of jobs, and thus it is obviously not appropriate to use the same technologies for all knowledge work"*
>
> [Davenport 2005, S. 86]

Nutzerbezogene Repräsentationen anbieten

Vor diesem Hintergrund erfährt der in Kapitel 7.3 auf Seite 188 beschriebene ressourcenorientierte Entwurf der Prototypen zusätzliche Rechtfertigung, da er den Entwurf alternativer und auf die

Bedürfnisse unterschiedlicher Nutzer zugeschnittener Repräsentationen projektübersichtsbezogener Informationen explizit vorsieht (vgl. Kapitel 7.5 auf Seite 204).

Eine Verbesserung der von SphereView angebotenen Funktionalität ist zu erzielen, indem auf automatisch ermittelte Metadaten zu genutzten Dokumenten zurückgegriffen wird (vgl. Kapitel 5.1.1 auf Seite 116), weitere Informationsquellen mit dem Ziel einer präziseren Beschreibung des aktuellen Arbeitsbereichs einer Person herangezogen werden (s. Kapitel 8.4.1 auf Seite 220 sowie Kapitel 8.4.2 auf Seite 222, *Risikofeld 1*) und indem Funktionen zur Kontrolle der über die eigene Tätigkeit preisgegebenen Informationen integriert werden (s. Kapitel 8.4.2 auf Seite 222, *Risikofeld 2*).

Metadaten automatisiert bestimmen

8.3.2 ContextPane und CueSmarttag

Stärken und Schwächen. Die Stärken der Prototypen ContextPane und CueSmarttag liegen in der Unterstützung solcher Formen der Zusammenarbeit, in deren Zentrum Dokumente stehen. Nach Einschätzung der Workshopteilnehmer erleichtern sie die Orientierung über den Stand der Zusammenarbeit und helfen dabei, Aufgaben aus verschiedenen Arbeitsbereichen im Blick zu behalten. Hier wurde die Möglichkeit, über einen Termin auf zugehörige Aufgaben (Hinweise) und Dokumente zuzugreifen, positiv beurteilt. ContextPane erleichtert den Wechsel zwischen verschiedenen Projekten und ermöglicht einen schnelleren Wiedereinstieg. Als weitere Stärke wurde die Integration der Prototypen in die in Nutzung befindliche Infrastruktur hervorgehoben. Hier wurde die Verschränkung des Erstellens von Hinweisen mit der Dokumentbearbeitung als große Arbeitserleichterung wahrgenommen.

Orientierung über Zusammenarbeit, Unterstützung des Wiedereinstiegs

Die Workshopteilnehmer kritisierten die fehlende Verbindung zu bestehenden Werkzeugen der Aufgabenverwaltung: Sofern die in ContextPane vorhandenen Hinweise genutzt werden, um Aufgaben abzubilden, sollten sie mit vorhandenen Funktionen zur Unterstützung der Aufgabenplanung kompatibel sein. In diesem Zusammenhang wurde explizit die (weitere) Vereinheitlichung mit anderen Werkzeugen gefordert, u. a. um der Gefahr einer herabgesetzten Orientierung über auf verschiedene Systeme verteilte Aufgaben vorzubeugen. Weiterhin wurde bemängelt, dass einmal gegebene Hinweise nicht nachbearbeitet werden können und dass außerhalb des Ursprungsdokuments keine Übersicht der versandten Hinweise

Verbindung zu Aufgabenverwaltung, Verweise auf Dokumentteile zur Verfügung stünde. Mögliche Probleme wurden bei der Handhabung umfangreicher Dokumente gesehen: die von einem Hinweis (optional) angebotene Verknüpfung müsse in diesem Fall auf einzelne Teile eines Dokuments und nicht nur auf das Gesamtdokument verweisen können. In Bezug auf die möglichen Auswirkungen der Prototypen auf die Multiprojekt-Wissensarbeit sahen die Workshopteilnehmer die Risiken eines erhöhten Zeitbedarfs für koordinative Tätigkeiten in Sitzungen und der Anpassung der bestehenden Arbeitsweise: u.a. setze der Einsatz der Prototypen vorhergehende Vereinbarungen über den Umgang mit Hinweisen voraus.

Prozessangemessenheit. Die Prozessangemessenheit wurde generell als gut angesehen (4), seine Nützlichkeit für die Zusammenarbeit wurde ausgesprochen positiv bewertet (5). Den Spitzenwert erzielte ContextPane in Bezug auf die angebotene Unterstützung des Wiedereinstiegs: der Aussage *„Ich meine, dass der Prototyp das Festhalten solcher Informationen erleichtert, die bei der Wiederaufnahme einer unterbrochenen Tätigkeit hilfreich sind“* stimmte die Mehrheit der Workshopteilnehmer voll und ganz zu (Median 5, Standardabweichung 0,49).

Handhabung und Passung zur Infrastruktur. Den Prototypen wurde eine sehr gute Handhabung attestiert, auch die Passung zu den bereits in Nutzung befindlichen Anwendungen wurde gut bewertet (4).

Zusammenfassende Beurteilung. Die Prototypen unterstützen den Wiedereinstieg und die Orientierung über den Stand der Zusammenarbeit, der Wechsel zwischen Projekten wird erleichtert. Für die Proceeder stellen die Prototypen beim Verfassen von Hinweisen eine Arbeitserleichterung dar. Insgesamt sind die Prototypen geeignet, die Aufgaben des Handlungsfelds *Wiederaufnahme und Orientierung ermöglichen* (s. Kapitel 4.2.3 auf Seite 102) zu unterstützen.

Entwicklungspotenzial. Nach Ansicht der Workshopteilnehmer liegt die vornehmliche Möglichkeit zur Verbesserung der Prototypen in der Handhabung von Aufgaben. Darunter fallen eine Anbindung an bestehende Systeme zur Aufgabenplanung und die Möglichkeit, Aufgaben (bzw. Hinweise) zu kategorisieren. Für den Umgang mit großen Dokumenten reicht die Verknüpfung zwischen Hinweisen und Dateien nicht aus: Hier sollten die Prototypen so erweitert werden, dass Verweise in ein Dokument hinein möglich werden. Die

Evaluation von ContextPane verdeutlicht, welches Potenzial die Verschränkung von Termininformationen, Hinweisen (Aufgaben) und Dokumenten für die Unterstützung der Wiederaufnahme und der Orientierung bietet.

Verweise auf Teildokumente ermöglichen

Eine Verbesserung der von den Prototypen angebotenen Funktionen kann vor allem durch in die Tiefe eines Dokuments reichende Verweise erzielt werden (vgl. Kapitel 7.4.3 auf Seite 201). Zusammen mit der gewünschten Anbindung an bestehende Systeme der Aufgabenverwaltung deutet diese Entwicklungsmöglichkeit auf eine weiter voranzutreibende Integration des Prototyps in die genutzte Infrastruktur hin: Dies kommt u. a. in der in Kapitel 8.4.1 auf Seite 220 genannten Forderung nach einer Kombination koordinationsrelevanter Informationen aus unterschiedlichen Quellen zum Ausdruck.

8.3.3 ReZoom

Störungsfreie Nutzung, Hervorhebung einzelner Textpassagen nötig

Stärken und Schwächen. Die Stärke des Prototyps ist es, die Orientierung über Veränderungen in gemeinsam genutzten Dokumenten auf einfache Art und Weise zu unterstützen. Dabei verursacht die Nutzung des Prototyps keine Störungen in der fortgesetzten Zusammenarbeit. Probleme wurden bezüglich der Integration des Prototyps in die Basisapplikation (OneNote, vgl. Kapitel 7.2.4 auf Seite 180) erkannt: Die Funktionen des Prototyps sollten direkt aus dieser Anwendung heraus aufgerufen werden können, für die Orientierung in umfangreichen Dokumenten ist es des Weiteren erforderlich, die tatsächlich veränderte Textpassage hervorzuheben (und nicht nur den Titel der betroffenen Notiz). Darüber hinaus sollte der Nutzer in die Lage versetzt werden zu bestimmen, auf welche Weise die veränderten Inhalte hervorgehoben werden.

Prozessangemessenheit. Die Prozessangemessenheit des Prototyps wurde als gut bewertet (4). Die Workshopteilnehmer hoben vor allem die geringe Zeit, die für die Nutzung von ReZoom erforderlich ist, positiv hervor:[1] der Aussage *„Ich meine, dass die Nutzung des Prototyps zu viel Zeit beansprucht"* wurde strikt widersprochen (Median 1, Standardabweichung 0). Dem Prototyp wurde auch atte-

1. ReZoom unterstützt eine schnelle Exploration veränderter Inhalte und erlaubt es seinen Nutzern, ebenso schnell zu ihrer ursprünglichen Aktivität zurückzukehren, vgl. Anforderung 11.2.

stiert, dass er den Wiedereinstieg in ein unterbrochenes Projekt gut unterstützen kann: die Aussage *„Ich glaube, dass mich der Prototyp dabei unterstützen kann, den Faden in einem unterbrochenen Projekt wieder aufzunehmen"* stieß auf generelle Zustimmung (Median 4, Standardabweichung 0,9).

Handhabung und Passung zur Infrastruktur. ReZoom ist einfach zu benutzen (5), die Passung des Prototyps zur vorhandenen Infrastruktur bewerten die Workshopteilnehmer als gut (4).

Zusammenfassende Beurteilung. ReZoom unterstützt als einfach zu bedienender Prototyp die schnelle Orientierung eines Nutzers über Veränderungen in gemeinsam genutzten Dokumenten und ist geeignet, die entsprechenden Aufgaben des Handlungsfelds *Wiederaufnahme und Orientierung ermöglichen* (s. Kapitel 4.2.3 auf Seite 102) zu unterstützen.

Bessere Integration in Basissystem anstreben

Entwicklungspotenzial. Für die Orientierung in umfangreichen Dokumenten sind – wie bereits für ContextPane gefordert – Möglichkeiten zur Bezugnahme auf beliebige Teile eines Dokuments vorzusehen. Die Bewertung von ReZoom lässt außerdem erkennen, dass Funktionen zur Unterstützung fragmentierter Multiprojekt-Wissensarbeit nach Möglichkeit als Add-ins in bestehende Applikationen integriert werden sollten (vgl. Kapitel 7.4.1 auf Seite 197). Die Workshopteilnehmer regten außerdem an, die Entwicklungshistorie der Änderungen in einem Dokument nachvollziehbar zu machen.

Präzision der Hervorhebung erhöhen

Die vordringliche Verbesserungsmöglichkeit des Prototyps liegt in einer präziseren Hervorhebung veränderter Inhalte. Wie in Kapitel 7.4.3 auf Seite 201 gezeigt wurde, ist die Umsetzung einer entsprechenden Funktion aber von der Beschaffenheit der genutzten Basisapplikation abhängig. Selbiges gilt für die gewünschte Aufnahme der Bedienelemente des Prototyps in die Basisapplikation – dennoch liegt in der verbesserten, möglichst bruchlosen Integration des Prototyps in die umgebende Infrastruktur eine Zielvorgabe für nachfolgende Entwicklungen.

8.3.4 TeamClock

Terminkonflikte in Gruppen erkennen und behandeln, anschauliche Visualisierung

Stärken und Schwächen. Die Stärken von TeamClock liegen in der Unterstützung von Gruppen beim Umgang mit ggf. konfligierenden Terminen. Der Prototyp stellt Termintransparenz her: er weist unaufdringlich auf anstehende Termine hin und hilft im Falle eines sich abzeichnenden Terminkonflikts, die verbleibende Zeit *„für wichtige Themen"* zu verwenden. Das Vereinbaren eines Folgetermins wird ebenfalls gut unterstützt. Die Workshopteilnehmer sehen insbesondere für spontan einberufene Besprechungen ein großes Unterstützungspotenzial: Deren Durchführung wird durch die angebotenen Funktionen erleichtert. Besonders positiv wurden Übersichtlichkeit und Unaufdringlichkeit der Darstellung bewertet: der Rückgriff auf eine bekannte Metapher (Uhr) und die kontinuierliche, *„sehr anschaulich[e]"* Visualisierung der verbleibenden Zeitspanne wurden hervorgehoben, ebenso die als dezent bezeichnete Gestaltung der Hinweise:

> *„Hinweise sind dezent, nicht wie in Outlook per Popup, das man sowieso wegklickt."*

Wie auch in der Bewertung von SphereView (s. o.) sahen es die Workshopteilnehmer als Vorteil an, dass der Prototyp keine Entscheidungen bezüglich des Umgangs mit Unterbrechungen vorwegnimmt:

> *„[Die] Entscheidung über [eine] Unterbrechung liegt immer bei den Beteiligten und wird nicht durch das System vorgegeben."*

Alternativtermine, Formalisierung der Kalendernutzung

Kritisiert wurde, dass nicht alle entscheidungsrelevanten Informationen auf einen Blick sichtbar seien, z. B. welche Teilnehmer einer Besprechung für welche Zeitspanne die Zusammenarbeit unterbrechen müssen und wann es einen möglichen Folgetermin gibt: Es wurde vorgeschlagen, diese Informationen beständig anzuzeigen. Weiterhin wurde negativ angemerkt, dass der Prototyp nicht zwischen optionalen und verbindlichen Terminen differenziert: TeamClock könnte deshalb auf eine anstehende Unterbrechung aufmerksam machen, obwohl der verursachende Termin verschiebbar wäre. Kritisiert wurde auch, dass im Falle eines Terminkonflikts immer nur der nächstmögliche Folgetermin (und nicht eine Auswahl alternativer Folgetermine) angezeigt wird. Die Workshopteilnehmer sahen außerdem eine Notwendigkeit zur Anpassung etablierter

Arbeitsweisen, die insbesondere in einer stringenten und ggf. zu stark formalisierten Kalendernutzung zum Ausdruck kommt. Es wurde auch befürchtet, dass der Umgang mit einer Unterbrechung durch TeamClock zu einfach würde: Die Häufigkeit von Unterbrechungen könnte aufgrund des erleichterten Umgangs zunehmen, Fehlplanungen könnten *„salonfähig"* werden und die Verbindlichkeit von Terminen abnehmen.

Prozessangemessenheit. Die Prozessangemessenheit von TeamClock bewerteten die Workshopteilnehmer als gut (4). Die Aussage, *„Ich meine, dass der Prototyp gut geeignet ist, um auf anstehende Unterbrechungen hinzuweisen"* stieß auf generelle Zustimmung (Median 4, Standardabweichung 0,49).

Handhabung und Passung zur Infrastruktur. Die Einfachheit der Handhabung wurde in der Evaluation besonders unterstrichen (Median 5, Standardabweichung 0,45). Die Passung des Prototyps zur in Nutzung befindlichen Infrastruktur wurde ebenfalls als gut bewertet (4).

Zusammenfassende Beurteilung. TeamClock unterstützt die Orientierung über anstehende Termine und erleichtert den Umgang mit Terminkonflikten. Die Handhabung von Unterbrechungen wird in einer Weise vereinfacht, dass der Prototyp genutzt werden kann, *Arbeitsabläufe unterbrechungstolerant zu gestalten* (vgl. Kapitel 4.2.4 auf Seite 109).

Tatsächliche Anwesenheit berücksichtigen

Entwicklungspotenzial. Der Prototyp kann durch das Einbeziehen weiterer Informationen zu einem Termin (z. B.: Verbindlichkeit) weiter verbessert werden. Auch die Auswahl eines Folgetermins kann erweitert und flexibler gestaltet werden. Einige Workshopteilnehmer schlugen vor, bei der Ermittlung potenzieller Terminkonflikte auch über die Terminplanung hinausgehende Informationen zur Anwesenheit eines Besprechungsteilnehmers zu berücksichtigen: Ein Kalendereintrag gebe in erster Linie über die geplante, nicht aber über die tatsächliche Anwesenheit einer Person Auskunft. Die Berücksichtigung von Statusinformationen aus einem Instant Messenger könnte diese Lücke ggf. schließen. Weitere Vorschläge bezogen sich auf die Konfiguration des Prototyps: so sollte bestimmt werden können, wie lang ein Termin mindestens sein muss, damit er als potenzielle Unterbrechung angesehen wird.

Eine Verbesserung der von TeamClock angebotenen Funktionen ist zu erzielen, wenn weitere Informationen zum Status eines Termins ausgewertet werden (z. B. Angaben zur Verbindlichkeit). Eine Folgeversion des Prototyps sollte darüber hinaus alternative Möglichkeiten zur Fortsetzung eines Termins ermitteln und damit weitere Optionen in die Entscheidungsfindung zum Umgang mit einer Unterbrechung einbringen. Dem Risiko eines nachlässigen Umgangs mit Unterbrechungen kann durch eine Klärung des Einsatzzwecks im Rahmen der Systemeinführung begegnet werden (s. Kapitel 8.4.3 auf Seite 226).

Alternativtermine anbieten

8.3.5 Die Prototypen im Zusammenspiel

Im abschließenden Brainstorming (s. Kapitel 8.2.3 auf Seite 209) des Workshops wurde das Zusammenspiel der Prototypen beurteilt. Die Ergebnisse bestätigen im Allgemeinen das Potenzial einer kombinierten Nutzung der Prototypen und unterstreichen die bereits in der Einzelbewertung genannten Entwicklungspotenziale. Abstrahiert man von konkreten Verbesserungsvorschlägen, dann erscheinen für künftige Entwicklungen zwei Themenfelder besonders relevant zu sein:

Integration in bestehende Infrastruktur vorantreiben

1. Die Einbettung von Funktionen zur Unterstützung der Multiprojektkoordination in bestehende Kommunikations-, Koordinations-, und Kooperationswerkzeuge.
2. Die Kombination koordinationsrelevanter Informationen aus unterschiedlichen Quellen, um die projektübergreifende Orientierung über Aufgaben und Aktivitäten zu ermöglichen.

Beide Themenfelder werden im Zuge der nachfolgenden Ableitung von Gestaltungsempfehlungen wieder aufgegriffen.

8.4 Ableitung von Gestaltungsempfehlungen für unterbrechungstolerante Infrastrukturen

8.4.1 Passung der Prototypen zur Multiprojekt-Wissensarbeit

Die Evaluation hat insgesamt die gute Passung der Prototypen zum Problembereich der fragmentierten Multiprojekt-Wissensarbeit und zu den Handlungsfeldern der unterbrechungsbezogenen Multiprojektkoordination bestätigt. Die vorgetragenen Kritikpunkte weisen auf vorhandenes Entwicklungspotenzial für eine mögliche Weiterentwicklung hin; sie beinhalten keinerlei Widerspruch zu grundlegenden Annahmen über den Problembereich und Entwurfsentscheidungen. In diesem Sinne unterstützte die Strategie des Prototypings also ein inkrementelles Lernen über den Problembereich der fragmentierten Multiprojekt-Wissensarbeit (vgl. Beaudouin-Lafon & Mackay, S. 1010-1013; Sommerville 2007, S. 443).

Bestätigung von Annahmen über den Problembereich

Die Evaluationsergebnisse unterstreichen die Gültigkeit von Problembereichsannahmen und Entwurfsrichtlinien, die aus dem analytischen Teil der Arbeit gewonnen und in nichtfunktionalen Anforderungen[1] zum Ausdruck gebracht wurden. Dazu zählen:

- Die Einbettung von Funktionen der Multiprojektkoordination in bestehende Kommunikations-, Koordinations- und Kooperationswerkzeuge (N1, N2)
- Die Konzeption des Umgangs mit Unterbrechungen als Teil der Multiprojektkoordination (N6, N7, N8)
- Die Kombination von Awareness- und kontextualisierter Kommunikationsunterstützung zur Unterstützung von Orientierung und Wiedereinstieg (N4, N5, N9, N11)
- Das Einbeziehen von Dokumenten als Fixpunkt der Zusammenarbeit (N 3)
- Das Zulassen von Unterbrechungen und eine informationstechnische Unterstützung ihrer Handhabung, die informierte Entscheidungen der Wissensarbeiter zulässt, aber nicht vorwegnimmt (N10, N12)

1. Siehe Tabelle 21 auf Seite 154

Allgemeine Gestaltungsempfehlungen

Diese Annahmen und Richtlinien tragen dazu bei, technische und organisatorische Gestaltungsempfehlungen für eine unterbrechungstolerante Multiprojektarbeit zu formulieren. Mit Blick auf die Prototypkonzeption können folgende Empfehlungen ausgesprochen werden:

- **Unaufdringliche Integration.** Funktionen zur Unterstützung der Handhabung von Unterbrechungen sind möglichst unaufdringlich in bestehende informationstechnische Systeme der Multiprojekt-Wissensarbeit einzubetten, damit sie von Wissensarbeitern angenommen und als passend zur eigenen Arbeitsweise wahrgenommen werden. Eine solche Integration setzt u. a. metaphorische Konsistenz zwischen bestehenden und neuen Systembestandteilen voraus (vgl. Kapitel 7.3.4 auf Seite 196).
- **Kombination koordinationsrelevanter Informationen.** Der Umgang mit Unterbrechungen kann durch die Kombination vorhandener Informationen über Aufgaben, Aktivitäten und Dokumente erleichtert werden. Die Kombination unterschiedlicher Daten setzt das Risiko von Fehlinterpretationen herab. Beispielsweise können aus Dokumenten extrahierte Schlagworte ein unzureichendes Bild der aktuellen Tätigkeit einer Person zeichnen, wenn diese gerade nicht mit dem Rechner arbeitet.[1] Stehen zusätzlich Termineinträge zur Verfügung, kann besser auf den Arbeitsbereich geschlossen werden. Unterbrechungstolerante Infrastrukturen sollten deshalb koordinationsrelevante Informationen aus möglichst unterschiedlichen Quellen zu einem reichhaltigen Abbild aktuell verfolgter Tätigkeiten zusammenführen.
- **Ressourcenorientierung.** Informationen zur Unterstützung der unterbrechungsbezogenen Multiprojektkoordination sind in verschiedenen Verwendungszusammenhängen relevant. Beispielsweise können Tag Clouds zur Beschreibung eines Arbeitsbereichs in unterschiedliche Anwendungen eingebunden werden und der Zugriff auf Hinweise kann von verschiedenen Endgeräten aus erfolgen. Werden entsprechende Informationen als Ressourcen konzipiert, dann ist es einfach, unterschiedliche Repräsentationen

1. Das Verfahren stößt an seine Grenzen, wenn der Rechner nicht im Fokus der Aufmerksamkeit des Nutzers steht (s. Berglund 2007, S.3): Die zur Verfügung gestellten Informationen können dann ein irreführendes Bild des aktuellen Aktivitätskontexts dieses Nutzers zeichnen.

ein und desselben Inhalts anzubieten, die den Anforderungen eines spezifischen Anwendungsfalls genügen (s. Kapitel 7.3.1 auf Seite 188).

- **Fortlaufende Tätigkeiten berücksichtigen.** Die Möglichkeit zur Fortführung der Zusammenarbeit während der vorübergehenden Abwesenheit eines Beteiligten ist konzeptionell zu berücksichtigen und führt zur Gestaltung spezifischer Unterstützungsfunktionen. In diesem Zusammenhang ist insbesondere die Rolle der Proceeder hervorzuheben: Diese macht es erforderlich, mit geringem Zusatzaufwand zu nutzende Funktionen zum Erstellen von Hinweisen in bestehende Kooperationswerkzeuge einzubetten.

8.4.2 Risikofelder einer informationstechnischen Unterstützung der Handhabung von Unterbrechungen

Identifikation von Risikofeldern

Fasst man die zu den einzelnen Prototypen vorgetragene Kritik zusammen, so werden daraus Risiken einer informationstechnischen Unterstützung der Handhabung von Unterbrechungen erkennbar. Zum Abschluss dieses Kapitels werden drei Risikofelder vorgestellt: Den darin beschriebenen Problemkonstellationen wird mit Gestaltungsempfehlungen für informationstechnische Systeme und zur Organisation der Multiprojekt-Wissensarbeit begegnet.

Risikofeld 1: Anstieg der Unterbrechungshäufigkeit und Beeinträchtigung der Zusammenarbeit.

Unzureichende und ungenaue Informationen

An verschiedenen Stellen der Evaluation wurde von den Workshopteilnehmern das Risiko eines durch den Prototypeinsatz bedingten Anstiegs der Unterbrechungshäufigkeit gesehen. Dafür wurden zwei mögliche Ursachen genannt. Erstens besteht die Möglichkeit der Fehlinterpretation: Die zu einer Person zur Verfügung gestellten Informationen (z. B. Tags) verweisen nicht eindeutig auf einen Arbeitsbereich. Unterbrechungen können also aufgrund fehlerhafter Annahmen über die gegenwärtige Tätigkeit einer Person erfolgen.[1]

1. Zu beachten ist, dass die Möglichkeit der Fehlinterpretation überhaupt erst durch das Vorhandensein der zu interpretierenden Informationen in Betracht kommt. Stehen keine Informationen über den gegenwärtigen Arbeitsbereich einer Person zur Verfügung, dann können diese auch nicht falsch interpretiert werden – die Möglichkeit zur Fehlinterpretation ist prinzipiell nicht vorhanden. Das Risiko der Fehlinterpretation stellt daher auch kein geeignetes Kriterium zum Vergleich des Prototypeneinsatzes mit Situationen dar, in denen die Prototypen nicht verfügbar waren.

In diesem Fall wird ein Anstieg thematisch oder zeitlich unpassender Unterbrechungen befürchtet. Zweitens kann die erleichterte Handhabung von Unterbrechungen zu einem nachlässigeren Umgang mit Unterbrechungen führen. Es wird befürchtet, dass die Anzahl der Unterbrechungen zunimmt, weil die Folgen einer Unterbrechung nicht mehr so gravierend sind. An diesem Beispiel wird sehr gut deutlich, wie soziales Verhalten durch technologische Interventionen beeinflusst werden kann.

Unzureichende Integration

Die Zusammenarbeit kann auch durch eine unzureichende Integration der Prototypen in bestehende Koordinationswerkzeuge beeinträchtigt werden. Entsprechende Risiken treten auf, wenn z. B. die Projektübersicht dadurch beeinträchtigt wird, dass koordinationsrelevante Informationen disjunkt über verschiede Werkzeuge verteilt sind oder wenn entscheidungsrelevante Informationen nicht zur Verfügung gestellt werden.

Gestaltungsempfehlungen

Den vorgenannten Risiken kann auf unterschiedliche Weise begegnet werden:

- **Einbeziehen weiterer Anwendungen.** Durch das Hinzufügen koordinationsrelevanter Informationen aus weiteren Anwendungen kann ein reichhaltigeres Bild des Verhaltens einer Person gezeichnet werden. Damit wird die Gefahr einer fehlerhaften Einschätzungen ihres Arbeitsbereichs herabgesetzt, zugleich aber auch das Risiko des Verlusts von Privatheit (s. u.) erhöht. Dieses Dilemma (vgl. Harr & Kaptelinin 2007) ist bereits zum Zeitpunkt der Konzeption zu berücksichtigen und es sind Vorkehrungen zu treffen, die es einer Person ermöglichen, das Ausmaß der über sie veröffentlichten Informationen zu kontrollieren (s. u.).
- **Rückgriff auf Kontextinformationen.** Ein noch detaillierteres Bild der aktuellen Tätigkeit einer Person ergibt sich, wenn von Mitteln des *Context-Aware Computing* Gebrauch gemacht wird. Mittels unterschiedlicher Sensoren (z. B. Mikrofone, Video) können Daten zum aktuellen Nutzerverhalten erhoben werden: Auf diese Weise lassen sich z. B. laufende Gespräche oder Aktivitäten erkennen, in denen der Arbeitsplatzrechner einer Person nicht das primäre Arbeitsmittel darstellt. Der Unterschied zu bisherigen Ansätzen (vgl. Kapitel 3.3.1 auf Seite 60) liegt darin, dass die erhobenen Daten nicht dazu genutzt werden, algorithmisch über Unterbrechungen zu entscheiden. Sie werden statt dessen von Awarenessfunktionen genutzt, die andere Personen bei eigenver-

antwortlichen Entscheidungen über Unterbrechungen unterstützen. Natürlich trägt auch diese Strategie das Risiko des Verlusts von Privatheit und der Verhaltenskontrolle in sich: Entsprechend sorgfältig sind solche Funktionen zu konzipieren.

- **Einstellungsveränderung durch Systemgestaltung.** Nachlässigkeiten im Umgang mit Unterbrechungen, die durch die vereinfachte Handhabung aufkommen könnten, kann durch Verfahrensweisen des *Persuasive Computing* (Fogg 2003a, 2003b) entgegengewirkt werden. Ein informationstechnisches System, das die Handhabung von Unterbrechungen vereinfacht, ist dabei so zu gestalten, dass es zugleich darauf hinwirkt, Unterbrechungen nicht zu leichtfertig zu veranlassen. Wie eine solche Gestaltung konkret aussehen kann, ist ein mögliches Thema für nachfolgende Arbeiten.

Risikofeld 2: Verlust von Privatheit und Gefahr der Verhaltenskontrolle.

Beeinträchtigung der informationellen Selbstbestimmung

Unterbrechungen können anhand von Informationen über die aktuelle Tätigkeit einer Person besser geplant und inhaltlich abgestimmt werden, das Bereitstellen dieser Informationen geht aber zulasten der informationellen Selbstbestimmung und eröffnet Möglichkeiten der Verhaltenskontrolle. Auf dieses Dilemma haben bereits Harr & Kaptelinin (2007, S. 401) hingewiesen (vgl. Kapitel 3.3.3 auf Seite 64); das Risikofeld berührt eine grundlegende Problemstellung der Unterstützung von Awareness.

Gestaltungsempfehlungen

Die nachfolgenden Gestaltungsempfehlungen begegnen den genannten Risiken auf technischer Ebene:

- **Symmetrische Awareness (*reciprocity*).** Die zum Einsatz gelangenden Awarenessfunktionen sind symmetrisch zu gestalten. Dabei werden nur solche Informationen eines Nutzers preisgegeben, die bereits mit den jeweiligen Kooperationspartnern geteilt werden.
- **Individuelle Kontrollmöglichkeit freigegebener Informationen.** Welche Informationen über die eigenen Tätigkeiten anderen preisgegeben werden, liegt in der Kontrolle eines jeden Nutzers. Die im Rahmen dieser Arbeit entwickelten Prototypen setzen dieses Prinzip um: Ob z. B. Schlüsselworte zu gerade bearbeiteten Dokumenten veröffentlicht werden, obliegt der Entscheidung des Nutzers und wird nicht etwa durch eine zentrale Richtlinie vorge-

geben. Wichtig ist, dass in Basis-Anwendungen vorgenommene Einstellungen zur Sichtbarkeit bestimmter Inhalte berücksichtigt werden: So dürfen z. B. Termininformationen aus einem freigegebenen Kalender nur dem dafür vorgesehenen Personenkreis zugänglich gemacht werden.

- **Selektive Informationsfreigabe.** Um die Nutzung zu erleichtern und Transparenz über getroffene Einstellungen herzustellen, ist eine anwendungsübergreifende Konfiguration von Regeln der Sichtbarkeit wünschenswert. Dabei ist eine selektive Informationsfreigabe zu unterstützen: Je nach Empfängerkreis können unterschiedliche Informationsbestände freigegeben werden (vgl. Fetter et al. 2008, S. 58). Auf diese Weise kann auch der Gefahr der Verhaltenskontrolle (z. B. durch Vorgesetzte) begegnet werden.
- **Zeitlich begrenzte Informationsfreigabe.** Je nachdem, ob Informationen zur aktuellen Tätigkeit oder zu zurückliegenden Tätigkeiten angefragt werden, können unterschiedliche Stufen der Sichtbarkeit und der Protokollierung zum Einsatz kommen. Beispielsweise kann das System vorsehen, dass der spätere Zugriff auf Informationen zu zurückliegenden Terminen nur für Personen möglich ist, die tatsächlich an diesem Termin teilgenommen haben (bzw. zu dessen Laufzeit auf der Teilnehmerliste des Termins verzeichnet waren), auf die dazu gespeicherten Informationen zugreifen. Nicht teilnehmende Dritte können diese Informationen nur zur Laufzeit einsehen, später aber nicht mehr abrufen: Damit wird der Überblick über die aktuell in einer Gruppe stattfindenden Aktivitäten ermöglicht, eine spätere Auswertung durch unbeteiligte Personen aber zumindest erschwert.

Risikofeld 3: Veränderung etablierter Arbeitsweisen.

Veränderung organisatorischer Abläufe

Neue Technologien können nicht in eine Organisation eingebracht werden, ohne dass sie eine Veränderung bestehender Abläufe bewirken, erfordern oder ermöglichen würden. Entsprechende Auswirkungen sind auch vom Einbringen neuer informationstechnischer Funktionen zur Handhabung von Unterbrechungen zu erwarten: Entweder ist eine Veränderung bestehende Abläufe erforderlich, um die neuen Technologien sinnvoll einsetzen zu können oder aber der Technologieeinsatz ermöglicht die Veränderung dieser Abläufe. In ihrer Beurteilung des TeamClock-Prototyps kritisierten die Workshopteilnehmer z. B., dass die Nutzung des Prototyps eine starke

Formalisierung des Umgangs mit Terminen erforderlich mache. Dies wäre ein Beispiel für eine erforderliche Veränderung. Die Befürchtung, TeamClock könne Unterbrechungen *„salonfähig"* machen und so einen Anstieg der Unterbrechungshäufigkeit bewirken, illustriert den zweiten Fall. Für Organisationen stellt sich die Frage, welches Ausmaß an Veränderungen erwünscht und welches tolerabel ist. Darüber hinaus ist zu klären, auf welche Art und Weise erforderliche Veränderungen etablierter Arbeitsweisen betrieben werden können.

Passung zum vorhandenen soziotechnischen System

In soziotechnischen Systemen stehen Technologieeinsatz und organisatorische Abläufe in Wechselwirkung zueinander: In einer als soziotechnisches System aufgefassten Organisation wird jede neu eingebrachte Technologie zu einer Veränderung von Arbeitsabläufen (bzw. organisationalem Verhalten) führen, sofern ihre Nutzung nicht vollständig unterbleibt. Die nachfolgende Gestaltungsempfehlung zu diesem Risikofeld zielt also nicht darauf ab, solche Veränderungen zu vermeiden: Vielmehr geht es darum, die informationstechnische Handhabung von Unterbrechungen so zu konzipieren, dass die zu erwartenden Auswirkungen auf die bisherigen Arbeitsweisen einer Organisation für deren Mitglieder tolerabel, wenn nicht gar vorteilhaft sind.

Gestaltungsempfehlung

- **Integration in die bestehende Infrastruktur.** Neue Funktionen zur Unterstützung der Handhabung von Unterbrechungen sind in die bereits in Nutzung befindliche Systeme zu integrieren, sie dürfen nicht im Konflikt zu bereits in Nutzung befindlichen Werkzeugen stehen. Voraussetzung dafür ist, dass bereits vor Beginn der Konzeption detaillierte Kenntnisse der verwendeten Infrastruktur vorliegen: diese können z. B. durch eine Infrastrukturexploration erlangt werden kann (s. Kapitel 5.4 auf Seite 137).

8.4.3 Empfehlungen zur Systemeinführung

Gestaltung der Systemeinführung

Den vorausgehend identifizierten Risikofeldern kann auch im Zuge der Systemeinführung begegnet werden: Dazu sind vor allem Vereinbarungen zur Nutzung der neuen Funktionen und Systeme geeignet:

- **Einsatzzweck klären.** Um dem Risiko eines Anstiegs der Unterbrechungshäufigkeit zu begegnen ist zu klären, welches Ausmaß von Unterbrechungen akzeptabel ist (s. Anforderung 7.1, Tabelle 20 auf Seite 152). Dabei kann darauf hingewiesen werden, dass die neu angebotenen Funktionen nicht dazu gedacht sind, Unterbrechungen häufiger zu veranlassen: Sie sollen nur dazu dienen, die Handhabung erforderlicher Unterbrechungen zu vereinfachen.

- **Transparenz über personenbezogene Informationen herstellen.** Um dem befürchteten Verlust von Privatheit und der Verhaltenskontrolle vorzubeugen, sollten der Inbetriebnahme Vereinbarungen vorangehen, wer zu welchen Gelegenheiten welche personenbezogenen Informationen sehen kann. Die betroffenen Systeme sind entsprechend zu konfigurieren. Dass dies vereinbarungsgemäß geschieht, kann von einer vertrauenswürdigen Stelle (z. B.: Mitarbeitervertretung) bestätigt werden. Den Nutzern ist im Rahmen einer Schulung außerdem transparent zu machen, welche Informationen über sie preisgegeben werden und wie sie die Informationsfreigabe kontrollieren können.
- **Partizipatives Vorgehen.** Partizipative Vorgehensweisen bei der Systementwicklung und Einführung können eine als Risiko empfundene Veränderung etablierter Arbeitsweisen zur Chance wenden: Die betroffenen Nutzer nehmen Einfluss auf die Gestaltung des Systems und entscheiden selbst, auf welche Art und Weise bestehende Prozesse der Multiprojekt-Wissensarbeit verändert werden können und dürfen. Das in dieser Arbeit gewählte Vorgehen veranschaulicht, wie ein leichtgewichtiger Prozess des Prototypings partizipativ gestaltet werden kann.[1] Bei der Systemeinführung ist darauf zu achten, dass Verfahrensweisen nicht allgemein verbindlich erzwungen werden: Die Flexibilität der Wissensarbeiter, Arbeitsweise und Werkzeugeinsatz nach individuellen Präferenzen und Bedürfnissen zu gestalten, sollte aufrecht erhalten werden (vgl. Davenport 2005, S. 56; Kidd 1994, S. 187). Um dieses Ziel zu erreichen, ist es erforderlich, individuelle Perspektiven auf die fragmentierte Multiprojekt-Wissensarbeit zu vereinen: mit dem *Socio-Technical Walkthrough (STWT)* steht ein dafür geeignetes Instrument zur Verfügung (Herrmann et al. 2007, Herrmann 2009).

1. Für Projekte größeren Umfangs, an denen mehrere Designer und/oder Entwickler beteiligt sind, bieten sich Methoden des *Contextual Design* (Holtzblatt 2003, Holtzblatt et al. 2005) oder agile Verfahren (z. B. Extreme Programming – Beck 2000) an.

8.4.4 Empfehlungen zur Organisation der Multiprojekt-Wissensarbeit

Gestaltung von Arbeitsabläufen

Unterbrechungen sind kein Phänomen, dem eine Organisation ausschließlich mit informationstechnischen Mitteln begegnen könnte: Die zielgerichtete Gestaltung organisatorischer Abläufe und der Organisationskultur kann ebenfalls dazu beitragen, die Handhabung von Unterbrechungen in der fragmentierten Multiprojekt-Wissensarbeit zu verbessern. Der verbleibende Teil dieses Kapitels ist diesem Thema gewidmet und nennt entsprechende Handlungsempfehlungen.

- **Unterbrechungen zulassen.** In der fragmentierten Multiprojekt-Wissensarbeit sind Unterbrechungen ein notwendiges Mittel der Koordination. Gerade dann, wenn eine starre Systematisierung des Arbeitsablaufs nicht möglich ist (vgl. Kapitel 2.1.1 auf Seite 17), können Unterbrechungen den Zufluss relevanter Informationen in einen aktuellen Arbeitsbereich ermöglichen (Kapitel 3.4.2 auf Seite 75, Kriterium 8) und erforderliche Wechsel einer Person zwischen verschiedenen Arbeitsbereichen bewirken (vgl. Kapitel 3.3.3 auf Seite 64). In einer Organisation sollten Unterbrechungen deshalb zugelassen werden. Das bedeutet, Unterbrechungen nicht als etwas per se Negatives anzusehen: Eine Organisation muss Unterbrechungen als erforderlichen Bestandteil der Zusammenarbeit anerkennen und klären, welche Form und welcher Umfang von Unterbrechungen akzeptabel ist (vgl. Anforderung 7.1, Tabelle 20 auf Seite 152).
- **Handhabung von Unterbrechungen als kooperative Aufgabe.** In der fragmentierten Multiprojekt-Wissensarbeit sind i. d. R. kooperierende Gruppen und nicht nur Einzelpersonen von Unterbrechungen betroffen: Eine Unterbrechung kann sich innerhalb einer Organisation ausbreiten (vgl. Kapitel 3.4.2 auf Seite 75); die Wiederaufnahme einer unterbrochenen Aktivität ist ggf. von Dritten vorzubereiten und aktiv zu unterstützen (ebd.). Zusammenarbeitende Gruppen sollten deshalb ihre Verantwortlichkeiten und Aufgaben im Umgang mit Unterbrechungen klären. Dazu zählt auch, Vereinbarungen über die Nutzung der verfügbaren informationstechnischen Infrastruktur zu treffen. Die Anforderungen 14.2 bis 14.7 (s. Tabelle 20 auf Seite 152) zeigen Aspekte auf, die dabei zu berücksichtigen sind.

Rolle des Führungspersonals

Die Veränderung entsprechender Verhaltensweisen und Einstellungen kann im Rahmen eigens dafür vorgesehener Workshops angestoßen werden – dies stellt aber nur einen Baustein dar: Gerade im Umgang mit hoch qualifizierten Wissensarbeitern muss das Führungspersonal durch das eigene Verhalten eine Vorbildfunktion einnehmen (vgl. Davenport 2005). Das gilt gerade auch für den Umgang mit Unterbrechungen: Soll eine bestimmte Vorstellung organisationalen Verhaltens durchgesetzt werden, dann muss das Führungspersonal diese Idee vorleben und selbst vertreten.

8.5 Zusammenfassung

Die Evaluationsergebnisse bestätigen insgesamt die Nützlichkeit und die Prozessangemessenheit der Prototypen. Die umgesetzten Konzepte scheinen geeignet zu sein, die Handhabung von Unterbrechungen in der Multiprojekt-Wissensarbeit zu verbessern. Aus der Analyse von Stärken und Schwächen der Prototypen konnten grundlegende Risikofelder identifiziert werden, denen bei der Gestaltung unterbrechungstoleranter informationstechnischer Infrastrukturen und Organisationen begegnet werden muss. Dazu sind sowohl auf technischer als auch auf sozialer Ebene vielfältige Ansatzpunkte gegeben, die einerseits auf die Konzeption und Entwicklung entsprechender informationstechnischer Funktionen bezogen sind, andererseits aber auch Fragen der Arbeitsorganisation, Organisationskultur und Systemeinführung berühren. Zu diesen unterschiedlichen Aspekten ließen sich aus den Evaluationsergebnissen Gestaltungsempfehlungen ableiten: diese wurden im letzten Teil des Kapitels vorgestellt.

KAPITEL 9 Zusammenfassung

9.1 Zentrale Ergebnisse der Arbeit

Vorgehen

Die vorliegende Arbeit hat gezeigt, wie informationstechnische Systeme der Multiprojekt-Wissensarbeit um Funktionen zur Handhabung von Unterbrechungen erweitert werden können. Dazu wurden typische Aufgaben und Randbedingungen des Umgangs mit Unterbrechungen in kooperativen Arbeitszusammenhängen ermittelt. Auf dieser Grundlage konnten Anforderungen an die informationstechnische Unterstützung identifiziert und in Form diverser Prototypen umgesetzt werden. Anhand einer Erweiterung des Ausgangsszenarios (s. 1.1.2 auf Seite 5) wurde aufgezeigt, wie diese Prototypen die Handhabung von Unterbrechungen verbessern helfen. Die Evaluation der Prototypen deutet auf die Praxistauglichkeit des gewählten Ansatzes hin: Für den Bereich der fragmentierten Multiprojekt-Wissensarbeit konnten deshalb Empfehlungen zur Gestaltung unterbrechungstoleranter (informationstechnischer) Systeme gegeben werden.

Neben der Entwicklung prototypischer Funktionen, die Wissensarbeitern die Handhabung von Unterbrechungen erleichtern, stammen wichtige Ergebnisse dieser Arbeit aus der Analyse des Phänomens der Unterbrechung für die kollaborative Multiprojekt-Wissensarbeit. Die nachfolgenden Abschnitte vertiefen diese Punkte.

9.1.1 Unterbrechungen in der Multiprojekt-Wissensarbeit

Zentrale Ergebnisse

Die Arbeit hat dazu beigetragen, das Verständnis von Unterbrechungen im Kontext der fragmentierten, kollaborativen Multiprojekt-Wissensarbeit zu vertiefen. Zentrale Ergebnisse sind:

- In der fragmentierten Multiprojekt-Wissensarbeit sind Unterbrechungen zur Koordination der Zusammenarbeit erforderlich und können deshalb nicht einfach verhindert werden.

- Angesichts nebenläufiger Tätigkeiten aus verschiedenen Arbeitsbereichen ist es erforderlich, bei der Betrachtung von Unterbrechungen die Rolle der sog. Proceeder (s. Tabelle 7 auf Seite 70) explizit zu berücksichtigen. Die Möglichkeit, dass die Zusammenarbeit von einem Teil der Gruppe fortgesetzt wird, während einzelne Personen vorübergehend abwesend sind, bedingt spezifische Unterstützungsbedarfe. Der bisherige Stand der Forschung lässt die Rolle der Proceeder unberücksichtigt und gelangt somit auch nicht zu einer geeigneten informationstechnischen Unterstützung.
- Die Handhabung von Unterbrechungen ist Teil der Multiprojektkoordination und muss durch die Kombination von Kommunikations- und Awarenessfunktionen unterstützt werden. Wesentliche koordinationsrelevante Informationen können aus Dokumenten gewonnen werden, die von Wissensarbeitern im Rahmen ihrer Tätigkeit genutzt werden: Die Arbeit zeigt auf, wie diese Informationen dazu beitragen können, in einer Gruppe Awareness über aktuelle Tätigkeiten und Arbeitsbereiche herzustellen.
- Typische Aufgaben der unterbrechungsbezogenen Multiprojektkoordination wurden in Handlungsfeldern zusammengetragen. Zusammen mit der soziotechnischen Modellierung zugehöriger Abläufe bietet die Arbeit damit auch zukünftigen Vorhaben einen Rahmen für die Analyse von Anforderungen an informationstechnische Systeme, die den Umgang mit Unterbrechungen in der fragmentierten Multiprojekt-Wissensarbeit unterstützen sollen.
- Eine grundlegende Annahme dieser Arbeit war es, dass Funktionen zur Handhabung von Unterbrechungen in die bereits genutzte informationstechnische Infrastruktur zu integrieren sind, damit sie zu den Arbeitsabläufen der fragmentierten Muliprojekt-Wissensarbeit passen. Im Rahmen der Prototypentwicklung und -evaluation konnte gezeigt werden, dass dieser Ansatz praktikabel und plausibel ist.
- Bestehende Anwendungen können so erweitert werden, dass sie die Handhabung von Unterbrechungen unterstützen. Damit entsprechende Funktionen integriert werden können, müssen diese Anwendungen bestimmten Kriterien genügen. Die Arbeit benennt zugehörige Anforderungen und gibt Gestaltungsempfehlungen für nachfolgende Generationen solcher Anwendungen.

9.1.2 Verbesserte Handhabung von Unterbrechungen

Szenario zur verbesserten Handhabung von Unterbrechungen

Die Evaluation der in dieser Arbeit entwickelten prototypischen Funktionen hat deren Eignung zur Unterstützung der Handhabung von Unterbrechungen und die Passung zum Problembereich der fragmentierten Multiprojekt-Wissensarbeit bestätigt. Für nachfolgende Arbeiten konnten dabei Entwicklungspotenziale und Gestaltungsempfehlungen identifiziert werden. Auf welche Art und Weise die in Kapitel 7.2 auf Seite 169 vorgestellten Prototypen dazu beitragen, den Umgang mit Unterbrechungen zu verbessern, stellen die nachfolgenden Szenen noch einmal im Zusammenhang dar:[1]

Szene 3

> Nach einer halben Stunde der Zusammenarbeit in der Besprechung wird Marie von der Projektleiterin in Projekt A – Anna – angerufen. Marie geht von einem kurzen Telefonat aus und verlässt die Besprechung, ohne mit ihren Kollegen das Vorgehen während ihrer Abwesenheit abzustimmen. Die Anderen setzen ihre Zusammenarbeit fort.

Szene 4

> Für den Termin ist noch eine Präsentation vorzubereiten: dazu muss Marie Rücksprache mit Claus und Vera, den übrigen Mitarbeitern des Projekts, halten.

Szene 5

> Zurück im Besprechungsraum stellt Marie fest, dass die übrigen Teilnehmer gerade Pause machen: Um sinnvoll weiterarbeiten zu können, hätten sie von Marie eine Entscheidung zur Personalplanung gebraucht. An der Gruppenanzeige des Besprechungsraumes hebt Marie die zuletzt angefertigte Besprechungsnotiz hervor und findet darin einen Hinweis auf die erforderliche Entscheidung. Sie erkennt den vorhandenen Abstimmungsbedarf mit Sören: Im SphereView Prototyp sieht Marie, dass dieser augenblicklich an einer Besprechung teilnimmt und beschließt daraufhin, ihn per EMail zu kontaktieren. Noch bevor die übrigen Besprechungsteilnehmer zurückkehren erhält sie eine Antwort auf ihre Anfrage und kann über den geplanten Personaleinsatz in Projekt C entscheiden.

1. In den Marginalien wird dabei auf die ursprünglichen Szenen verwiesen.

Szene 6

Während sie auf die Rückkehr ihrer Kollegen wartet, sucht Marie nach einem geeigneten Besprechungstermin mit Vera und Claus. Im SphereView Prototyp sieht Marie, dass Vera augenblicklich an einer Besprechung zu einem anderen Projekt teilnimmt. Sie beschließt daraufhin, zunächst mit anderen Aufgaben fortzufahren und zu einem späteren Zeitpunkt auf Vera zurückzukommen.

Szene 7

Die anderen kehren zurück und die Gruppe setzt ihre Arbeit fort.

Szene 8b

Im weiteren Verlauf der Sitzung stellt sich heraus, dass zwei Mitarbeiter – Tim und Lea – eine Stunde früher gehen müssen als ursprünglich vereinbart. Eine Viertelstunde bevor Lea und Tim aufbrechen müssen, weist der auf der Gruppenanzeige sichtbare TeamClock Prototyp durch eine bogenförmige Markierung auf dem Ziffernblatt auf den konfligierenden Termin hin. Der Moderator der Sitzung ruft die von TeamClock angebotene Terminübersicht auf: Es ist zu erkennen, dass Lea und Tim die Sitzung aufgrund eines Folgetermins vorzeitig verlassen müssen. Die Gruppe nutzt die verbleibende Zeit, um das weitere Vorgehen abzustimmen. Gemeinsam werden Tagesordnungspunkte identifiziert, die auch ohne Tim und Lea zu besprechen sind. Es wird vereinbart, dass die verbleibenden Teilnehmer das Ergebnis ihrer diesbezüglichen Besprechung um Protokoll der Sitzung kenntlich machen und dieses am Abend Tim und Lea zukommen lassen. Da eine Reihe weiterer Themen die Teilnahme von Tim und Lea erfordert, wird auch ein Folgetermin zur Fortsetzung der Besprechung vereinbart. Dazu ruft der Moderator erneut die Terminübersicht auf: TeamClock schlägt einen möglichen Folgetermin passender Länge vor, dem die Gruppe zustimmt. Der Moderator nutzt daraufhin die von TeamClock angebotene Möglichkeit, den Folgetermin unmittelbar in die Kalender aller Sitzungsteilnehmer einzutragen.

Szene 9

Während Marie die Präsentation für den Kundentermin am folgenden Tag vorbereitet, fällt ihr auf, dass ihr nicht alle Informationen zur Budgetierung der vom Kunden angefragten Modifikationen vorliegen. Marie weiß, dass ihr Anna als Projektleiterin Auskunft zur aktuellen Kalkulation des Projekts geben kann. In SphereView kann Marie Schlagworte zu den Dokumenten einsehen, die Anna gerade bearbeitet. Anhand der Schlagworte erkennt Marie, dass Anna gerade an einem Memo über mögliche Umstrukturierungsmaßnahmen in der von ihr geleiteten Entwicklungsabteilung arbeitet. Marie beschließt daraufhin, Anna vorerst nicht zu stören. Sie bemerkt, dass Claus noch arbeitet: Anhand der zu Claus' gegenwärtigem Arbeitsbereich zur Verfügung gestellten Schlagworte erkennt Marie, dass Claus gerade an einem Bericht über den bisherigen Verlauf des Projekts arbeitet, zu dem sie die Präsentation vorbereitet. Daraufhin kontaktiert sie Claus über den Instant Messenger.

Am Abend treffen sich Marie, Vera und Claus in Maries Büro, um gemeinsam die Präsentation zu überarbeiten und Notizen zu möglichen Umsetzungsalternativen für die vom Kunden gewünschten Modifikationen in Projekt A anzufertigen. Zwischenzeitig wird Marie von Lea angerufen, die sich über die Ergebnisse der heutigen Besprechung zu Projekt C informieren möchte: sie hat diese Besprechung vorzeitig verlassen müssen. Marie begibt sich mit ihrem Laptop in ein anderes Büro und teilt Vera und Claus im Gehen mit, dass sie dringend einige kurzfristig anstehende Aufgaben mit Lea besprechen muss und vermutlich in einer Viertelstunde zurück sein wird. In ihrem Kalender wählt sie den zurückliegenden Besprechungstermin aus. In der ContextPane – einer zusätzlichen Aufgabenleiste ihres Outlook-Kalenders – werden Marie Links zu ihren Besprechungsnotizen und dem in der Sitzung modifizierten Projektplan angeboten. Marie ruft beide Dokumente auf und informiert Lea anhand der darin festgehaltenen Notizen über den aktuellen Stand des Projekts. Szene 11

Während Maries Abwesenheit arbeiten Vera und Claus weiter und ergänzen die gemeinsam genutzten Dokumente. Zu ihrer Meinung nach relevanten Veränderungen halten sie direkt im Dokument Hinweise fest, die sie Marie mithilfe des CueSmarttag Prototyps zukommen lassen. Nach einer Viertelstunde kehrt Marie zurück. Da Szene 12

Marie Schwierigkeiten hat, den aktuellen Stand der gemeinsamen Arbeit nachzuvollziehen, wählt sie in ihrem Kalender den Termin zum gerade laufenden Arbeitstreffen mit Vera und Claus aus. In der Context-Pane erscheinen daraufhin Hinweise, die Vera und Claus für Marie während ihrer Abwesenheit verfasst haben. Marie geht die Hinweise der Reihe nach durch und kann sich so über den aktuellen Stand der Arbeiten orientieren. Danach setzen sie ihre Zusammenarbeit zu dritt fort.

9.2 Innovationsgehalt der Arbeit

Beitrag zur CSCW-Forschung

Die vorliegende Arbeit hat das Verständnis unterbrochener Wissensarbeit im Feld der CSCW-Forschung deutlich erweitert. Dabei ist es ein wesentliches Merkmal, dass Unterbrechungen konsequent als Bestandteil kooperativer Arbeit angesehen und mit Blick auf die von Harr & Kaptelinin (2007) aufgebrachte Frage nach ihrer Einbettung in ein systemisches Umfeld analysiert wurden. Die vorliegende Arbeit erweitert den bisherigen Diskurs um eine neue Sichtweise, indem sie den Umgang mit Unterbrechungen als kooperative Aktivität innerhalb eines soziotechnischen Systems portraitiert. Als fester Bestandteil der kooperativen Multiprojekt-Wissensarbeit werden Unterbrechungen nicht nur bezüglich ihrer Auswirkungen auf die Zusammenarbeit einer Gruppe untersucht. Die vorliegende Arbeit geht hier deutlich über bestehende Analysen und Werkzeugentwürfe der CSCW-Forschung hinaus, indem sie systematisch Möglichkeiten zur kooperativen Handhabung von Unterbrechungen entwickelt, in prototypischen Funktionen umsetzt und evaluiert.

Entwicklung neuartiger Unterstützungsmöglichkeiten

Aus einer soziotechnischen Perspektive der Systemgestaltung heraus wurden in diesem Zusammenhang neuartige Unterstützungsmöglichkeiten konzipiert und umgesetzt. Die informationstechnische Unterstützung der neu identifizierten Rolle der Proceeder, die kombinierte Nutzung von Hinweisen und dokumentbezogenen Metadaten zur Orientierung über Arbeitsbereiche sowie die konsequente Einbettung neuartiger Funktionen in eine in Nutzung befindliche Infrastruktur stellen dabei Aspekte mit Neuigkeitswert dar. Sie grenzen die vorliegende Arbeit vom bisherigen Stand der unterbrechungsbezogenen CSCW-Forschung ab. Die nachfolgenden

Betrachtungen unterstreichen und konkretisieren diese Einschätzung:

- Zum ersten Mal werden Funktionen vorgestellt, die neben dem Verursacher (Interruptor) und dem Adressaten (Interruptee) auch mittelbar betroffene Personen (Proceeder) in die Handhabung einer Unterbrechung mit einbeziehen. Die Proceeder können einen Interruptee bei der Wiederaufnahme der Zusammenarbeit durch gezielte Hinweise unterstützen. Dazu hat die vorliegende Arbeit Funktionen konzipiert und prototypisch umgesetzt, die es den Proceedern ermöglichen, solche Hinweise quasi nebenläufig zu ihrer fortgesetzten Zusammenarbeit festzuhalten und einem Interruptee zukommen zu lassen. Die in Kapitel 7.2.3 auf Seite 176 vorgestellten Prototypen ContextPane und CueSmarttag integrieren entsprechende Funktionen exemplarisch auf leichtgewichtige Weise in weit verbreitete Koordinations- und Dokumentverarbeitungssysteme. Sie ermöglichen einen personalisierten, aufgaben- und terminbezogenen Umgang mit Hinweisen, der deutlich über dort vorhandene Annotationsfunktionen hinaus geht: Beispielsweise war es zuvor nicht möglich, in einem Dokument verfasste Kommentare anwendungsübergreifend als Nachrichten zu verwenden oder exklusiv auf Kommentare bzw. Hinweise zuzugreifen, die während einer bestimmten Zeitspanne erstellt wurden.
- Mit dem gruppenweiten Veröffentlichen von Schlagworten (bzw. Tag Clouds) zu (individuell) genutzten Dokumenten beschreitet die vorliegende Arbeit einen neuen Weg der Unterstützung arbeitsbereichsbezogener Awareness. Der in Kapitel 7.2.2 auf Seite 172 vorgestellte SphereView Prototyp setzt eine entsprechende Darstellung erfolgreich ein, um Wissensarbeiter über die aktuellen Arbeitsbereiche ihrer Kollegen zu informieren. Ein Interruptor wird so in die Lage versetzt, den Zeitpunkt einer Unterbrechung passender zu wählen. Auch die inhaltliche Beschreibung eines zurückliegenden Termins durch eine dokumentbezogene Tag Cloud, wie sie im Prototyp ContextPane realisiert wurde, stellt eine neuartige Form der Orientierung über die Entwicklung potenziell unterbrochener Arbeitsbereiche dar.
- Die Arbeit hat neuartige und einfach zu nutzende Funktionen entwickelt, die es einer kooperierenden Gruppe erleichtern, den Umgang mit einer Unterbrechung noch vor deren Eintreten gemeinschaftlich zu planen. Mit TeamClock wurde in Kapitel 7.2.5 auf Seite 184 ein Prototyp vorgestellt, der gemeinschaftliche

Entscheidungen über den Umgang mit anstehenden Unterbrechungen unterstützt und nicht vorwegnimmt. Die zusammenarbeitende Gruppe wird auf anstehende, konfligierende Termine ihrer Mitglieder hingewiesen und es stehen ihr Funktionen zur Verfügung, die das schnelle Vereinbaren eines möglichen Fortsetzungstermins unterstützen. Durch eine leichtgewichtige und unaufdringliche Integration in bestehende Systeme zur Kooperations- und Sitzungsunterstützung hebt sich die Umsetzung dieser Funktionen von anderen Arbeiten ab.

- Die konsequente Erweiterung einer in Nutzung befindlichen informationstechnischen Infrastruktur um zusätzliche Funktionen unterscheidet die vorliegende Arbeit von anderen Vorhaben, die eine Unterstützung der Handhabung von Unterbrechungen zum Ziel haben. In diesem Zusammenhang sind die Auswahl einer zukünftige Erweiterungen ermöglichenden Rahmenarchitektur und der komponentenbasierte Aufbau des entwickelten Gesamtsystems hervorzuheben (s. Kapitel 7.3 auf Seite 188): beides kann als Leitlinie für zukünftige Vorhaben dienen.

Vor dem Hintergrund dieser Ergebnisse stellt die vorliegende Arbeit der anwendungsorientierten CSCW-Forschung bisher nicht dokumentierte, fundierte Anforderungen und Gestaltungsempfehlungen zur Verfügung.

Theoriebildung: Analyse der Unterbrechung fortgeführter Zusammenarbeit

Mit der Modellierung der soziotechnischen Einbettung von Unterbrechungen in den Kontext der Multiprojekt-Wissensarbeit (s. Kapitel 4 auf Seite 85) leistet die Arbeit darüber hinaus einen wesentlichen Beitrag zur Theoriebildung. Hier ist vor allem die neu identifizierte Rolle der Proceeder hervorzuheben. Die durch die Proceeder gegebene Möglichkeit zur Fortführung der Zusammenarbeit während der unterbrechungsbedingten Abwesenheit einzelner Personen führt zu neuen analytischen Konstrukten (namentlich: die innere Einheit eines Arbeitsbereichs, Definition 10 auf Seite 71) und neuen Aufgaben des gemeinschaftlichen Umgangs mit Unterbrechungen. Mit der in Kapitel 4 auf Seite 85 vorgenommenen soziotechnischen Modellierung relevanter Abläufe der kooperativen Handhabung von Unterbrechungen gelangt die Arbeit vor diesem Hintergrund zu einer formalisierten Darstellung des Problembereichs, die in Tiefe und Umfang über den Stand bisheriger Publikationen hinausweist.

Aus methodischer Sicht stellt die Kombination aus soziotechnischer Problembereichsanalyse und Theoriebildung sowie der Konzeption,

Entwicklung und Evaluation konkreter Unterstützungsvorschläge ein Alleinstellungsmerkmal der Arbeit gegenüber anderen Beiträgen zum Thema der unterbrochenen Multiprojekt-Wissensarbeit dar. Dies kommt u. a. in der Kombination vielfältiger methodischer Bausteine mit unterschiedlichem disziplinären Hintergrund zum Ausdruck (vgl. Kapitel 1.3.1 auf Seite 12).

9.3 Anschlussfähigkeit für nachfolgende Arbeiten

Einige der Gestaltungsempfehlungen des vorausgehenden Kapitels geben bereits Hinweise zu offenen Fragestellungen. Zum Abschluss werden nun weitere Möglichkeiten zur Fortführung der vorliegenden Arbeit angesprochen und dazu geeignete Ansätze skizziert.

9.3.1 Maschinelles Lernen über Arbeitsbereiche

Automatisches Erkennen von Arbeitsbereichen

Dokumente nehmen in der Multiprojekt-Wissensarbeit eine zentrale Position ein: Erstens stellen sie einen Arbeitsgegenstand hoher Relevanz dar, zweitens gibt ihre Verwendung durch einen Wissensarbeiter Aufschluss über dessen (gegenwärtigen) Arbeitsbereich. Die vorliegende Arbeit hat gezeigt, wie veröffentlichte Schlagworte dazu beitragen können, Rückschlüsse auf Arbeitsbereiche zu unterstützen. Strategien des maschinellen Lernens können eingesetzt werden, um Arbeitsbereiche zu erkennen, ohne dass dafür eine explizite Verschlagwortung von Dokumenten notwendig wäre: *Bayes-Netze* stellen einen geeigneten Ausgangspunkt für entsprechende Vorhaben dar.

9.3.2 Modellierung der Ausbreitung von Unterbrechungen

Bisher ist bekannt, *dass* sich Unterbrechungen in Organisationen ausbreiten (Harr & Kaptelinin 2007), es gibt aber kein formales Modell, *wie* dies geschieht. Ein solches Modell könnte genutzt werden, um Voraussagen zur Reichweite einer Unterbrechung zu treffen, ihre Auswirkungen einzuschätzen und daraus Handlungsempfehlungen abzuleiten. Entsprechende Vorhaben können an zwei unterschiedlichen Stellen ansetzen:

Ausbreitung von Unterbrechungen als Epidemie

Unterbrechungen als Epidemie. In diesem Ansatz wird die Unterbrechung selbst zum bestimmenden Gegenstand der Modellbildung. Es wird angenommen, dass sich eine Unterbrechung in einem Netzwerk von Personen verbreiten wird, sobald sie zustande gekommen ist. Die Ausbreitung einer Unterbrechung kann vor diesem Hintergrund als *Epidemie* konzipiert werden: Als Grundlage der Modellbildung kommen damit mathematische Modelle der Epidemiologie[1] in Frage. Im Folgenden sollen die Grundzüge einer Übertragung auf den Bereich der Unterbrechungen skizziert werden:

Voraussetzung der Modellbildung ist das Vorhandensein einer *Population* und eines in dieser Population virulenten *Erregers*. Im Kontext der fragmentierten Multiprojekt-Wissensarbeit stellen die Mitglieder einer Organisation die Population dar, Unterbrechungen übernehmen die Rolle des Erregers. Die Individuen einer Population werden beim Kontakt mit dem Erreger entweder mit einer bestimmten Wahrscheinlichkeit *infiziert* (also: unterbrochen) oder sie sind *resistent* und werden nicht infiziert, was sich im hier betrachteten Anwendungsfall z. B. darin äußert, dass sie eine Unterbrechung ablehnen oder ignorieren. Die Modellbildung unterstellt das Vorhandensein einer *Prävalenz* größer null, d. h., dass bereits eine Anzahl von Unterbrechungen betroffener Individuen in der Population existiert. Zusätzlich wird eine Reproduktionsrate angenommen: Diese gibt an, zu wie vielen Folgeunterbrechungen eine Unterbrechung führt. Weitere Kenngrößen können eingeführt werden, um z. B. eine *Genesungsrate* zu berücksichtigen: Individuen erholen sich von den möglicherweise negativen Auswirkungen einer Unterbrechung und können ihre ursprüngliche Tätigkeit fortsetzen.

Die Modellierung der Ausbreitung von Unterbrechungen als Epidemie lässt interessante Überlegungen zur organisationsübergreifenden Bedeutung von Unterbrechungen zu: Unterbrechungen bleiben in einer Organisation üblicherweise *endemisch,* d. h., sie treten in einer Population in einem üblichen Maße auf. Problematisch ist es, wenn dieser übliche Anteil überschritten wird und sich eine *Epidemie* entwickelt: Die gesamte Organisation ist dann für einen defi-

1. Eines der einfachsten Modelle stellt das SIS-Modell dar (s. Britton 2003, S. 87 ff.): Individuen einer Population sind entweder gesund und für eine Infektion empfänglich (engl.: *susceptible* – S) oder aber infiziert (engl.: *infected* – I). Da Individuen sowohl erkranken als auch genesen können, alternieren diese beiden Zustände.

nierten Zeitraum unüblich stark mit Unterbrechungen konfrontiert. Dies kann Auswirkungen auf das Verhalten einer Organisation gegenüber ihrer Umwelt haben: Werden die Verbindungen einer Organisation o zu einer anderen Organisation o‘ beeinträchtigt, dann kann dies wiederum mittelbare Auswirkungen auf das systeminterne Verhalten von o‘ haben. Denkbar ist z. B., dass auch in o‘ vermehrt Unterbrechungen auftreten, weil von o benötigte Lieferungen verspätet eintreffen. Damit kann die Häufung von Unterbrechungen in o‘ den endemischen Zustand verlassen und sich zur Epidemie entwickeln. Auf Ebene organisationsübergreifender Netzwerke kann es so zu einer *Pandemie* kommen.

Die Modellierung der Ausbreitung von Unterbrechungen als Epidemie stellt eine vielversprechende Möglichkeit zur Fortführung der in dieser Arbeit vorgenommenen Konzeptualisierung von Unterbrechungen als gruppenbezogenes Phänomen dar.

Ausbreitung von Unterbrechungen in Multiagentensystemen.

Vorhersagen zum Ausmaß von Unterbrechungen

In diesem Ansatz steht das auf den Umgang mit Unterbrechungen bezogene Verhalten menschlicher Akteure im Mittelpunkt der Modellbildung. Dabei ist z. B. von Interesse, welches Verhältnis zwischen selbst verursachten und zugelassenen Unterbrechungen ein Akteur aus individueller Perspektive als optimal ansieht und welches Ausmaß von Unterbrechungen auf organisatorischer Ebene das Günstigste ist.

Zur Modellbildung kann eine Organisation als *Multiagentensystem* angesehen werden. In einem solchen System wird das Verhalten der beteiligten Akteure durch zwei Faktoren bestimmt:

- Ein Akteur profitiert davon, wenn er andere Akteure unterbricht. Beispielsweise kann er durch eine Unterbrechung Ressourcenkonflikte auflösen, die anderenfalls das Fortsetzen seiner Tätigkeit einschränken würden (s. Kapitel 2.1.4 auf Seite 29).
- Es gilt das Prinzip der Gegenseitigkeit: Ein Agent muss bereit sein, sich selbst unterbrechen zu lassen, wenn er andere Akteure unterbrechen will. Ist diese Bereitschaft nicht vorhanden, werden die übrigen Akteure resistent gegenüber seinen Unterbrechungsversuchen und werden diese ablehnen.

Werden die o. g. Faktoren allgemein respektiert, dann steuert das auf Unterbrechungen bezogene Verhalten der Akteure auf ein Nash-Equilibrium (Nash 1950) zu. Dieses Equilibrium repräsentiert eine bestimmte Häufigkeit von Unterbrechungen, die beständig in einer Organisation präsent ist. Wichtig ist, dass die Unterbrechungshäufigkeit des Nash-Equilibriums von einem organisationsweiten Optimum differieren kann. Das Modell erlaubt es, Vorhersagen zum Ausmaß von Unterbrechungen in einer Organisation zu treffen, sofern individuelle Präferenzen zum Umgang mit Unterbrechungen bekannt sind.

9.3.3 Muster zur Gestaltung unterbrechungstoleranter Systeme

Identifikation von Mustern

Die vorliegende Arbeit hat eine Reihe von Gestaltungsempfehlungen und Vorgehensweisen zur Konzeption und Entwicklung unterbrechungstoleranter Systeme entwickelt. Nachfolgende Arbeiten können diese Empfehlungen und Entwürfe überprüfen und erweitern – auf diese Weise können mittelfristig Muster für die Gestaltung unterbrechungstoleranter informationstechnischer Systeme entwickelt werden (vgl. Schümmer & Lukosch 2007).

Literaturverzeichnis

Adamczyk, P. D. & Bailey, B. P. (2005): A Method, System and Tools for Intelligent Interruption Management. *TAMODIA 2005 - 4th International Workshop on TAsk MOdels and DIAgrams for user interface design.* New York: ACM Press. S. 123-126.

Adamczyk, P. D. & Bailey, B. P. (2004): If Not Now, When? The Effects of Interruption at Different Moments within Task Execution. *Proceedings of the SIGCHI conference on Human factors in computing systems, CHI.* New York: ACM Press. S. 271-278.

Altmann, E. M. & Trafton, J. G. (2004): Task interruption: Resumption lag and the role of cues. In: Gentner, K. F. D. & Regier, T. (Hrsg.): *Proceedings of the 26th annual conference of the Cognitive Science Society.* Mahaw: Lawrence Earlbaum Associates. S. 43-48.

Avrahami, D. & Hudson, S. E. (2004): QnA: Augmenting an Instant Messaging Client to Balance User Responsiveness and Performance. *Procededings CSCW 2004.* New York: ACM Press. S. 515-518.

Bailey, B. P.; Adamczyk, P. D.; Chang, T. Y. & Chilson, N. A. (2006): A framework for specifying and monitoring user tasks. In: *Computers in Human Behaviour* 22. S. 709-732.

Bailey, B. P. & Konstan, J. A. (2006): On the need for attention-aware systems: Measuring effects of interruption on task performance, error rate and affective state. In: *Computers in Human Behaviour* 22. S. 685-708.

Balzert, H. (2000): Lehrbuch der Software-Technik: Software-Entwicklung, 2. Auflage. Heidelberg, Berlin: Spektrum Akademischer Verlag.

Balzert, H. (1998): Lehrbuch der Softwaretechnik: Software-Management, Software-Qualitätssicherung und Unternehmensmodellierung. Heidelberg, Berlin: Spektrum Akademischer Verlag.

Bardram, J. E. & Bossen, C. (2005): A Web of Coordinative Artifacts: Collaborative Work at a Hospital Ward. *Proceedings of Group 2005.* New York: ACM Press. S. 168-177.

Beaudouin-Lafon, M. & Mackay, W. (2003): Prototyping Tools and Techniques. In: Jacko, J. A. & Sears, A. (Hrsg.): *The Human-Computer Interaction Handbook.* Mahaw, London: Lawrence Erlbaum Associates. S. 1006-1031.

Becerra-Fernandez, I. & Sabherwal, R. (2006): ICT and Knowledge Management Systems. In: Schwartz, D. G. (Hrsg.): *Encyclopedia of Knowledge Management.* hershey: Idea Group Reference. S. 230-236.

Beck, K. (2000): Extreme Programming Explained. Indianapolis: Addison-Wesley.

Begole, J.; Matsakis, N. E. & Tang, J. C. (2004): Lilsys: Sensing Unavailability. *Proceedings CSCW 2004.* New York: ACM Press. S. 511-514.

Benabou, C. (1999): Polychronicity and temporal dimensions of work in learning organizations. In: *Journal of Managerial Psychology* 14(3/4). S. 257-268.

Berglund, T. Ör. (2007): Multiplex conversations afforded by technology. *Proceedings of the 40th Hawaii International Conference on System Sciences.* Washington DC: IEEE Computer Society. S. 77.

Blomberg, J.; Burrell, M. & Guest, G. (2003): An Ethnographical Approach to Design. In: Jacko, J. .A. & Sears, A. (Hrsg.): *The Human-Computer Interaction Handbook.* Mahaw, London: Lawrence Earlbaum Associates. S. 964-986.

Bluedorn, A. A.; Kalliath, T. J.; Strube, M. J. & Martin, G. D. (1999): Polychronicity and the Inventory of Polychronic Values (IPV). In: *Journal of Managerial Psychology* 14. S. 205-230.

Bluedorn, A. C. (2002): The human organization of time: temporal realities and experience. Stanford: Stanford University Press.

Booch, G. & Brown, A. W. (2003): Collaborative Development Environments. In: *Advances in Computers* 59.

Borghoff, U. M. & Schlichter, J. H. (2000): Computer-Supported Cooperative Work. Berlin: Springer Verlag.

Britton, N. F. (2003): Essential Mathematical Biology. London u.a.: Springer.

Brooke, J. (1996): SUS: A quick and dirty usability scale. In: Jordan, P.; Thomas, B.; Weerdmeester, B. & McClelland, I. (Hrsg.): *Usability evaluation in industry.* London: Taylor & Francis. S. 189-194.

Brunner, A. (2008): Kreativer denken. München: Oldenbourg.

Burmistrov, I. & Leonova, A. (1997): Interruptions in the computer aided office work: Implications to user interface design. In: Seppälä, P.; Luopajärvi, T.; Nygård, C.-H. & Mattila, M. (Hrsg.): *From Experience to Innovation: Proceedings of the 13th Triennial Congress of the International Ergonomics Association.* Helsinki: Finnish Institute of Occupational Health. S. 77-79.

Cadiz, J.; Gupta, A. & Grudin, J. (2000): Using Web Annotations fro Asynchronous Collaboration Around Documents. *Proceedings of CSCW 2000.* Philadelphia, PA, USA: ACM Press. S. 309-318.

Carl, D.; Clausen, J.; Hassler, M. & Zund, A. (2008): Mashups programmieren - Grundlagen, Konzepte, Beispiele. Beijing u.a.: O'Reilly.

Carroll, J. M.; Neale, D. C.; Isenhour, P. L.; Rosson, M. B. & McCrickard, D. S. (2003): Notification and awareness: Synchronizing task-oriented collaborative activity. In: *International Journal of Human-Computer Studies* 48(5). S. 605-632.

Castells, M. (2001): Der Aufstieg der Netzwerkgesellschaft. Teil 1 der Trilogie Das Informationszeitalter. Opladen: Leske + Budrich.

Chen, L. & Nath, R. (2005): Nomadic Culture: Cultural Support for Working Anytime, Anywhere. In: *Information Systems Management* 22. S. 56-64.

Cheng, L.; Patterson, J.; Rohall, S.; Hupfer, S. & Ross, S. (2005): Weaving a Social Fabric into existing Software. *Proceedings of AOSD 2005.* New York: ACM Press. S. 147-158.

Cheng, L.; Rohall, S.; Patterson, J.; Ross, S. & Hupfer, S. (2004): Retrofitting Collaboration into UIs with Aspects. *CSCW'04.* New York: ACM Press. S. 25-28.

Clark, H. H. (1996): Using Language. Cambridge u.a.: Cambridge University Press.

Clark, H. H. & Brennan, S. E. (1991): Grounding in Communication (Kap. 7). In: Resnick, L.; Levine, J. & Teasley, S. (Hrsg.): *Perspectives on socially shared congnition.* Washington DC: American Psychological Association. S. 127-149.

Cockburn, A.; Gutwin, C. & Alexander, J. (2006): Faster Document Navigation with Space-Filling Thumbnails. *Proceedings of CHI 2006.* New York: ACM Press. S. 1-10.

Cockton, G.; Lavery, D. & Woolrych, A. (2003): Inspection-Based Evaluations (Kap. 57). In: Jacko, J. A. & Sears, A. (Hrsg.): *The Human-Computer Interaction Handbook.* Mahaw, London: Lawrence Earlbaum Associates. S. 1118-1138.

Coraggio, L. (1990): Deleterious effects of intermittent interruptions on the task performance of knowledge workers: a laboratory investigation. *Dissertation,* University of Arizona.

Cotte, J. & Ratneshwar, S. (1999): Juggling and hopping: what does it mean to work polychronically?. In: *Journal of Managerial Psychology* 14(3/4). S. 184-204.

Coulondre, S.; Genest, D. & Spery, L. (1999): Meta-data Resolution for Document Retrieval. *Proceedings of the third IEEE Meta-Data Conference.* Washington DC: IEEE Computer Society.

Czerwinski, M.; Horvitz, E. & Wilhite, S. (2004): A Diary Study of Task Switching and Interruptions. *Proceedings of CHI 2004.* New York: ACM Press. S. 175-182.

Dabbish, L. & Kraut, R. E. (2004): Controlling Interruptions: Awareness Displays and Social Motivation for Coordination. *Proceedings of CSCW 2004.* New York: ACM Press. S. 182-191.

Dalkir, K. (2005): Knowledge Management in Theory and Practice. Oxford u.a.: Butterworth Heinemann.

van Dantzich, M.; Robbins, D.; Horvitz, E. & Czerwinski, M. (2002): Scope: Providing awareness of multiple notifications at a glance. *Proceedings of AVI 2002: ACM Conference on Advanced Visual Interfaces.* New York: ACM Press. S. 267-281.

Davenport, T. H. (2005): Thinking for a living. Boston: Harvard Business School Press.

Dennis, A. R. & Valacich, J. S. (1999): Rethinking Media Richness: Towards a Theory of Media Synchronicity. *Proceedings of the 32nd Hawaii International Conference on System Sciences.* Washington DC: IEEE Computer Society. S. 1017.

DeSanctis, G. & Gallupe, B. (1987): A Foundation for the Study of Group Decision Support Systems. In: *Management Science* 33(5). S. 589-609.

DIN EN ISO 9241-110: Grundsätze der Dialoggestaltung. Berlin: Deutsches Institut für Normung.

DIN EN DIN EN ISO 9000: Qualitätsmanagementsysteme. Grundlagen und Begriffe. Normenausschuss Qualitдtsmanagement, Statistik und Zertifizierungsgrundlagen (NQSZ). Berlin: Deutsches Institut für Normung.

Dostal, W.; Jeckle, M.; Melzer, I. & Zengler, B. (2005): Service-orientierte Architekturen mit Web Services. München: Elsevier Spektrum Akademischer Verlag.

Dourish, P. & Bellotti, V. (1992): Awareness and Coordination in Shared Workspaces. *Proceedings of CSCW 1992.* New York: ACM Press. S. 107-114.

Dragicevic, P. & Huot, S. (2002): SpiraClock: A Continuous and Non-Intrusive Display for Upcoming Events. *Proceedings of CHI 2002.* New York: ACM Press. S. 604-605.

Dumas, J. S. (2003): User-based Evaluations (Kap. 56). In: Jacko, J. A. & Sears, A. (Hrsg.): *The Human-Computer Interaction Handbook.* Mahaw, London: Lawrence Earlbaum Associates. S. 1093-1117.

Eppler, M. J. & Mengis, J. (2002): The Concept of Information Overload: A Review of Literature from Organization Science, Marketing, Accounting, MIS, and related Disciplines. *Technical report.* University of St. Gallen for Business Administration, Economics, Law and Social Sciences (HSG) – mcm institute for Media and Communications Management.

Erickson, T. (1995): Notes on Design Practice: Stories and Prototypes as Catalysts for Communication (Kap. 2). In: Carroll, J. M. (Hrsg.): *Scenario-based design: envisioning work and technology in system development.* New York: John Wiley & Sons. S. 37-58.

Erickson, T. (2006): From PIM to GIM: Personal Information Management in Group Contexts. In: *Communications of the ACM* 49(1). S. 74-75.

Erickson, T. (2003): Designing Visualizations of Social Activity: Six Claims. *Porceedings of CHI 2003.* New York: ACM Press. S. 846-847.

Euteneuer, M.; Niederbacher, A. & Ritterskamp, C. (2007): Agile Methoden und zyklische Produktentwicklung an der Schnittstelle zwischen Dienstleister und Kunden. In: Streich, D. & Wahl, D. (Hrsg.): *Innovationsfähigkeit in einer modernen Arbeitswelt: Personalentwicklung – Organisationsentwicklung – Kompetenzentwicklung.* Frankfurt/ Main: Campus Verlag. S. 203-211.

Farrell, S.; Lau, T.; Nusser, S.; Wilcox, E. & Muller, M. (2007): Socially augmenting employee profiles with people-tagging. *UIST '07: Proceedings of the 20th annual ACM symposium on User interface software and technology.* New York, NY, USA: ACM. S. 91--100.

Fetter, M.; Gross, T. & Zeller, B. (2008): Disclosure Templates: Vorlagen für die selektive Freigabe persönlicher Informationen. In: Herczeg, M. & Kindsmüller, M. C. (Hrsg.): *Mensch & Computer 2008: Viel Mehr Interaktion.* München: Oldenbourg. S. 57-66.

Fielding, R. T. (2000): Architectural Styles and the Design of Network-based Software Architectures. *Dissertation,* University of California, Irvine.

Fogarty, J.; Hudson, S. E.; Atkeson, C. G.; Avrahami, D.; Forlizzi, J.; Kiesler, S.; Lee, J. C. & Yang, J. (2005): Predicting human interruptibility with sensors. In: *ACM Transactions on Computer-Human Interaction* 12(1). S. 119-146.

Fogarty, J.; Lai, J. & Christensen, J. (2004): Presence versus availability: The design and evaluation of a context-aware communication client. In: *International Journal of Human-Computer Studies* 61(3). S. 299-317.

Fogg, B. J. (2003a): Motivating, Influencing and Persuading Users (Kap. 17). In: Jacko, J. A. & Sears, A. (Hrsg.): *The Human-Computer Interaction Handbook.* Mahaw, London: Lawrence Earlbaum Associates. S. 358-370.

Fogg, B. J. (2003b): Persuasive Technology. San Fransisco: Morgan Kaufmann Publishers.

Franke, J. L.; Daniels, J. J. & McFarlane, D. C. (2002): Recovering context after interruption. In: Gray, W. & Schunn, C. (Hrsg.): *Proceedings of 24th Annual Meeting of the Cognitive Science Society.* Mahaw: Lawrence Erlbaum Associates. S. 309-314.

Furnas, G. W. (2006): A Fisheye Follow-up: Further Reflections on Focus + Context. *Proceedings of CHI 2006.* New York: ACM Press. S. 999-1008.

Fussell, S. R.; Kiesler, S.; Setlock, L. D. & Scupelli, P. (2004): Effects of Instant Messaging on the Management of Multiple Project Trajectories. *Proceedings of the SIGCHI conference on Human factors in computing systems, CHI.* New York: ACM Press. S. 191-198.

Garrett, R. K. & Danziger, J. N. (2008): IM = Interruption Management? Instant Messaging and Disruption in the Workplace. In: *Journal of Computer-Mediated Communication* 13. S. 23-42.

Gievska, S. & Sibert, J. (2005): Using Task Context Variables for Selecting the Best Timing for Interrupting Users. *Proceedings of Joint sOc-EUSAI conference.* New York: ACM Press. S. 171-176.

Gilb, T. (2005): Agile Specification Quality Control: Shifting Emphasis From Cleanup to Sampling, Measurement, Motivation and Prevention of Defects.. *Proceedings of INCOSE 2005 International Symposium: "Systems Engineering: Bridging Industry, Government, and Academia".* New York: INCOSE.

Golder, S. & Huberman, B. A. (2006): Usage patterns of collaborative tagging systems. In: *Journal of Information Science* 32(2). S. 198--208.

González, V. M. & Mark, G. (2005): Managing Currents of Work: Multi-tasking among Multiple Collaborations. In: Gellersen, H.; Schmidt, K.; Beaudouin-Lafon, M. & Mackay, W. (Hrsg.): *ECSCW 2005: Proceedings of the Ninth European Conference on Computer-Supported Cooperative Work.* Dordrecht: Springer. S. 143-162.

González, V. M. & Mark, G. (2004): "Constant, Constant, Multi-tasking Craziness": Managing Multiple Working Spheres. *Proceedings of CHI 2004.* New York: ACM Press. S. 113-120.

Goodwin, C. & Heritage, J. (1990): Conversation Analysis. In: *Annual reviews Anthropology* 19. S. 283-307.

Gross, T. & Koch, M. (2007): Computer-Supported Cooperative Work. München: Oldenbourg.

Grudin, J. (2006): Enterprise Knowledge Management and Emerging Technologies. *Proceedings of HICSS.* Washington DC: IEEE Computer Society. S. 57.1.

Grudin, J. (1994): Computer-supported cooperative work: history and focus. In: *IEEE Computer* 27(5). S. 19-26.

Gutwin, C. & Greenberg, S. (1996): Workspace Awareness for Groupware. *CHI Conference Companion.* New York: ACM Press. S. 208-209.

Hall, E. T. (1959): The Silent Language. New York u.a.: Anchor books (Editions from 1973, 1990).

Hallowell, E. M. (2005): Overloaded Circuits: Why smart people underperform. In: *Harvard Business Review* 83(1). S. 54-62.

Harr, R. & Kaptelinin, V. (2007): Unpacking the social dimension of external interruptions. *Proceedings of GROUP 2007.* New York: ACM Press. S. 399-408.

Heath, B. P.; McArthur, D. J.; McClelland, M. K. & Vetter, R. J. (2005): Metadata Lessons from the iLumina Digital Library. In: *Communications of the ACM* 48(7). S. 68-74.

Herrmann, T. (2009): Systems Design with the Socio-Technical Walkthrough. In: Whitworth, B. & Moor, A. D. (Hrsg.): *Handbook of Research on Socio-Technical Design and Social Networking Systems.* hershey: Idea Group Publishing. S. 336-351.

Herrmann, T. (2006): SeeMe in a nutshell – the semi-structured, sociotechnical Modeling Method. LS Informations- und Technikmanagement, Institut für Arbeitswissenschaft, Ruhr-Universität Bochum, *elektronisch verfügbar (24.9.2009): http://www.imtm-iaw.rub.de/imperia/md/content/seeme/seeme_in_a_nutshell.pdf*

Herrmann, T.; Hoffmann, M.; Loser, K.-U. & Moysich, K. (2000): Semistructured models are surprisingly useful for user-centered design. In: Dieng, R.; Giboin, A.; Karsenty, L. & Michelis, G. D. (Hrsg.): *Designing cooperative systems. Proceedings of COOP 2000.* Amsterdam: IOC Press. S. 159-174.

Herrmann, T. & Kienle, A. (2008): Context-oriented communication and the design of computer supported discursive learning. In: *Computer Supported Collaborative Learning* 3(3). S. 273-299.

Herrmann, T.; Kienle, A. & Reiband, N. (2003): Metawissen als Voraussetzung für den Wissensaustausch und die Kooperation beim Wissensmanagement. In: *Zeitschrift für Medienpsychologie* 15(1). S. 3-12.

Herrmann, T.; Loser, K.-U. & Jahnke, I. (2007): Socio-technical Walkthrough (STWT): a means for Knowledge Integration. In: *The Learning Organization. The international journal of knowledge and organizational learning management.* 14(5). S. 450-464.

Hertweck, D. & Krcmar, H. (2001): Theorien zum Gruppenverhalten. In: Schwabe, G.; Streitz, N. & Unland, R. (Hrsg.): *CSCW-Kompendium.* Berlin u.a.: Springer. S. 33-45.

Herrtwich, R. G. & Hommel, G. (1994): Nebenläufige Programmierung, 2. Auflage. Berlin u.a.: Springer.

Hodgetts, H. M. & Jones, D. M. (2006): Contextual Cues Aid Recovery From Interruption: The Role of Associative Activation. In: *Journal of Experimental Psychology: Learning, Memory and Cognition* 32(5). S. 1120-1132.

Hoffmann, M. (2004): Awareness und Adoption kooperativer Wissensmedien im Kontext informeller Zusammenarbeit. *Dissertation,* Universität Dortmund.

Hoffmann, M.; Goesmann, T. & Misch, A. (2001): Unsichtbar oder Vergessen – Wie man „verborgenen Wissensprozessen" auf die Schliche kommt. In: Schnurr, H.-P. (Hrsg.): *Professionelles Wissensmanagement - Erfahrungen und Visionen : Beiträge der 1. Konferenz Professionelles Wissensmanagement.* Kaiserslautern: DFKI. S. 59-63.

Holling, H.; Freund, P. A.; Kuhn, J. T. & Salascheck, M. (2006): Benutzbarkeit von Software: Wie usable sind Evaluations-Verfahren? *Technical report.* Kompetenzzentrum Internetökonomie und Hybridität, Westfälische Wilhelms-Universität Münster.

Hollingshead, A. B.; Fulk, J. & Monge, P. (2002): Fostering Intranet Knowledge Sharing: An Integration of Transactive Memory and Public Goods Approaches (Kap. 14). In: Hinds, P. J. & Kiesler, S. (Hrsg.): *Distributed Work.* Cambridge, MA: MIT Press. S. 335-356.

Holtzblatt, K. (2003): Contextual Design (Kap. 49). In: Jacko, J. .A. & Sears, A. (Hrsg.): *The Human-Computer Interaction Handbook.* Mahaw, London: Lawrence Erlbaum Associates. S. 941-963.

Holtzblatt, K.; Burns Wendell, J. & Wood, S. (2005): Rapid Contextual Design. A How-To Guide to Key Techniques for User-Centered Design.. San Fransisco: Morgan Kaufmann Publishers.

Horvitz, E. & Apacible, J. (2003): Learning and Reasoning about Interruption. *Proceedings of ICMI 2003.* New York: ACM Press. S. 20-27.

Horvitz, E.; Apacible, J. & Subramani, M. (2005): Balancing Awareness and Interruption: Investigation of Notification Deferral Policies. In: Ardissono, L.; Brna, P. & Mitrovic, A. (Hrsg.): *User Modeling 2005, 10th International Conference, UM 2005, Edinburgh, Scotland, UK, July 24-29, 2005, Proceedings.* Heidelberg u.a.: Springer. S. 433-437.

Horvitz, E.; Koch, P. & Apacible, J. (2004): BusyBody: Creating and Fielding Personalized Models of the Cost of Interruption. *Proceedings CSCW 2004.* New York: ACM Press. S. 507-510.

Horvitz, E.; Koch, P.; Kadie, C. M. & Jacobs, A. (2002): Coordinate: Probabilistic forecasting of presence and availability. In: Breese, J. & Koller, D. (Hrsg.): *Proceedings of the 18th Conference in Uncertainty in Artificial Intelligence (UAI'02).* San Francisco: Morgan Kaufmann Publishers. S. 224-233.

Hudson, J. M.; Christensen, J.; Kellog, W. A. & Erickson, T. (2002): I'd Be Overwhelmed, But It's Just One More Thing to Do:" Availability and Interruption in Research Management. *Proceedings of CHI 2002.* New York: ACM Press. S. 97-104.

IEEE 830-1998: IEEE Recommended Practice for Software Requirements Specifications. Software Engineering Standards Committee of the IEEE Computer Society. Washington DC:IEEE-SA Standards Board.

Jeckle, M.; Rupp, C.; Hahn, J.; Zengler, B. & Queins, S. (2004): UML 2 glasklar. München, Wien: Hanser.

Jett, Q. R. & George, J. M. (2003): Work interrupted: A closer look at the role of interruptions in organizational life. In: *Academy of Management Review* 28(3). S. 494-507.

Johansen, R. (1988): GROUPWARE: Computer Support for Business Teams. New York: The Free Press.

Kidd, A. (1994): The marks are on the knowledge worker. *CHI '94: Proceedings of the SIGCHI conference on Human factors in computing systems.* New York, NY, USA: ACM. S. 186--191.

Kienle, A. (2003): Integration von Wissensmanagement und kollaborativem Lernen durch technisch unterstützte Kommunikationsprozesse. Köln: EUL Verlag.

Kienle, A. & Herrmann, T. (2004): Collaborative learning at the workplace by technical support of communication and negotiation. In: et al., A. (Hrsg.): *Multikonferenz Wirtschaftsinformatik (MKWI) 2004.* Heidelberg: Akademische Verlagsgesellschaf. S. 43-57.

Kienle, A. & Ritterskamp, C. (2004): Rollenbasierte Kooperationsunterstützung in CSCL-Umgebungen. In: Engels, G. & Seehusen, S. (Hrsg.): *DeLFI 2004: Die 2.e-Learning Fachtagung Informatik.* Bonn: GI. S. 223-234.

Kienle, A. & Ritterskamp, C. (2007): Facilitating asynchronous discussions in learning communities: the impact of moderation strategies. In: *Behaviour & Information Technology* 26(1). S. 73-80.

Kipp, M. (2007): @toread and Cool: Tagging for Time, Task and Emotion. *Proceedings 8th Information Architecture Summit.* Silver Spring: American Society for Information Science and Technology.

Kraut, R. E.; Fussell, S. R.; Brennan, S. E. & Siegel, J. (2002): Understanding effects of proximity on collaboration:Implications for technologies to support remote collaborative work (Kap. 6). In: Hinds, P. J. & Kiesler, S. (Hrsg.): *Distributed Work.* Cambridge, MA: MIT Press. S. 137-164.

Krcmar, H.; Böhmann, T. & Klein, A. (2001): Sitzungsunterstützungssysteme. In: Schwabe, G.; Streitz, N. & Unland, R. (Hrsg.): *CSCW-Kompendium.* Berlin u.a.: Springer. S. 238-249.

Kunau, G.; Loser, K.-U. & Herrmann, T. (2005): Im Spannungsfeld zwischen formalen und informellen Aspekten: Modellierung von Dienstleistungsprozessen mit SeeMe. In: Herrmann, T.; Kleinbeck, U. & Krcmar, H. (Hrsg.): *Konzepte für das Service Engineering - Band 1.* Heidelberg: Physica Verlag. S. 149-166 .

Kuutti, K. (1995): Work Processes. Scenarios as a Preliminary Vocabulary (Kap. 1). In: Carroll, J. M. (Hrsg.): *Scenario-based design: envisioning work and technology in system development.* New York: John Wiley & Sons. S. 19-36.

Lee, H. (1999): Time and information technology: monochronicity, polychronicity and temporal symmetry. In: *European Journal of Information Systems* 8. S. 16-26.

Lee, H. & Perry, M. (2001): Contextualising Virtuality: Polychronicity and Multipresence. *Proceedings of the International Conference on Spacing and Timing: Rethinking Globalization & Standardization.*

MacIntyre, B.; Mynatt, E. D.; Voida, S.; Hansen, K. M.; Tullio, J. & Corso, G. M. (2001): Support for Multitasking and Background Awareness Using Interactive Peripheral Displays. *Proceedings of UIST 2001.* New York: ACM Press. S. 41-50.

MacKenzie, A. & Monk, S. (2004): From Cards to Code: How Extreme Programming Re-Embodies Programming as a Collective Practice. In: *Computer Supported Cooperative Work* 13. S. 91-117.

Madjar, N. & Oldham, G. R. (2006): Task Rotation and Polychronicity: Effects on Individuals' Creativity. In: *Human Performance* 19(2). S. 117-131.

Maiden, N.; Manning, S.; Robertson, S. & Greenwood, J. (2004): Integrating Creativity Workshops into Structured Requirements Processes. *Proceedings of DIS 2004.* New York: ACM Press. S. 113-122.

Maier, R. & Hädrich, T. (2001): Modell für die Erfolgsmessung von Wissensmanagementsystemen. In: *Wirtschaftsinformatik* 43(5). S. 497-509.

Malone, T. W. & Crowston, K. (1990): What is Coordination Theory and How Can It Help Design Cooperative Work Systems?. *Proceedings of CSCW 90..* New York: ACM Press. S. 357-370.

Mark, G. (2002): Extreme Collaboration. In: *Communications of the ACM* 45. S. 89-93.

Mark, G.; Gonzalez, V. M. & Harris, J. (2005): No Task Left Behind? Examining the Nature of Fragmented Work. *Proceedings of the SIGCHI conference on Human factors in computing systems, CHI.* New York: ACM Press. S. 321 - 330.

Mark, G.; Gudith, D. & Klocke, U. (2008): The Cost of Interrupted Work: More Speed and Stress. *Proceedings CHI 2008.* New York: ACM Press. S. 107-110.

McCarthy, J. C. & Monk, A. F. (1994): Channels, conversation, cooperation and relevance: all you wanted to know about communication but were afraid to ask. In: *Collaborative Computing* 1(1). S. 35-60.

McFarlane, D. C. (2002): Comparison of four primary methods for coordinating the interruption of people in human-computer interaction. In: *Human-Computer Interaction* 17(1). S. 63-139.

McFarlane, D. C. (1998): Interruption of People in Human-Computer Interaction. *Dissertation,* George Washington University.

McFarlane, D. C. (1997): Interruption of People in Human-Computer Interaction: A General Unifying Definition of Human Interruption and Taxonomy. *Technical report.* Navy Center for Applied Research in Artificial Intelligence, Information Technology Division.

McFarlane, D. C. & Latorella, K. A. (2002): The scope and importance of human interruption in human-computer interaction design. In: *Human-Computer Interaction* 17(1). S. 1-61.

Mead, G. H. (1968): Geist, Identität und Gesellschaft. Frankfurt am Main: Suhrkamp.

Merten, K. (1999): Einführung in die Kommunikationswissenschaft. Münster: LIT Verlag.

Miyata, Y. & Norman, D. A. (1986): Psychological Issues in Support of Multiple Activities (Kap. 13). In: Norman, D. & Draper, S. (Hrsg.): *User Centered System Design: New Perspectives on Human–Computer Interaction.* Hillsdale: Lawrence Erlbaum Associates. S. 265-284.

Muller, M. J.; Geyer, W.; Brownholtz, B.; Dugan, C.; Millen, D. R. & Wilcox, E. (2007): Tag-based Metonymic Search in an activity-centric aggregation Service. In: Bannon, L.; Wagner, I.; Gutwin, C.; Harper, R. & Schmidt, K. (Hrsg.): *ECSCW'07: Proceedings of the Tenth European Conference on Computer Supported Cooperative Work.* London: Springer. S. 179-198.

Nardi, B.; Whittaker, S. & Bradner, E. (2000): Interaction and Outeraction: instant messaging in action. *Proceedings of CSCW 2000.* New York: ACM Press. S. 79-88.

Nash, J. (1950): Non-cooperative games. *Dissertation,* Princeton University.

O'Conaill, B. & Frohlich, D. (1995): Timespace in the workplace: dealing with interruptions. *Proceedings of CHI 1995.* New York: ACM Press. S. 262-263.

Olson, J. S.; Teasley, S.; Covi, L. & Olson, G. (2002): The (Currently) Unique Advantages of Collocated Work. In: Hinds, P. J. & Kiesler, S. (Hrsg.): *Distributed Work.* Cambridge, MA: MIT Press. S. 113-136.

Oulasvirta, A. & Saariluoma, P. (2006): Surviving task interruptions: Investigating the implications of long-term working memory theory. In: *International Journal of Human-Computer Studies* 64. S. 941-961.

Ovsiankina, M. (1928): Die Wiederaufnahme unterbrochener Handlungen (Kap. VI). In: Lewin, K. (Hrsg.): *Untersuchungen zur Handlungs- und Affektpsychologie.* Berlin: Psychologisches Institut der Universität Berlin. S. 302-379.

Patterson, E. S.; Roth, E. M.; Woods, D. D.; Chow, R. & Gomes, J. O. (2004): Handoff strategies in settings with high consequences for failure: lessons for health care operations. In: *International Journal for Quality in Health Care* 16(2). S. 125.132.

Perlow, L. (1999): The Time Famine: Toward a Sociology of Work Time. In: *Administrative Science Quarterly* 44(1). S. 57-81.

Persing, D. L. (1999): Managing in polychronic times: Exploring individual creativity and performance in intellectually intensive venues. In: *Journal of Managerial Psychology* 14(5). S. 358-373.

Prilla, M. (2008): Semantic Integration of Process Models into Knowledge Management: A Social Tagging Approach.. *Proceedings of BIS 2008.* Berlin, Heidelberg: Springer. S. 130-141.

Prilla, M. & Ritterskamp, C. (2006): Collaboration support by co-ownership of documents. In: Hassanaly, P.; Herrmann, T.; Kunau, G. & Zacklad, M. (Hrsg.): *Proceedings of COOP'06. Cooperative System Design. Seamless Integration of Artifacts and Conversations - Enhanced Concepts of Infrastructure for Communication.* Amsterdam: IOS Press. S. 255-269.

Prilla, M. & Ritterskamp, C. (2008): Combining Web 2.0 and Collaboration Support Systems. In: Herczeg, M. & Kindsmüller, M. C. (Hrsg.): *Proceedings of Mensch und Computer 2008.* München: Oldenbourg. S. 67-76.

Prilla, M. & Ritterskamp, C. (2007): Kolumbus 2 Co-Writer: The Next Step in Collaborative Writing. *Demo at ECSCW 2007.* Limerick, Ireland.

Prinz, W. (2001): Awareness. In: Schwabe, G.; Streitz, N. & Unland, R. (Hrsg.): *CSCW-Kompendium.* Berlin u.a.: Springer. S. 335-350.

Rattenbury, T. & Canny, J. (2007): CAAD: an automatic task support system. *CHI '07: Proceedings of the SIGCHI conference on Human factors in computing systems.* New York, NY, USA: ACM. S. 687--696.

Redmiles, D.; van der Hoek, A.; Al-Ani, B.; Hildenbrand, T.; Quirk, S.; Sarma, A.; Filho, R. S. S.; de Souza, C. & Trainer, E. (2007): Continuous Coordination - A New Paradigm to Support Globally Distributed Software Development Projects. In: *Wirtschaftsinformatik* 49(Sonderheft). S. 28-38.

Rennecker, J. & Godwin, L. (2005): Delays and interruptions: A self-perpetuating paradox of communication technology use. In: *Information and Organization* 15. S. 247-266.

Richardson, L. & Ruby, S. (2007): Web Services mit REST. Beijing u.a.: O'Reilly.

Rittel, H. W. J. & Webber, M. M. (1973): Dilemmas in a General Theory of Planning. In: *Policy Sciences* 4. S. 155-169.

Rivadeneira, A. W.; Gruen, D. M.; Muller, M. J. & Millen, D. R. (2007): Getting Our Head in the Clouds: Toward Evaluation Studies of Tagclouds. *Proceedings of CHI 2007.* New York: ACM Press. S. 995-998.

Roda, C.; Stojanov, G. & Clauzel, D. (2006): Mind-Prosthesis Metaphor for Design of Human-Computer Interfaces That Support Better Attention Management. In: Trajkovski, G. P. & Collins, S. G. (Hrsg.): *Interaction and Emergent Phenomena in Societies of Agents: Papers from the 2006 AAAI Fall Symposium.* Menlo Park: AAAI Press. S. 52-59.

Roda, C. & Thomas, J. (2006): Attention aware systems: Theories, applications and research agenda. In: *Computers in Human Behavior* 22. S. 557-587.

Rodenstein, R.; Abowd, G. & Catrambone, R. (1999): OwnTime: A system for timespace management. *Proceedings of CHI 99.* New York: ACM Press. S. 200-201.

Romero, N.; Szóstek, A. M.; Kaptein, M. & Markopoulos, P. (2007): Behaviours and Preferences when Coordination Mediated Interruptions: Social and System influence. In: Bannon, L.; Wagner, I.; Gutwin, C.; Harper, R. & Schmidt, K. (Hrsg.): *ECSCW'07: Proceedings of the Tenth European Conference on Computer Supported Cooperative Work.* London: Springer. S. 351-370.

Rosson, M. B. & Carroll, J. M. (2003): Scenario-Based Design (Kap. 53). In: Jacko, J. A. & Sears, A. (Hrsg.): *The Human-Computer Interaction Handbook.* Mahaw, London: Lawrence Earlbaum Associates. S. 1032-1050.

Rouncefield, M.; Hughes, J. A.; Rodden, T. & Viller, S. (1994): Working with "Constant Interruption": CSCW and the Small Office. *Proceedings of CSCW.* New York: ACM Press. S. 275-286.

Rupp, C. et. al. (2007): Requirements Engineering und -Management, 4. Auflage. München, Wien: Hanser.

Schmidt, K. & Rodden, T. (1996): Putting it all together: Requirements for a CSCW platform. In: Shapiro, D.; Tauber, M. & Traunmüller, R. (Hrsg.): *The Design of Computer-Supported Cooperative Work and Groupware Systems.* Amsterdam: North Holland Elsevier. S. 157-176.

Schwabe, G. (2004): Medienwahl (Kap. 3.4.5). In: Haake, J.; Schwabe, G. & Wessner, M. (Hrsg.): *CSCL-Kompendium.* München: Oldenbourg. S. 258-267.

Schwabe, G. (2001a): Koordinationswerkzeuge. In: Schwabe, G.; Streitz, N. & Unland, R. (Hrsg.): *CSCW-Kompendium.* Berlin u.a.: Springer. S. 174-179.

Schwabe, G. (2001b): Gemeinsames Material und Gruppengedächtnis. In: Schwabe, G.; Streitz, N. & Unland, R. (Hrsg.): *CSCW-Kompendium.* Berlin u.a.: Springer. S. 447-464.

Schümmer, T. & Lukosch (2007): Patterns for Computer-Mediated Interaction. Chichester: Wiley.

Scupelli, P.; Fussell, S. R.; Kiesler, S.; Quinones, P. & Kusbit, G. (2007): Juggling Work Among Multiple Projects and Partner. *Proceedings of the 40th Hawaii International Conference on System Sciences.* Washington DC: IEEE Computer Society. S. 77.

Smith, G.; Baudisch, P.; Robertson, G.; Czerwinski, M.; Meyers, B. & Andrews, D. (2003): GroupBar: The TaskBar Evolved. *Proceedings of OZCHI 2003.* Brisbane: University of Queensland. S. 34-43.

van Solingen, R.; Berghout, E. & van Latum, F. (1998): Interrupts: Just a Minute Never Is. In: *IEEE Software* -. S. 97 - 103.

Sommerville, I. (2007): Software Engineering, 6. Auflage. München: Pearson Studium.

Spira, J. & Feintuch, J. (2005): The cost of not paying attention: How interruptions impact knowledge worker productivity. *Technical report.* New York: Basex.

Streitz, N. A.; Tandler, P.; Müller-Tomfelde, C. & Konomi, S. (2001): Roomware: Towards the Next Generation of Human-Computer Interaction based on an Integrated Design of Real and Virtual Worlds. In: Carroll, J. (Hrsg.): *Human-Computer Interaction in the New Millenium.* Amsterdam u.a.: Addison-Wesley. S. 533-578.

Su, N. M. & Mark, G. (2008): Communication Chains and Multitasking. *Proceedings of CHI 2008*. New York: ACM Press. S. 83-92.

Suh, B.; Woodruff, A.; Rosenholtz, R. & Glass, A. (2002): Popout Prism: Adding Perceptual Principles to Overview+Detail Document Interfaces. *Proceedings of CHI 2002*. New York: ACM Press. S. 251-258.

Teasley, S.; Covi, L.; Krishnan, M. & Olson, J. (2000): How does radical collocation help a team succeed?. *Proceedings of CSCW 2000*. New York: ACM Press. S. 339-346.

Viégas, F. & Wattenberg, M. (2008): Tag Clouds and the Case for Vernacular Visualization. In: *interactions* XV.2. S. 49-52.

Vogel, J.; Geyer, W.; Cheng, L. & Muller, M. (2004): Consistency Control for Synchronous and Asynchronous Collaboration Based on Shared Objects and Activities. In: *Computer Supported Cooperative Work* 13. S. 573-602.

Walji, M.; Brixey, J.; Johnson-Throop, K. & Zhang, J. (2004): A theoretical framework to understand and engineer persuasive interruptions. *Proceedings of 26th Annual Meeting of the Cognitive Science Society*. Mahaw: Lawrence Earlbaum Associates. S. 1417-1422.

Walther, J. B. (2002): Time Effects in Computer-Mediated Groups: Past, Present and Future (Kap. 10). In: Hinds, P. J. & Kiesler, S. (Hrsg.): *Distributed Work*. Cambridge, MA: MIT Press. S. 235-258.

Ware, J. (2002): Understanding Distributed Work. *Technical report*. The Work Design Collaborative / Future of Work project.

Weisband, S. (2002): Maintaining Awareness in Distributed Team Collaboration: Implications for Leadership and Performance (Kap. 13). In: Hinds, P. J. & Kiesler, S. (Hrsg.): *Distributed Work*. Cambridge, MA: MIT Press. S. 311-334.

Wiberg, M. & Whittaker, S. (2005): Managing Availability: Supporting Lightweight Negotiations to Handle Interruptions. In: *ACM Transactions on Computer-Human Interaction* 12(4). S. 356-387.

Wideroos, K. & Pekkola, S. (2006): Presenting the Past: A Framework for Facilitating the Externalization and Articulation of User Activities in Desktop Environment. *Proceedings of the 39th Hawaii international Conference on System Sciences*. Washington DC: IEEE Computer Society. S. 148.1.

Willke, H. (1998): Systemisches Wissensmanagement. Stuttgart: Lucius und Lucius.

Wu, H.; Zubair, M. & Maly, K. (2006): Harvesting social knowledge from folksonomies. *HYPERTEXT '06: Proceedings of the seventeenth conference on Hypertext and hypermedia.* New York, NY, USA: ACM Press. S. 111--114.

Zeigarnik, B. (1927): Das Behalten erledigter und unerledigter Handlungen (Kap. III). In: Lewin, K. (Hrsg.): *Untersuchungen zur Handlungs- und Affektpsychologie.* Berlin: Psychologisches Institut der Universität Berlin. S. 1-85.

Zheng, Q.; Booth, K. & McGrenere, J. (2006): Co-Authoring with Structured Annotations. *Proceedings of CHI 2006.* New York: ACM Press. S. 131-140.

ANHANG I *Inventory of Polychronic Values*

Aufgabe

Das *Inventory of Polychronic Values* (IPV, Bluedorn et al. 1999) gibt Aufschluss darüber, inwiefern es Angehörige einer (Organisations-)Kultur bevorzugen, simultan mit zwei oder mehreren Aufgaben oder Projekten befasst zu sein und inwieweit sie ihre Präferenz für eine ideale Art der Arbeitsorganisation halten. Im Kontext der in Kapitel 6 auf Seite 141 beschriebenen Anforderungsbestimmung dient das IPV dazu einzuschätzen, inwiefern die an der Anforderungskonstruktion beteiligten Akteure mit polychroner Multiprojektarbeit befasst sind: wie in Kapitel 6 bereits dargestellt wurde, können anhand des gemessenen Ausmaßes „gelebter Polychronität" Rückschlüsse über den Praxisbezug und die Güte der gesammelten Anforderungen gezogen werden.

Konstruktion

In Tabelle 29 auf Seite 262 findet sich die englischsprachige Originalfassung des IPV, die für die Belange eines entsprechenden Tests im Rahmen eines Workshops zur Anforderungsbestimmung (s. Kapitel 6.2.2 auf Seite 143) ins Deutsche übertragen wurde – Tabelle 30 auf Seite 262 gibt diese Variante des IPV wieder. Items, die mit umgekehrter Gewichtung in die Auswertung einfließen, sind in beiden Tabellen durch ein (R) kenntlich gemacht.[1]

1. Die Kennzeichnung richtet sich nach dem engl. Original; der Buchstabe R verweist dort auf *reverse scoring.*

Die Übersetzung wurde einem Pretest unterzogen, in dessen Fokus die Verständlichkeit der Formulierung der einzelnen Items lag. Auf eine im Rahmen der Fragebogenkonstruktion ansonsten übliche Diskussion der Angemessenheit und Sinnhaftigkeit der Items konnte – da es sich nicht um eine Neukonstruktion sondern um die bloße Übersetzung eines etablierten Messinstruments handelt – hingegen weitestgehend verzichtet werden.

TABELLE 29. Inventory of Polychronic Values (Bluedorn et al. 1999, S. 210)

Item	Statement
1	We like to juggle several activities at the same time
2	We would rather complete an entire project every day than complete parts of several projects (R)
3	We believe people should try to do many things at once
4	When we work by ourselves, we usually work on one project at a time (R)
5	We prefer to do one thing at a time (R)
6	We believe people do their best work when they have many tasks to complete
7	We believe it is best to complete one task before beginning another (R)
8	We believe it is best for people to be given several tasks and assignments to perform
9	We seldom like to work on more than a single task or assignment at the same time (R)
10	We would rather complete parts of several projects every day than complete an entire project

TABELLE 30. Inventory of Polychronic Values - deutsche Übersetzung

Item	Aussage
1	Wir gehen gern verschiedenen Tätigkeiten zur gleichen Zeit nach
2	Wir würden lieber jeden Tag ein ganzes Projekt zum Abschluss bringen als Teile verschiedener Projekte abzuarbeiten (R)
3	Wir meinen, dass man sich bemühen sollte, viele Dinge gleichzeitig auszuführen
4	Wenn wir allein arbeiten, dann bearbeiten wir normalerweise ein Projekt nach dem anderen (R)
5	Wir bevorzugen es, eins nach dem anderen zu erledigen (R)
6	Wir meinen, dass Menschen ihre Arbeit am Besten verrichten, wenn sie viele Aufgaben zu vollenden haben
7	Wir meinen, dass es am Besten ist, eine Aufgabe abzuschließen, bevor man eine andere beginnt (R)
8	Wir meinen, dass es für Menschen am Besten ist, wenn ihnen mehrere Aufgaben und Aufträge zur Ausführung zugewiesen werden
9	Wir arbeiten nur selten gern an mehr als einer Aufgabe oder einem Auftrag zugleich (R)
10	Wir würden lieber jeden Tag Teile verschiedener Projekte abarbeiten als ein ganzes Projekt zum Abschluss zu bringen

Die Bewertung der einzelnen Items erfolgt in beiden Fassungen des IPV anhand einer siebenstufigen Likert-Skala, deren englische Originalfassung und deutsche Übersetzung in Tabelle 31 dargestellt sind.

TABELLE 31. Zur Bewertung der IPV-Items eingesetzte Likert-Skalen

englisch	deutsch	Wert
strongly agree	Trifft voll und ganz zu	7
moderately agree	Trifft überwiegend zu	6
slightly agree	Trift eher zu	5
neither agree or disagree	Teils / Teils	4
slightly disagree	Trifft eher nicht zu	3
moderately disagree	Trifft überwiegend nicht zu	2
strongly disagree	Trifft überhaupt nicht zu	1

Mittels Medianbildung wird eine die Polychronität der Organisation zum Ausdruck bringende Punktzahl ermittelt: stark polychrone Szenarien sind durch hohe Punktzahlen gekennzeichnet, schwach polychrone durch Niedrige. Bluedorn et al. (1999, S. 215) berichten von IPV-Punktzahlen von 5,78 für ein stark polychrones und 2,10 für ein schwach polychrones Szenario.

Interpretation

Tabelle 32 auf Seite 264 zeigt die Ergebnisse des im Rahmen der Anforderungsbestimmung durchgeführten IPV-Tests (n=6). Für jedes Item sind Median und Standardabweichung verzeichnet, dabei sind umgekehrte Gewichtungen bereits berücksichtigt: ein hoher Wert bezieht sich somit bei *allen* Items auf eine ausgeprägte Polychronität. Insgesamt kann die betrachtete Organisationseinheit mit einer durch erneute Medianbildung ermittelten IPV-Punktzahl von 5 als deutlich polychron bezeichnet

Zu diesem Gesamtwert stehen die Bewertungen der Items 3, 5 und 6 in einer interessanten Beziehung. In Item 3 kommt für die Hälfte der Gruppe die Einschätzung zum Ausdruck, dass man sich überwiegend nicht bemühen sollte, viele Dinge gleichzeitig zu erledigen. Dies kann ggf. als Hinweis auf eine monochrone Idealvorstellung der Arbeitsorganisation gedeutet werden – dazu passt auch die Interpretation der Bewertung des Items 5. Item 6 zeigt möglicherweise wie Item 3 eine Tendenz zu monochronen Modellen: hier über die überwiegend neutrale bis ablehnende Haltung gegenüber der Einschätzung, dass Menschen ihre Arbeit am besten verrichten, wenn sie viele Aufgaben zu vollenden haben.

TABELLE 32. Ergebnisse des IPV Tests in der Anforderungsbestimmung

Item	Aussage	Median	Standardabw.
1	Wir gehen gern verschiedenen Tätigkeiten zur gleichen Zeit nach	6	0,763
2	Wir würden lieber jeden Tag ein ganzes Projekt zum Abschluss bringen als Teile verschiedener Projekte abzuarbeiten (R)	3,5	1,155
3	Wir meinen, dass man sich bemühen sollte, viele Dinge gleichzeitig auszuführen	3	1,607
4	Wenn wir allein arbeiten, dann bearbeiten wir normalerweise ein Projekt nach dem anderen (R)	5,5	1,247
5	Wir bevorzugen es, eins nach dem anderen zu erledigen (R)	2,5	1,527
6	Wir meinen, dass Menschen ihre Arbeit am besten verrichten, wenn sie viele Aufgaben zu vollenden haben	3	0,943
7	Wir meinen, dass es am Besten ist, eine Aufgabe abzuschließen, bevor man eine andere beginnt (R)	5	1,258
8	Wir meinen, dass es für Menschen am Besten ist, wenn ihnen mehrere Aufgaben und Aufträge zur Ausführung zugewiesen werden	3,5	1,462
9	Wir arbeiten nur selten gern an mehr als einer Aufgabe oder einem Auftrag zugleich (R)	5	0,471
10	Wir würden lieber jeden Tag Teile verschiedener Projekte abarbeiten als ein ganzes Projekt zum Abschluss zu bringen	4,5	1,384

Diese Beziehung kann als Spannungsverhältnis zwischen den in eher monochrone Richtung tendierenden individuellen Wünschen und Idealvorstellungen (angesprochen durch Formulierungen wie "bemühen sollte", "bevorzugen", "meinen") sowie der für die Gruppe wahrgenommene polychrone Realität der Arbeitsbedingungen (Items 1, 4 und 9; angesprochen durch die Formulierungen "gehen gern nach", "arbeiten nur selten gern") interpretiert werden. Eine mögliche Erklärung ist, dass die Teilnehmer nach Möglichkeiten einer stärker monochronen Strukturierung ihrer Arbeit vor dem Hintergrund der als polychron erlebten Multiprojektarbeit suchen und dass sie nur aufgrund äußerer Zwänge polychron agieren: Multiprojektarbeit erzwingt Polychronität, das Erleben der Diskrepanz zwischen äußeren Anforderungen und persönlichen Vorlieben wäre unter diesen Bedingungen im Sinne eines Stressors zu verstehen.

ANHANG II Szenarien zur Anforderungsbestimmung

Aufgabe

Im der Anforderungsbestimmung wurden Szenarien eingesetzt, um die Teilnehmer eines Workshops auf spezifische Aktivitäten und Randbedingungen der Unterbrechung kooperativer Multiprojektarbeit zu orientieren. Szenarien können in einem solchen Workshop zwei Funktionen übernehmen: im Sinne eines *Prüflings* eingesetzt erlauben sie es, die Gültigkeit von Annahmen über die Beschaffenheit des Problembereichs zu beurteilen. Als *Impuls* schaffen sie die Grundlage für die kreative und zugleich fokussierte Konstruktion von Anforderungen zum Problembereich, die über Bekanntes hinausgehen.

Konstruktion

Bei der Konstruktion der Szenarien wurde darauf geachtet, dass die geschilderten Kooperationssituationen und die jeweils eingesetzte technische Infrastruktur den Teilnehmern des Workshops vertraut waren. Die Szenarien und die zugehörigen Brainstorming-Fragen sollten in ihrer Gesamtheit darüber hinaus eine möglichst große Bandbreite an Phasen und Perspektiven sowie örtlichen und zeitlichen Aspekten des Unterbrechungsgeschehens abdecken – in Tabelle 33 auf Seite 266 ist die Überdeckung dieser Faktoren durch die einzelnen Szenarien dargestellt. Dabei ist anzumerken, dass Anforderungen an die Unterstützung der Phase während einer unterbrechungsbedingten Abwesenheit eines Interruptee (Mid-Interruption-Phase) oftmals mit Beschreibungen möglicher Unterstützungsmöglichkeiten der Wiederaufnahme und Fortsetzung der Zusammenarbeit (Post-Interruption-Phase) einhergehen. Eine explizite Abfrage dieser Phase durch eigene Szenarien war deshalb nicht erforderlich.

TABELLE 33. Abdeckung situativer Parameter durch die Szenarien

Szenario	Phasen			Perspektive[a]			Synchronität		Ort	
	pre	mid	post	IE	IR	PR	syn.	asyn.	gleich	versch.
1		(x)	x	x			x		x	
2	x	(x)	x	x		x	x	x	x	
3	x		x	x		x	x			x
4	x	(x)	x	x		x		x		x
5	x				x			x		x

a. IE = Interruptee; IR= Interruptor; PR = Proceeder

Szenario 1

Bernd, Elias und Rolf treffen sich im IMTM-Moderationslabor, um gemeinsam Ideen für einen Projektantrag zu sammeln. Um ihre Zusammenarbeit zu unterstützen, können sie auf die interaktive Rückprojektionswand des Moderationslabors zurückgreifen.

Bernd, Elias und Rolf haben darüber hinaus Laptops zur Verfügung, die Ihnen den Zugriff auf ihre persönliche Dokumentablage, CSCW-Systeme, gemeinsame OneNote-Notizbücher und die Outlook-/Exchange-Infrastruktur ihrer Arbeitsgruppe ermöglichen.

Während der gemeinsamen Arbeit wird Elias plötzlich durch einen Anruf unterbrochen. Er verlässt die Sitzung für 15 Minuten. Bernd und Rolf sammeln und diskutieren währenddessen weitere Ideen. Nach seiner Rückkehr in die Sitzung möchte Elias den Stand des Erreichten möglichst schnell nachvollziehen können, ohne die andauernde kreative Arbeit von Bernd und Rolf dabei zu sehr zu beeinträchtigen.

Brainstormingfrage.

Wie kann Elias bei der Wiederaufnahme der unterbrochenen Tätigkeit unterstützt werden?

Szenario 2

Rolf, Elias und Bernd setzen ihre Arbeit gemeinsam fort. Aufgrund eines Folgetermins muss Bernd die Sitzung vorzeitig verlassen - Elias und Rolf sind über Bernds zeitliche Restriktionen informiert, wollen aber dennoch weiter arbeiten. Nachdem Bernd die Sitzung verlassen hat, entwickeln sie weitere Idee und vereinbaren nächste Schritte und Aufgaben. Es ist klar, dass Bernd die Ergebnisse der Sitzung zur Kenntnis nehmen muss. Aufgrund anderer Verpflichtungen kann dies jedoch erst mit einigen Tagen Distanz geschehen.

Brainstormingfragen.

Wie kann die Wiederaufnahme der unterbrochenen Tätigkeit von Rolf, Elias und Bernd vorab gemeinsam geplant werden?

Wie kann Bernd beim Wiedereinstieg in das gemeinsame Projekt unterstützt werden?

Szenario 3

Einige Wochen sind vergangen. Bernd, Elias und Rolf arbeiten nun zur gleichen Zeit aber jeder für sich an einem anderen Ort an ihrem gemeinsamen Projekt. Ziel ist es, eine Serie von Fallstudien vorzubereiten, die in den nächsten 6 Monaten anstehen. Dazu müssen u. a. Terminvorschläge abgestimmt und Interviewfragen gemeinsam entwickelt werden. Um ihre gemeinsame Arbeit zu unterstützen, nutzen Bernd, Elias und Rolf eine Reihe von IuK-Werkzeugen:

- Ein webbasiertes CSCW-System, das gemeinsame Dokumente wie bspw. den Projektantrag, die Beschreibung ihres Teilvorhabens, Sitzungsprotokolle und thematisch relevante Literaturstellen beinhaltet.
- Ein über eine Livefreigabesitzung allen verfügbares OneNote Notizbuch, in dem z. B. Arbeitsergebnisse festgehalten werden können.
- Eine Audio-Konferenzschaltung (VOIP, z. B. Skype)

Zusätzlich können Bernd, Elias und Rolf auf einen Instant Messenger wie Miranda oder Spark zurückgreifen, um z. B. Statusinformationen oder Textnachrichten auszutauschen. Zur Koordination von Terminen und Aufgaben steht Ihnen darüber hinaus ein auf Outlook / Exchange basierendes GIM zur Verfügung.

Während der Zusammenarbeit wird Bernd plötzlich durch einen Anruf unterbrochen und kann nicht länger aktiv an der Kooperation teilnehmen. Elias und Rolf hingegen setzen die Arbeit fort.

Nach einer halben Stunde kehrt Bernd zu seiner ursprünglichen Tätigkeit zurück. Rolf und Elias arbeiten immer noch an der Vorbereitung der Fallstudien und haben zwischenzeitlich eine Reihe von Interviewfragen erstellt, deren Entwicklung Bernd nun nachvollziehen will, um mitarbeiten zu können.

Brainstormingfragen.

Wie kann Bernd die anderen über die Unterbrechung in Kenntnis setzen?

Wie kann Bernd bei der Wiederaufnahme der unterbrochenen Tätigkeit unterstützt werden?

Szenario 4

Nach einer weiteren Stunde der Zusammenarbeit muss Rolf zu einer Unterhaltung mit Lea aufbrechen. Da er sich rechtzeitig an den Termin erinnert, kann er Bernd und Elias fünf Minuten vorher über die anstehende Unterbrechung seiner Arbeit informieren.

Elias und Bernd beschließen, während Rolfs Abwesenheit noch eine gewisse Zeit weiterzuarbeiten und mit der Entwicklung eines Kategorienschemas für die Interviewfragen zu beginnen. In jedem Fall muss Rolf den Stand des Erreichten nachvollziehen können.

Es ist aber nicht klar, ob Rolf während dieser Zeitspanne zur Arbeit an ihrem gemeinsamen Projekt zurückkehren kann: Gegebenenfalls wird er den Stand der Arbeiten nachvollziehen müssen, nachdem Bernd und Elias ihre Tätigkeit für den heutigen Tag beendet haben.

Brainstormingfrage.

Wie kann die Wiederaufnahme der unterbrochenen Tätigkeit von Rolf, Elias und Bernd vorab gemeinsam geplant werden?

Szenario 5

Am nächsten Tag will Rolf den für die Fallstudien benötigten Interviewleitfaden überarbeiten. Er ist sich aber unsicher, ob ihm tatsächlich die aktuelle Fassung vorliegt, außerdem hat er eine Verständnisfrage zum Aufbau der von Bernd und Elias vorgeschlagenen Kategorisierung der Fragen.

Rolf weiß, dass Bernd und Elias zwar prinzipiell an ihren Arbeitsplätzen zu erreichen sind, beide aber neben der Arbeit an ihrem gemeinsamen Projekt auch noch eine Reihe weiterer Aufgaben teils unter Zeitdruck zu erledigen haben.

Aus diesem Grund möchte Rolf den Zeitpunkt für seine Rückfragen möglichst günstig wählen.

Brainstormingfragen.

Wie kann Rolf die bestehende IuK-Infrastruktur nutzen, um einen möglichst guten Zeitpunkt für eine Unterbrechung von Bernd oder Elias zu finden?

Von welchen Erweiterungen des PIM oder GIM könnte er dabei zusätzlich profitieren?

ANHANG III Exploration der genutzten IuK-Infrastruktur

Aufgabe

Vorbedingung einer möglichst nahtlosen Einbettung von Prototypen in die vorhandene Systemlandschaft ist die Kenntnis der zur Unterstützung der Wissensarbeit bereits im Einsatz befindlichen Anwendungen. Im Rahmen einer beobachtenden Teilnahme an Sitzungen (n=7) wurden Anwendungen identifiziert, die zur Unterstützung synchroner Prozesse der kooperativen Wissensarbeit am gleichen Ort[1] auf einem Gruppendisplay eingesetzt wurden. Eine Übersicht der von den Wissensarbeitern am Individualarbeitsplatz eingesetzten Werkzeuge konnte durch unangekündigte Stichproben (n=18, $\leq$ 2 pro Teilnehmer) gewonnen werden.

Ergebnisse

Tabelle 34 auf Seite 269 nennt die zur Unterstützung synchroner Arbeit am gleichen Ort eingesetzten Werkzeuge. In Tabelle 35 auf Seite 270 sind die am Individualarbeitsplatz vorgefundenen Werkzeuge verzeichnet.

TABELLE 34. Werkzeuge zur Unterstützung synchroner Wissensarbeit am gleichen Ort

Werkzeug	Kategorie	Anteil
OneNote	Office	100%
FireFox	Web-Browser	57%
PowerPoint	Office	29%
Eclipse	IDE	14%
SeeMe	Modellierung	14%
Sidebar (Uhr-Widget)[a]	Widgets	14%

a. Aufgrund einer Rekonfiguration des eingesetzten Rechners stand die Anwendung nur in der letzten der beobachteten Sitzungen zur Verfügung.

1. Berücksichtigt wurden Sitzungen, die im multimedial ausgestatteten Besprechungsraum (Moderationslabor) der untersuchten Arbeitsgruppe abgehalten wurden.

TABELLE 35. Werkzeuge zur Unterstützung der Wissensarbeit am Einzelarbeitsplatz

Werkzeug	Kategorie	Anteil
Outlook	PIM / Kommunikation	88%
Firefox	Web-Browser	69%
Word	Office	63%
Sidebar	Widgets	56%
Dateiexplorer	Betriebssystem	44%
OneNote	Office	38%
Miranda	Kommunikation	38%
SeeMe	Modellierung	31%
Framemaker	Office	19%
Skype	Kommunikation	19%
Acrobat (Pro / Reader)	Office	13%
F4	Interviewauswertung	13%
JabRef	PIM	13%
PowerPoint	Office	13%
Thunderbird	Kommunikation	13%
Eclipse	IDE	6%
Internet Explorer	Web-Browser	6%
Spark	Kommunikation	6%
Excel	Office	6%

ANHANG IV Fragebogen zur Prototypeignung

Aufgabe

Der Fragebogen dient dazu, die Eignung der Prototypen zur Unterstützung unterbrechungsbezogener Aufgaben der Multiprojektkoordination im Rahmen der Multiprojekt-Wissensarbeit einzuschätzen. Im Mittelpunkt des Interesses stehen die Kriterien der Prozessangemessenheit, der Handhabung und der infrastrukturellen Passung eines Prototyps.

Konstruktion

Der Fragebogen baut auf Elementen der *System Usability Scale* (SUS – Brooke 1996; Dumas 2003, S. 1095) auf und beinhaltet Aussagen aus drei verschiedenen Kategorien:

- Insgesamt 8 Items haben die allgemeine Prozessangemessenheit des Prototyps zum Gegenstand (s. Tabelle 36 auf Seite 272). Sie berücksichtigen vor allem die Einbettung des Prototyps in bestehende Arbeitsabläufe.
- Die Beurteilung der Prozessangemessenheit bezieht Aussagen zum primären Handlungsfeld des Prototyps mit ein. Für jedes dieser Handlungsfelder stellt der Fragebogen zwischen drei und fünf Items zur Verfügung (s. Tabelle 38 auf Seite 272, Tabelle 39 auf Seite 273 sowie Tabelle 40 auf Seite 273).
- Drei Items dienen dazu, die Passung eines Prototyps zur vorhandenen Infrastruktur und die Einfachheit seiner Nutzung einzuschätzen (s. Tabelle 37 auf Seite 272).

Ein Fragebogen beinhaltet stets alle Items zur allgemeinen Prozessangemessenheit, zur infrastrukturellen Passung und zur Handhabung. Je nach primärem Handlungsfeld des zu bewertenden Prototyps wird er um die entsprechenden Items zur Beurteilung der handlungsfeldspezifischen Prozessangemessenheit ergänzt.

Der Fragebogen wurde einem Pretest unterzogen, der sowohl die Verständlichkeit als auch die Sinnhaftigkeit der einzelnen Items zum Thema hatte.

In den nachfolgenden Tabellen 36 bis 40 sind sämtliche Items des Fragebogens verzeichnet. Aussagen, die mit umgekehrter Gewichtung in die Auswertung einfließen, sind durch ein (R) kenntlich gemacht.

TABELLE 36. Aussagen zur Beurteilung der Prozessangemessenheit: allgemeiner Teil

Item	Aussage
1	Ich würde den Prototyp regelmäßig verwenden
2	Ich würde eine Schulung benötigen, um den Prototyp sinnvoll nutzen zu können. (R)
3	Ich kann mir vorstellen, dass die meisten Personen die Nutzung des Prototyps schnell erlernen werden
4	Ich meine, dass sich der Prototyp gut mit meiner Art zu arbeiten verträgt
5	Ich würde meinen Kollegen von der Nutzung des Prototyps abraten (R)
6	Ich glaube, dass meine Arbeitsgruppe von der Nutzung des Prototyps profitieren kann
7	Ich befürchte, dass ich meine bisherige Arbeitsweise stark verändern muss, wenn ich den Prototyp nutzen will (R)
8	Ich meine, dass die Nutzung des Prototyps zu viel Zeit beansprucht (R)

TABELLE 37. Aussagen zur Beurteilung der infrastrukturellen Passung und Handhabung

Item	Aussage
9	Ich halte den Prototyp für unnötig komplex (R)
10	Ich meine, dass der Prototyp einfach zu benutzen ist
11	Ich meine, dass der Prototyp gut zu den anderen Anwendungen passt, die ich im Rahmen meiner Arbeit nutze.

TABELLE 38. Aussagen zur Beurteilung der Prozessangemessenheit im Handlungsfeld *Projektübersicht bewahren*

Item	Aussage
12	Der Prototyp kann mir gut dabei helfen, meine verschiedenen Arbeitstätigkeiten zu koordinieren
13	Ich meine, dass der Prototyp meine Zusammenarbeit mit Personen aus meinen Projekten verbessern kann
14	Ich glaube, dass mich der Prototyp gut dabei unterstützen kann, relevante Vorgänge in meinen verschiedenen Projekten im Blick zu behalten

TABELLE 38. Aussagen zur Beurteilung der Prozessangemessenheit im Handlungsfeld *Projektübersicht bewahren*

Item	Aussage
15	Ich meine, dass mir der Prototyp Informationen zur Verfügung stellt, mit denen ich die Zusammenarbeit in meinen Projekten verbessern kann
16	Der Prototyp hilft mir dabei einzuschätzen, was in den von mir bearbeiteten Projekten vor sich geht

TABELLE 39. Aussagen zur Beurteilung der Prozessangemessenheit im Handlungsfeld *Wiederaufnahme und Orientierung ermöglichen*

Item	Aussage
17	Ich glaube, dass mich der Prototyp dabei unterstützen kann, den Faden in einem unterbrochenen Projekt wieder aufzunehmen
18	Ich meine, dass Prototyp dabei helfen kann, besser mit Unterbrechungen umzugehen, über deren Auftreten man vorher Bescheid weiß
19	Ich meine, dass der Prototyp das Festhalten solcher Informationen erleichtert, die bei der Wiederaufnahme einer unterbrochenen Tätigkeit hilfreich sind

TABELLE 40. Aussagen zur Beurteilung der Prozessangemessenheit im Handlungsfeld *Arbeitsabläufe unterbrechungstolerant gestalten*

Item	Aussage
20	Ich meine, dass der Prototyp gut geeignet ist, um auf anstehende Unterbrechungen hinzuweisen
22	Der Prototyp ermöglicht es mir, meine Kollegen über meine gegenwärtige Tätigkeit zu informieren
23	Ich glaube, dass der Prototyp Informationen über mich preisgibt, die es anderen erleichtern, sich ein Bild von meiner aktuellen Tätigkeit zu machen

Ergebnisse der Evaluation

In Tabelle 41 auf Seite 274 bis Tabelle 44 auf Seite 276 sind die Ergebnisse der Evaluation zusammengefasst. An der Bewertung eines Prototyps waren jeweils 7 Personen beteiligt. Items werden unter Nennung ihrer ID und der zugehörigen Aussage aufgeführt. Für jedes Item sind Median (M) und Standardabweichung (S) verzeichnet, dabei sind umgekehrte Gewichtungen bereits berücksichtigt: Ein hoher Wert bringt somit bei *allen* Items eine positive Beurteilung zum Ausdruck.

TABELLE 41. Ergebnisse der Stichprobe zu *Sphere View* (n=7)

ID	Aussage	M	S
1	Ich würde den Prototyp regelmäßig verwenden	3	1,40
2	Ich würde eine Schulung benötigen, um den Prototyp sinnvoll nutzen zu können. (R)	4	0,99
3	Ich kann mir vorstellen, dass die meisten Personen die Nutzung des Prototyps schnell erlernen werden	4	0,70
4	Ich meine, dass sich der Prototyp gut mit meiner Art zu arbeiten verträgt	2	1,28
5	Ich würde meinen Kollegen von der Nutzung des Prototyps abraten (R)	4	1,12
6	Ich glaube, dass meine Arbeitsgruppe von der Nutzung des Prototyps profitieren kann	3	1,31
7	Ich befürchte, dass ich meine bisherige Arbeitsweise stark verändern muss, wenn ich den Prototyp nutzen will (R)	2	1,68
8	Ich meine, dass die Nutzung des Prototyps zu viel Zeit beansprucht (R)	3	1,03
9	Ich halte den Prototyp für unnötig komplex (R)	4	1,07
10	Ich meine, dass der Prototyp einfach zu benutzen ist	4	1,12
11	Ich meine, dass der Prototyp gut zu den anderen Anwendungen passt, die ich im Rahmen meiner Arbeit nutze.	3	1,6
12	Der Prototyp kann mir gut dabei helfen, meine verschiedenen Arbeitstätigkeiten zu koordinieren	2	0,93
13	Ich meine, dass der Prototyp meine Zusammenarbeit mit Personen aus meinen Projekten verbessern kann	3	1,29
14	Ich glaube, dass mich der Prototyp gut dabei unterstützen kann, relevante Vorgänge in meinen verschiedenen Projekten im Blick zu behalten	3	1,4
15	Ich meine, dass mir der Prototyp Informationen zur Verfügung stellt, mit denen ich die Zusammenarbeit in meinen Projekten verbessern kann	3	0,53
16	Der Prototyp hilft mir dabei einzuschätzen, was in den von mir bearbeiteten Projekten vor sich geht	3	0,45

TABELLE 42. Ergebnisse der Stichprobe zu *ContextPane* (n=7)

ID	Aussage	M	S
1	Ich würde den Prototyp regelmäßig verwenden	4	1,18
2	Ich würde eine Schulung benötigen, um den Prototyp sinnvoll nutzen zu können. (R)	3	1,28
3	Ich kann mir vorstellen, dass die meisten Personen die Nutzung des Prototyps schnell erlernen werden	4	1,07
4	Ich meine, dass sich der Prototyp gut mit meiner Art zu arbeiten verträgt	4	0,83
5	Ich würde meinen Kollegen von der Nutzung des Prototyps abraten (R)	5	0,35
6	Ich glaube, dass meine Arbeitsgruppe von der Nutzung des Prototyps profitieren kann	5	0,99
7	Ich befürchte, dass ich meine bisherige Arbeitsweise stark verändern muss, wenn ich den Prototyp nutzen will (R)	4	0,88

TABELLE 42. Ergebnisse der Stichprobe zu *ContextPane* (n=7)

ID	Aussage	M	S
8	Ich meine, dass die Nutzung des Prototyps zu viel Zeit beansprucht (R)	4	0,90
9	Ich halte den Prototyp für unnötig komplex (R)	5	0,73
10	Ich meine, dass der Prototyp einfach zu benutzen ist	4	0,99
11	Ich meine, dass der Prototyp gut zu den anderen Anwendungen passt, die ich im Rahmen meiner Arbeit nutze.	4	0,64
17	Ich glaube, dass mich der Prototyp dabei unterstützen kann, den Faden in einem unterbrochenen Projekt wieder aufzunehmen	4	0,99
18	Ich meine, dass Prototyp dabei helfen kann, besser mit Unterbrechungen umzugehen, über deren Auftreten man vorher Bescheid weiß	4	1,28
19	Ich meine, dass der Prototyp das Festhalten solcher Informationen erleichtert, die bei der Wiederaufnahme einer unterbrochenen Tätigkeit hilfreich sind	5	0,49

TABELLE 43. Ergebnisse der Stichprobe zu *ReZoom* (n=7)

ID	Aussage	M	S
1	Ich würde den Prototyp regelmäßig verwenden	4	1,40
2	Ich würde eine Schulung benötigen, um den Prototyp sinnvoll nutzen zu können. (R)	5	0,49
3	Ich kann mir vorstellen, dass die meisten Personen die Nutzung des Prototyps schnell erlernen werden	5	0,45
4	Ich meine, dass sich der Prototyp gut mit meiner Art zu arbeiten verträgt	5	1,36
5	Ich würde meinen Kollegen von der Nutzung des Prototyps abraten (R)	5	0,88
6	Ich glaube, dass meine Arbeitsgruppe von der Nutzung des Prototyps profitieren kann	4	1,28
7	Ich befürchte, dass ich meine bisherige Arbeitsweise stark verändern muss, wenn ich den Prototyp nutzen will (R)	4	1,48
8	Ich meine, dass die Nutzung des Prototyps zu viel Zeit beansprucht (R)	5	0,00
9	Ich halte den Prototyp für unnötig komplex (R)	5	1,40
10	Ich meine, dass der Prototyp einfach zu benutzen ist	5	0,45
11	Ich meine, dass der Prototyp gut zu den anderen Anwendungen passt, die ich im Rahmen meiner Arbeit nutze.	4	1,18
17	Ich glaube, dass mich der Prototyp dabei unterstützen kann, den Faden in einem unterbrochenen Projekt wieder aufzunehmen	4	0,90
18	Ich meine, dass Prototyp dabei helfen kann, besser mit Unterbrechungen umzugehen, über deren Auftreten man vorher Bescheid weiß	4	1,28
19	Ich meine, dass der Prototyp das Festhalten solcher Informationen erleichtert, die bei der Wiederaufnahme einer unterbrochenen Tätigkeit hilfreich sind	4	0,83

TABELLE 44. Ergebnisse der Stichprobe zu *TeamClock* (n=7)

ID	Aussage	M	S
1	Ich würde den Prototyp regelmäßig verwenden	4	1,28
2	Ich würde eine Schulung benötigen, um den Prototyp sinnvoll nutzen zu können. (R)	4	0,45
3	Ich kann mir vorstellen, dass die meisten Personen die Nutzung des Prototyps schnell erlernen werden	4	0,49
4	Ich meine, dass sich der Prototyp gut mit meiner Art zu arbeiten verträgt	4	1,28
5	Ich würde meinen Kollegen von der Nutzung des Prototyps abraten (R)	5	1,46
6	Ich glaube, dass meine Arbeitsgruppe von der Nutzung des Prototyps profitieren kann	4	1,29
7	Ich befürchte, dass ich meine bisherige Arbeitsweise stark verändern muss, wenn ich den Prototyp nutzen will (R)	4	0,93
8	Ich meine, dass die Nutzung des Prototyps zu viel Zeit beansprucht (R)	4	1,48
9	Ich halte den Prototyp für unnötig komplex (R)	4	0,49
10	Ich meine, dass der Prototyp einfach zu benutzen ist	5	0,45
11	Ich meine, dass der Prototyp gut zu den anderen Anwendungen passt, die ich im Rahmen meiner Arbeit nutze.	4	1,28
20	Ich meine, dass der Prototyp gut geeignet ist, um auf anstehende Unterbrechungen hinzuweisen	4	0,49
21	Der Prototyp ermöglicht es mir, meine Kollegen über meine gegenwärtige Tätigkeit zu informieren	3	1,39
22	Ich glaube, dass der Prototyp Informationen über mich preisgibt, die es anderen erleichtern, sich ein Bild von meiner aktuellen Tätigkeit zu machen	3	1,03